NOUVELLE CONSTRUCTION

DE

RUCHES

DE BOIS.

NOUVELLE CONSTRUCTION

DE RUCHES DE BOIS,

AVEC LA FAÇON DE GOUVERNER LES ABEILLES,

ET L'HISTOIRE NATURELLE DE CES INSECTES.

Par M. PALTEAU,

Avec des Figures en taille-douce.

Nouvelle Édition revue corrigée & Augmentée.

A METZ,

Chez JEAN-BAPTISTE COLLIGNON, Imprimeur;
Et à Paris,
Chez LACOMBE, Libraire, rue Christine.

M. DCC. LXXVII.

Avec Approbation & Privilége du Roi.

PRÉFACE.

L'Histoire des Abeilles & la maniere de les gouverner ont exercé une infinité d'écrivains de toutes les classes & de tous les siécles. Les uns se sont principalement appliqués à étudier leur police, à observer leurs manœuvres, à suivre leurs procédés, & parmi ceux-là on peut compter des anciens & même quelques modernes qui ont mêlé beaucoup de fables avec un assez petit nombre de vérités. D'autres n'ont presque parlé des Abeilles que rélativement à la maniere de les élever & d'en tirer un bon parti. Si leurs ouvrages renferment quelques traits de l'histoire de ces insectes, ce sont des anecdotes romanesques, des prodiges, des merveilles dont ils ne donnent aucune preuve, & qui n'ont jamais existé que dans les géorgiques de Virgile ou dans l'imagina-

tion séduite de quelques anciens dont
ces compilateurs ne font que les fidéles échos. Ceux-là font les auteurs
de cette multitude de petits traités &
de méthodes dont tout le mérite ne
confiste souvent que dans la répétition
de ce que l'on sçavoit déja, ou dans
l'énumération de quelques expériences,
de quelques obfervations particulieres
fur la maniere ordinaire de gouverner
les Abeilles. Quelques-uns enfin ont
heureufement réuni ces deux objets, la
pratique & l'histoire, l'ufage & la fpé-
culation. Des Académiciens auffi habiles obfervateurs que citoyens zélés fe
font mis fur les rangs, & nous ont donné tout ce que nous pouvions efpérer
de mieux dans l'un & l'autre genre. La
matiere pourroit donc paroître épuifée,
& l'ouvrage que nous préfentons au
public regardé comme une production
fuperflue qu'on devroit lui épargner.
Nous aurions en effet gardé un éter-
nel filence, fi nous n'avions eu en
vûe que de perfectionner l'ancienne
méthode, ou de répéter ce qui a été

dit par tant d'autres fur ce fujet. Mais notre plan différe effentiellement de celui de tous ceux qui nous ont précédé. Bien convaincus que le commerce de la cire eft très-important, que la confommation en devient tous les jours plus grande, & que malgré cela le nombre des ouvrieres qui peuvent feules nous la fournir, n'augmente pas, que les particuliers font auffi indifférens que jamais pour l'entretien de ces infectes précieux, nous avons attentivement examiné d'où pouvoit venir cette difette de cire dans un Etat qui eft auffi propre que tout autre à élever des Abeilles, & où les fujets ne négligent rien de ce qui porte l'empreinte de l'utile & de l'intéreffant; & il nous a été facile de reconnoître, par notre propre expérience, que la difficulté d'approcher & de gouverner ces infectes redoutables, & le peu de profit que rapporte cet entretien, quoique dirigé fur les meilleures régles, étoient l'unique caufe du dégoût des particuliers pour une occupation d'ailleurs fi

amuſante & ſi avantageuſe. Malgré les
conſeils & les préceptes des auteurs les
plus éclairés & les mieux intentionnés,
malgré les réformes utiles qu'ils ſe ſont
efforcés d'introduire dans l'ancienne
conſtruction & dans la maniere d'y gouverner les Abeilles, la cire n'en eſt pas
moins chere, les Abeilles n'en ſont
pas plus communes, parce qu'il a été
impoſſible, en conſervant les Ruches
ordinaires, de remédier aux accidens
multipliés qui les font périr ou qui les
empêchent de profiter & de ſe multiplier. Malgré les louables efforts de tous
ceux qui ſe ſont intéreſſés au ſort de
ces inſectes, la pratique cruelle de
les étouffer pour avoir leurs proviſions s'eſt encore généralement répandue, parce qu'on n'a pû la remplacer par
rien de mieux. Le froid eſt toujours
reſté en poſſeſſion de faire mourir la
plus grande partie de ces mouches pendant l'hyver & au commencement du
printems, les ſouris, les mulots & ces
légions d'ennemis qui en veulent à leur
vie ou à leurs proviſions, de leur ôter

l'une & d'envahir ou de ravager les autres. La méthode ordinaire de tailler les Ruches ou de les transvaser est encore aussi meurtriere & aussi commune que jamais; les pluyes & l'humidité infectent encore les Abeilles & moisissent leurs provisions. On n'est pas plus familiarisé aujourd'hui avec elles qu'autrefois. On ne les approche encore qu'en tremblant. On n'a pas plus de facilité à les nourrir, à les nettoyer, à leur donner les secours nécessaires, & à faire la recolte de leurs provisions. Pour parer à tous ces inconvéniens on a cherché une nouvelle maniere de les loger & de les élever, qui, en nous facilitant l'accès de leurs Ruches, nous assurât leur conservation, & qui en fournissant des moyens aisés de nous emparer de leur superflu, les laissât multiplier autant que nous le désirerions. Nous osons nous flatter d'avoir exactement rempli ces objets importans par la nouvelle construction de Ruches de bois dont on va expliquer l'économie & la maniere d'y gouverner les Abeilles. Ce n'eſt point ici une invention frivole enfantée par le loiſir & par le déſir ſeulement de paſſer pour auteur ou pour inventeur. Il en coûte ſouvent aſſez peu pour en acquérir le titre, & nous convenons ſans peine qu'il nous en coûteroit beaucoup trop pour en avoir la réputation & la célébrité. Nous ſommes même ſi éloignés de toute eſ-péce de fauſſe gloire dans ce genre, que dans la juſte crainte de ne pouvoir contenter le public, nous avons eu recours à un de nos amis qui s'eſt chargé d'arranger & de diſpoſer les matériaux que nous lui avons fournis ſur notre méthode particuliere de gou-verner les Abeilles, & qui, en fourniſ-ſant tout le reſte, s'eſt efforcé de don-ner à cette production la meilleure for-me qu'il lui a été poſſible. Dans cette préface, comme dans tout le cours de cet ouvrage, il veut bien être notre interprête & parler toujours en notre nom, comme s'il n'y avoit ici qu'un ſeul auteur. Nous n'avons cherché qu'à être de quelque utilité à notre patrie ; ſi nous

avons ce mérite, nous serons très-
contens de ce partage. A ce prix,
nous aurions volontiers confentis à
être toujours ignorés. C'eft encore
pour l'avantage du public, pour ne
pas le tromper, pour ne l'expofer même
à aucune méprife, que nous avons fait
des épreuves réitérées, des expériences fuivies, des effais fans nombre,
pendant plufieurs années. Par-là nous
nous fommes mis en état de rectifier
& de corriger ce que les premieres
tentatives pouvoient avoir de défectueux ou de moins heureux. Nous n'a-
vons épargné ni nos peines ni la dépenfe pour nous affurer de la juftesse
des mefures que nous avons prifes. Le
fuccès a pleinement répondu à notre
attente, & nous avons eu la fatisfac-
tion de voir notre conftruction recher-
chée & prefque répandue dans notre
province avant que nous ayons eu le
tems de la rendre publique. Nous pourrions ici produire les lettres d'un grand
nombre de perfonnes très-refpectables
& très-éclairées de tous les états, quel-

ques-unes même d'un rang illustre & d'un mérite bien connu dans la république des lettres, qui ont daigné s'intéresser à cette nouvelle construction, qui en ont reconnu l'utilité & les avantages, qui l'ont même adopté, & qui nous sollicitent depuis long-tems de la communiquer au public, & de leur donner les éclaircissemens que la distance des lieux & d'autres circonstances nous ont forcé de remettre jusqu'à ce moment. Nous placerions ici volontiers ces témoignages si glorieux & si flatteurs pour nous, si propres à nous assurer la confiance du public, s'ils n'étoient renfermés dans des lettres particulieres dont nous n'osons disposer sans le consentement de ceux qui nous en ont honoré. Nous espérons, qu'indépendamment de ces secours, un examen un peu réfléchi de notre méthode décidera pleinement en notre faveur ceux qui auroient le plus d'éloignement pour les nouveautés les plus permises & les plus avantageuses.

Nous n'ignorons pas que le préjugé se récriera d'abord contre la dépense qu'exigent ces nouvelles Ruches. Nous convenons même que du premier coup d'œil, on a peine à concevoir que le profit des Ruches puisse payer des frais qui paroissent d'abord révoltans. Mais nous conjurons tout lecteur impartial de lire attentivement ce que nous avons dit pour anéantir ce préjugé dans tout le cours de notre ouvrage, mais sur-tout dans le second entretien, de suivre la comparaison que nous y avons fait des avantages de notre méthode sur l'ancienne, du produit de l'une & des inconvéniens de l'autre. Nous croyons avoir démontré que les frais de la construction des Ruches sont surabondamment compensés par leur produit, & qu'il y a un profit très-sûr & très-réel à s'attacher à cette nouvelle maniere d'élever les Abeilles. Nous ne nous étendrons pas davantage sur le fond de notre méthode, nous espérons que la lecture qu'on fera de cet ouvrage, nous servira d'apologie.

Notre premier objet étoit de présenter cette nouvelle construction toute
nue en quelque façon & toute déchar-
née. Nous n'avions fait qu'un calendrier qui renfermoit toutes les opérations de chaque mois de l'année à
l'usage des personnes de campagne.
L'histoire naturelle des Abeilles n'y
entroit pour rien ; nous en avions sé-
vérement exclu tout ornement, toute
digression qui demande un peu de réflexion, toute expérience un peu délicate, & enfin toute dissertation
tant soit peu sçavante, parce que nous
ne nous adressions qu'à ces hommes
à qui il ne faut que les choses les
plus simples, les plus courtes & les
plus intelligibles. Mais on nous a sug-
géré une réflexion bien naturelle &
bien fondée, qui nous a fait entiérement changer le plan de notre ouvrage, & qui nous a déterminé à en
préparer un autre bien différent du
premier, si on en excepte le fond
que nous avons dû soigneusement conserver. On nous a fait remarquer ce

que M. Bazin, membre de l'Académie royale des Sciences a judicieusement observé dans sa belle histoire des Abeilles, c'est-à-dire, *que si l'on a des préceptes à donner sur la meilleure maniere de conduire les Abeilles, c'est aux personnes d'une condition aisée & d'un esprit plus cultivé qu'il faut les adresser. Leur intelligence, leurs facultés, le tems dont elles peuvent plus aisément disposer, les mettent a portée de tenter & même d'exécuter les pratiques les plus favorables pour la multiplication & la conservation des Ruches. Si elles y réussissent, les paysans sçauront bientôt les imiter.* Il est en effet d'expérience constante, que quoique souvent très-bouchés pour les choses de raisonnement, pour les choses même qu'on leur a démontré être les plus avantageuses, ils sont très-habiles à imiter ce qui rapporte du profit, pourvû qu'on leur donne l'exemple. Il ne faut donc pas s'adresser à eux pour faire la fortune d'une invention dont l'utilité & le produit seront en grande partie pour eux. La nouveauté seule est capable de les rebuter & de les décourager ; à plus forte raison si cette nouveauté entraîne après elle des dépenses inévitables quoique bien compensées. Il a donc été nécessaire de proposer & de faire d'abord goûter notre méthode aux personnes, qui, par leurs talens sont en état d'en sentir les avantages , & que leur situation autorise à faire des épreuves & à mettre les autres à même de l'imitation. Ce nouveau plan qui est autant conforme à la décence qu'à la raison, nous a engagé à répandre dans cet ouvrage un abrégé de l'histoire des Abeilles, & à traiter en passant les matieres intéressantes que le sujet nous a paru amener de lui-même. Nous disons un abrégé de l'histoire des Abeilles , car nous n'avons pas prétendu la traiter avec cette étendue, cette profondeur & cette universalité qu'on trouvera dans les *mémoires pour servir à l'histoire des insectes*, par M. de Reaumur. En nous livrant à ces grandes discussions , nous nous serions vifiblement écartés de notre plan, nous n'aurions groffi notre ouvrage que de redites & de répétitions, & nous aurions infailliblement furchargé le public d'une production bien inférieure à tous égards, à ce que nous poffédons déja fur cette matiere. Nous avons choifi ce qu'il y avoit de plus curieux dans cette petite branche de l'hiftoire de la nature, ce qui étoit le plus propre à faire connoître ces infectes utiles, & à nous intéreffer à leur entretien.

Nous avouons ingénuement, & cet aveu fervira tout à la fois à acquitter notre reconnoiffance, & à raffurer ceux qui craindroient de marcher fur nos traces, que pour rendre plus exacte & moins imparfaite cette portion de notre ouvrage, nous avons profité des travaux des naturaliftes qui ont le plus attentivement obfervé les Abeilles. Nous avons puifé plufieurs expériences, plufieurs obfervations dans la même fource que M. Bazin, c'eft-à-dire, dans les mémoires de M. de Reaumur. Nous nous fommes quelquefois fervis

de l'abrégé des mémoires fur les Abeilles qu'a inféré dans l'Encyclopédie M.
d'Aubenton le digne collégue de M.
de Buffon dans la compofition de l'hiftoire naturelle. Les faits & même quelquefois les expreffions qui rendent certaines expériences, feront les mêmes dans
l'ouvrage de M. Bazin & dans le nôtre,
parce que nous avions le même guide
& que nous avions la même confiance
en lui. Si nous ne nous fommes pas
toujours fcrupuleufement attachés aux
obfervations de ces grands hommes, &
fur-tout aux inductions & aux conféquences qu'ils en ont tiré, fi même
nous nous fommes permis de dire notre fentiment & de nous éloigner du
leur, de combattre leurs conjectures &
de leur en fubftituer d'autres qui nous
ont paru mieux fondées, nous croyons
l'avoir fait avec toute la modeftie qui
nous convient, & avec tous les égards
qui font dûs à leur célébrité, & plus
encore à leur mérite & à leurs lumieres. Malgré le grand poids & l'autorité bien refpectable qu'ont juftement

acquifes

acquifes les obfervations du petit nombre de naturaliftes qui ont fuivi de
plus près les Abeilles, nous penfons
qu'on peut & qu'on doit faire quelque différence entre elles. Les unes
ont pour objet les travaux, la génération, la multiplication, l'anatomie &
la connoiffance des différentes parties
du corps des Abeilles. Les autres concernent les procédés merveilleux, les
manœuvres ingénieufes, l'induftrie rai-
fonnée, l'amour décidé pour le bien
commun, ou même cet inftinct fingu-
lier qu'on femble accorder avec com-
plaifance à ces infectes. Les premieres
doivent être regardées comme incon-
teftables, parce qu'on a eu tout le tems,
tous les moyens & toute la facilité de
les vérifier, de les répéter & de les
conftater. Les fecondes, fur lefquelles
nous nous fommes principalement écartés de nos conducteurs ordinaires, ne
nous paroiffent pas avoir le même dégré de certitude & d'autorité. Ce font
moins des faits qu'on ait bien vû &
revû que des conféquences qui n'ont

pas une liaison nécessaire avec les procédés que l'observateur a remarqué.
D'ailleurs, il y a des observations qu'on
ne peut faire hors de la Ruche, & il est
bien difficile de se mettre à portée
d'en bien voir le dedans. Les manœuvres qu'on a le plus à cœur de suivre,
se font souvent dans des endroits trop
éloignés des yeux du spectateur ou trop
peu éclairés, & en général tout se fait
trop tumultuairement dans une Ruche,
& avec trop de vivacité, pour qu'on
puisse être bien satisfait de ce qu'on
a vû. Nous avons sans doute des obligations essentielles à la sagacité & au
travail constant des naturalistes qui dans
ces derniers tems ont observé les Abeilles. Ils ont corrigé ou plûtôt détruit
bien des rapports dictés par l'amour du
merveilleux. Un grand nombre de faits,
qui dans l'histoire des Abeilles parurent
des merveilles & des prodiges aux anciens, ou ont été entiérement rejettés,
ou ont perdu ces titres trop fastueux &
si peu mérités. Mais seroit-ce faire injure
à ces observateurs d'ailleurs si laborieux

& fi judicieux, que de penfer qu'ils n'ont pas encore détruit toutes les fables, & que quoique leurs rapports foient prefque toujours très-exacts, les conféquences qu'ils en ont tiré font quelquefois libres & arbitraires, quelquefois peut-être l'effet de l'amour qu'ils avoient pour le fujet qu'ils examinoient ? *Je fuis perfuadé*, dit M. de Reaumur lui-même, *que ces mouches admirables ne m'ont pas tout montré à beaucoup près, qu'elles fe font réfervées encore des myfteres qu'elles pourront découvrir à quelqu'un qui les obfervera dans de nouvelles circonftances, & avec une nouvelle affiduité.* Ne pouvons-nous pas ajoûter que celui qui les fuivra dans de nouvelles circonftances, & avec une nouvelle affiduité, ne leur trouvera peut-être pas tant d'efprit qu'on leur en attribue encore aujourd'hui, ou que tout au moins il trouvera des compenfations à faire bien défavorables à leur induftrie & à leur intelligence? L'exemple de M. de Buffon, & la lecture attentive que nous avons fait de fes ou-

vrages nous ont autorifé à ne pas paroître trop crédules. Nous nous fommes efforcés de réduire & de mettre
en œuvre ce que ce profond philofo-
phe nous a donné fur la nature des
animaux. Les bornes que nous nous
étions prefcrites ne nous ont permis
que d'analyfer fon fyftême, & peut-
être aurions-nous mieux fait de n'y
pas toucher, que d'entreprendre de mettre en dialogue, & d'abréger un long
difcours qui ne peut l'être fans perdre
beaucoup de fa force & de fa beauté.
On ne s'appercevra que trop qu'il n'y a
de lui qu'une partie de ce que nous
avons dit fur cette intéreffante matiere.
Nous fouhaiterions fincérement que
tout le refte de cet entretien lui ap-
partînt également, & qu'en général
tout notre ouvrage ne fût qu'un nouvel abrégé des phyficiens & des obfervateurs que nous avons lû. Le public ne pourroit qu'y gagner, & nous
n'y perdrions qu'une gloire à laquelle
nous n'afpirons pas, celle d'auteur &
d'original. Mais il ne fera encore que

trop évident & trop senfible, que le plus souvent nous avons manqué de reffources, & que nous avons été abandonnés à nous-mêmes, foit dans tout ce qui eft relatif à cette nouvelle conftruction, foit dans bien des chofes qui ont rapport à l'hiftoire des Abeilles.

Ce que nous venons de dire fervira à répondre à deux demandes qu'on nous a déja fait, & qui avoient tout l'air d'une critique. Eft-ce l'hiftoire des Abeilles que vous nous préparez, nous ont dit les premiers ? cette queftion ne tendoit qu'à nous faire fentir ce que nous n'ignorons pas, qu'il eft très-difficile, & prefqu'inutile de vouloir manier des fujets qui ont paffé par les mains de M. de Reaumur, & que M. Bazin a fi agréablement abrégé. Eft-ce d'un calendrier fimple pour toute l'année que vous allez nous enrichir, nous ont dit les autres ? il eft vifible qu'on craignoit l'ennui & le dégoût qu'entraîne néceffairement une méthode féche de pratiques & d'opérations purement méchaniques. Nous répondons que nous donnons tout à la fois un calendrier & une histoire. Le calendrier pour l'utilité & le profit, l'histoire pour l'utilité & l'agrément. Le calendrier pour l'usage de tout le monde, l'histoire pour donner accès au calendrier chez ceux qui n'admettent rien que sous la forme de l'agrément ou de l'instruction. Quel parti prendront donc les gens de campagne pour qui ce livre devroit être en partie destiné, & qui ne pourront cependant saisir bien des choses qui y sont répandues ? celui d'imiter, qui est presque le seul qu'ils prennent ordinairement, celui même de lire l'ouvrage & de se convaincre par eux-mêmes des raisons que nous avons eu de substituer une nouvelle méthode à l'ancienne. Ces raisons ne sont nullement hors de leur portée. Deux cens pages d'histoire ou d'autre matiere étrangere peuvent aisément être laissées de côté. Les choses de pratique & d'usage sont assez distinguées & indiquées par les titres des entretiens ; & dans ces matieres il ne leur sera pas difficile de nous suivre &

de nous entendre : d'ailleurs feroit-ce
trop préfumer de l'amour qu'ont pour
le bien public les perfonnes plus cultivées , que de fuppofer qu'elles daigneront expliquer à celles qui le font moins,
ce qui auroit befoin de quelque éclair-
ciffement ? Pour plus grande précaution, & de crainte que les planches
& les figures n'euffent pas étés fuffifamment développées & décompofées dans
le cours de l'ouvrage , nous avons placé
à la fin de ce livre une courte explication de ces mêmes planches qui pourra
être utile à ceux qui ne vifent qu'à
l'intérêt , & à laquelle tout le monde
pourra recourir quand on voudra s'é-
pargner la peine de chercher dans le
livre même ce dont on auroit befoin
fur le champ ; nous prions même ceux
qui voudroient faire conftruire des Ruches felon notre nouvelle méthode, de
confulter cette explication ; nous nous
fommes efforcés de la rendre auffi claire,
auffi exacte & auffi courte qu'il nous a
été poffible. D'ailleurs nous avons eu
occafion d'y faire remarquer, & d'y cor-

riger un bon nombre de fautes qui se
sont glissées dans la gravure, parce que
nous n'avons pû par nous-mêmes prési-
der à la correction des planches & des
figures.

Si nous avons choisi la forme du dialogue, ce n'est pas que nous nous flat-
tions d'en avoir le véritable ton. Nous
ne l'avons employé que parce qu'elle est
beaucoup moins fatigante pour bien
des lecteurs que la monotomie de la
dissertation ennuye, & parce qu'elle est
plus propre à éclaircir une infinité de
petites pratiques, à détailler un grand
nombre de manœuvres, à développer
bien des opérations qui ne seroient presque pas sensibles dans un ouvrage sans
cette précaution. Un jeune homme qui
a de grandes dispositions & une grande
avidité pour les connoissances vraiment
utiles vient chercher des lumieres & des
éclaircissemens chez l'auteur de cette nouvelle construction. Ce jeune homme fait
des difficultés & des réflexions qui ne supposent que le bon sens, des études ordinaires & des lectures choisies dont il a sçû

profiter. Nous avions de grands modéles
fous les yeux en fait de dialogues fur
l'hiftoire de la nature, & en particulier
M. Bazin fur l'hiftoire des Abeilles; mais
ces modéles n'étoient propres qu'à nous
défefpérer & à nous faire abandonner
l'entreprife. Les graces du ftyle, la délicateffe & l'enjouement d'un dialogue
bien fuivi & bien entendu qu'on trouve
dans ces ouvrages, ont fait depuis long-
tems notre admiration, mais nous n'a-
vons jamais prétendu les égaler. Trop
heureux fi nous avons réuffi à nous faire
entendre fans ennuyer.

Il fera fans doute fuperflu de répondre aux reproches qu'on feroit peut-
être tenté de nous faire fur l'attention
que nous avons eu, non feulement à
refpecter la religion, mais encore à
prendre fon parti & fa défenfe. Ce n'eft
point ici un livre de piété ou de morale, on en convient; mais tout homme eft en droit, & même dans l'obligation, quand l'occafion fe préfente
d'elle-même & paroît l'exiger, de faire
fentir la foibleffe des armes qu'une phi-

losophie trop hardie & malheureusement trop à la mode, employe aujourd'hui contre la religion. Si c'est là un ridicule, loin de s'en repentir, on s'en fait honneur, & on n'est point dans la disposition de s'en corriger.

TABLE
DES ENTRETIENS
Sur la nouvelle Construction de Ruches de Bois.

Fin de la Table.

FAUTES A CORRIGER.

PAge 6. *ligne* 31. oh ! *lisez* ho !

Page 8. *ligne* 10. fig. 8. *D. lisez* fig. 8. *A B.*

Page 14. *ligne* 16. fig. 8. *A B. lisez* fig. 9. *A B.*

Page 15. *ligne* 2. que vous voyez de fer-blanc, de figure ronde, planche 5. figure 8. *lisez* de fer-blanc de figure ronde que vous voyez planche 5. fig. 9.

Page 16. *ligne* 12. furrout, *lisez* surtout.

Page 18. *ligne* 9. détailler, & les spécifier, *lisez* détailler & les défigner.

Page 26. *ligne* 24. ajourcée, *lisez* ajourée.

Page 83. *ligne* 3. ne faites grand fond, *lisez* **ne** faites pas grand fond.

Page 85. *lignes* 29. & 30. obfervations fur les Abeilles, comme fur, *lisez* obfervations, foit fur les Abeilles, foit fur.

Page 148. *lignes* 13. & 14. vraifemblance, *lisez* reffemblance.

Page 214. *ligne* 17. branches d'arbres, *lisez* branche d'arbre.

Page 252. *ligne* 29. les expériences, *lisez* des expériences.

Page 261. *ligne* 7. qu'elles travaillent, *lisez* que les Abeilles travaillent.

Page 264. *ligne* 21. fa provifion de cire, *lisez* la provifion de cire.

Page 267. *ligne* 28. les épis, *lisez* les épics.

Page 317. *ligne* 25. de deux pas par le moyen, *lisez* de deux pas, par le moyen.

Page 329. *ligne* 30. domiciliaires, *lisez* domicilieres.

Page 359. *ligne* 17. doivent regarder, *lisez* doivent y regarder.

NOUVELLE
CONSTRUCTION
DE RUCHES DE BOIS,
AVEC LA MANIERE D'Y GOUVERNER
LES ABEILLES.

PREMIER ENTRETIEN.

De la façon de construire les nouvelles Ruches.

ARISTE.

JE vous rencontre heureusement, Eudoxe : vous pouvez mieux que tout autre m'aider à découvrir l'auteur d'une nouvelle construction de Ruches pour les Abeilles : elle est annoncée au public depuis long-tems, & on la dit bien supérieure à tout ce qu'on

A

imaginé dans ce genre jusqu'à présent; sérieusement, Eudoxe, n'y auriez-vous point de part?
on vous soupçonne violemment d'en être l'inventeur : voudriez-vous satisfaire ma curiosité ?
est-ce un mystere qu'on ne puisse pénétrer ?

EUDOXE.

Que vous importe, Ariste ? cette nouvelle
découverte, quelque utile, quelque avantageuse
que vous la supposiez, vous intéresse, je pense,
assez peu en particulier : vous n'êtes pas encore
d'âge ni d'humeur à prendre beaucoup de part
à une invention de cette nature. Il n'est point
ici question d'une mode frivole qui va renchérir
sur le ridicule de celle qu'elle remplace, il ne
s'agit que d'un bien solide, du bien du public
qui ne vous a pas sans doute constitué son émis-
saire, ou son interprête.

ARISTE. Vous me faites tort, Eudoxe : vous
me rendriez plus de justice si j'étois un peu
plus connu de vous : outre l'intérêt du public
pour lequel j'ai peut-être un zéle plus vif &
plus réel que vous ne pensez, j'ai des raisons
personnelles, des motifs particuliers de découvrir l'auteur de cette nouvelle méthode.

EUDOXE. Eh bien ! je suis cet auteur que
vous cherchez, quel avantage tirerez-vous
personnellement de cet aveu ? jeune encore,
presque dans le printems de l'âge, dans la saison des plaisirs, & dès-là peu curieux de tout
ce qui ne porte que l'empreinte de l'utile ;

éloigné d'ailleurs de votre famille, de votre province, & par conséquent hors d'état de vous
livrer à des épreuves suivies, à des expériences
nécessaires, quel usage voudriez-vous faire de
mes connoissances sur le gouvernement des
Abeilles?

ARISTE. Ma jeunesse à part, qui n'est pour
moi qu'un motif de plus de me tenir en garde
contre ce qui n'a que les déhors trompeurs du
brillant & du spécieux, l'éloignement même
de ma famille est une raison pour moi de chercher à m'enrichir de cette nouvelle connoissance ; voici pourquoi : obligé de passer encore quelques mois dans cette Ville, ne serai-
je pas charmé de remplir les grands vuides que
me laisseront les affaires qui m'arrêtent ici, par
des instructions utiles ? Mes parens vivent à la
campagne à l'ombre d'un revenu assez modique,
puis-je faire mieux que de me préparer un délassement honnête qui augmentera mon patrimoine, & lui servira de supplément ? mettez
encore en ligne de compte l'avantage que j'aurai de cultiver plus assiduement, de cimenter
par ma reconnoissance cette tendre & généreuse
amitié qui vous attache à ma famille depuis si
long-tems ; j'ose même vous dire que vous ne
me trouverez pas tout-à-fait neuf sur cette matiere : je lis avec avidité depuis quelques mois des
auteurs anciens, qu'on m'a assuré être de grands
maîtres dans ce genre, & parmi les modernes
je m'attache sur-tout à celui qui a pour titre :

le gouvernement admirable, ou la république des Abeilles, & les moyens d'en tirer une grande utilité. A Paris 1742.

Eudoxe. Le ton de critique, & de censeur m'est totalement étranger ; mais je dois vous avertir que vous auriez pû faire un meilleur choix ; l'histoire naturelle des Abeilles par M. Bazin mérite certainement la préférence à tous égards : outre la pureté, la netteté de la diction, les agrémens du style, l'enjoüement d'un dialogue bien entendu, vous y trouverez tout ce que nous avons de plus avéré, de mieux constaté sur les Abeilles, & de plus utile sur leur gouvernement rélativement à l'ancienne méthode : la nouvelle Maison Rustique vous auroit fourni un précis, un abrégé de tout ce que Messieurs de Reaumur & Bazin ont amplement détaillé sur cette matiere. Je rends justice à la probité, au zéle, aux vûes louables de tous les auteurs que vous avez consulté ; mais je ne pense pas que leurs ouvrages puissent servir de régle, ni de modéle.

Ariste. Il me sera fort facile de renoncer aux préceptes & aux découvertes de ces auteurs ; leurs préjugés prétendus ou réels n'ont pas encore jetté de bien profondes racines dans mon esprit : je n'apporterai, si vous voulez, pour toute disposition, qu'un peu de raison & de philosophie, avec beaucoup de docilité.

Eudoxe. Continuez à les lire, nous trouverons peut-être l'occasion de réformer, & de corriger ce qui nous paroîtra défectueux ; la raison & une philosophie saine vous seront par-tout d'un grand secours : pour votre docilité, vous n'en ferez usage qu'autant que l'évidence l'exigera : je suis flatté de la confiance que vous avez en moi, & pour y répondre je consens volontiers à vous servir de guide dans la nouvelle carriere que vous voulez parcourir ; je ne vois qu'un inconvénient au parti que vous prenez ; c'est que vous serez obligé de me chercher, & de vivre avec moi à la campagne : mon Rucher m'y fixe presque continuellement dans cette saison, parce que c'est depuis la fin du mois de Mai jusqu'au milieu du mois de Juillet que les Abeilles demandent une attention plus suivie ; d'ailleurs, je vous avouerai que je trouve mon compte dans cette espéce de solitude ; depuis long-tems un trop grand commerce avec les hommes m'est à charge : sans être misantrope, ni farouche je crains les dangers, ou tout au moins, les désagrémens de la société ; pour justifier le parti que j'ai pris je n'entrerai pas dans un détail que l'expérience ne vous apprendra que trop dans la suite, je souhaite que vous n'en soyez jamais la victime.

ARISTE. Le parti que vous prenez n'est pas aussi propre que vous le pensez à me dégouter & à me déconcerter : dès ma jeunesse je suis accoûtumé à la campagne, je suis destiné à y passer peut-être toute ma vie, & je ne dois pas en perdre l'habitude : en cela je crois que la nécessité est assez d'accord avec mon goût, & mes inclinations ; malgré mon peu d'expérience, le tumulte des Villes a peu d'attraits pour moi, je connois assez les hommes, & leurs défauts pour les craindre & les redouter, ou du moins pour n'être pas fort jaloux de leur société.

Eudoxe. Puisque vous êtes déterminé à courir tous les risques de ce nouveau genre de vie, je vous communiquerai volontiers tout ce que mes réflexions, & une expérience de plus de vingt années ont pû m'apprendre d'utile & d'intéressant sur les Abeilles : nous voici sur la route de ma petite campagne, voulez-vous en faire le voyage avec moi ?

Ariste. Volontiers : il ne m'en coutera pas beaucoup à vous donner cette premiere preuve de l'empressement que j'ai de voir votre nouveau Rucher, & de profiter des lumieres que vous me promettez si obligeamment.

Eudoxe. En chemin faisant je vais vous montrer les planches qui représentent les différentes piéces qui composent mon Rucher ; je les ai fait exactement graver, je vous en donnerai un exemplaire à votre départ ; ces planches vous suffiront pour faire construire de nouvelles Ruches si vous adoptez mon invention ; vous conviendrez de leur exactitude, quand vous les comparerez avec la réalité.

Ariste. Oh ! voici du nouveau pour moi :

je ne trouve rien ici qui me rappelle les anciennes Ruches, tout eſt différent, tout eſt
entiérement diſparate ; hâtez-vous, de grace,
de me donner l'explication de ces différentes figures.

EUDOXE. Avant que de vous ſatisfaire, je
dois vous dire en général que chaque Ruche a
une table, trois ou quatre hauſſes, & un ſur-
tout : toutes ces piéces ont encore leurs acceſ-
ſoires, & leurs dépendances. Ici d'abord, *planche* 1. *figure* 1. vous voyez une table ſans Ruche : elle doit avoir quinze pouces, quatre
lignes de largeur *A. B.* mais pardevant & derriere *C. D. E. F.* elle doit avoir dix-neuf pouces quatre lignes à cauſe du menton *M.* qui
occupe quatre pouces vis-à-vis la bouche du
ſurtout, *figure* 2. pour donner aux Abeilles la
facilité d'entrer dans leur Ruche ; cette table
qui a un pouce & demi d'épaiſſeur doit être
poſée ſur trois piquets placés en triangle, *figure* 3. *A. B. C.* ils n'ont que deux pieds deux
ou trois pouces de hauteur : ils ſont enfoncés
d'un pied en terre, & par conſéquent la table
n'eſt élevée au-deſſus de la terre que de treize ou
quatorze pouces ; le menton *figure* 1. *M.* a ſix
pouces de largeur ſur le bord du devant *G. L.*
& trois pouces contre le ſurtout *N. O.* voici
des hauſſes. . . . .

ARISTE. Il me ſemble que vous oubliez
encore bien des piéces dans cette premiere figure.

Eudoxe. Nous les reprendrons dans un instant, passons aux hausses, il y en a de séparées, il y en a de réunies : une hausse est une espéce de boëte qui a un pied en quarré sur trois pouces de hauteur : elle a un fond de trois lignes d'épaisseur, avec une petite barre de six lignes en quarré par dessous à fleur du bois pour soutenir l'ouvrage : cette barre porte sur les deux côtés opposés à la bouche de la hausse *planc.* 5. *fig.* 8. *D.* quand cette boëte est seule, & isolee elle retient le nom de hausse : quand il y en a deux ou trois, trois ou quatre réunies ensemble, comme vous le voyez *planche* 3. *fig.* 1. *A. B. C. D.* ou bien *planche* 5. *fig.* 1. *A. B. C.* elles forment la Ruche de la nouvelle construction. Venons au surtout : c'est une boëte oblongue qui a vingt-quatre pouces de hauteur pardevant, & vingt pouces par derriere, ce qui forme une pente de quatre pouces qui est suffisante pour l'écoulement des eaux, voyez *planche* 1. *fig.* 4. qui le représente vû de profil, ou de côté, & *fig.* 2. qui le représente vû pardevant ; sa largeur qui est de treize pouces huit lignes en quarré, enveloppe & couvre exactement une élévation qui est au milieu de la table dont je vous parlerai dans un moment : ce surtout couvre aussi la Ruche de façon qu'il se trouve dix lignes de distance entre lui & la Ruche, puisqu'il a treize pouces huit lignes de largeur, & que la Ruche n'a qu'un pied quarré ; revenons maintenant sur nos pas , & décomposons toutes ces piéces.

ARISTE. Un moment, je vous prie : je veux reconnoître à coup sûr toutes les piéces que vous m'avez rapidemment montré..... je suis maintenant en état de vous suivre.

EUDOXE. Chaque Ruche a sa table parti-culiere, différentes hausses, & un surtout ; la table travaillée selon les dimensions que nous lui avons donné , renferme quatre choses par-ticulieres : un menton pardevant dont vous connoissez déja la destination, une élévation au milieu, un trou de huit pouces en quarré , & un tiroir ; l'élévation est de treize pouces huit lignes en quarré sur six lignes de hauteur. *planche* 1. *fig.* 1. *P. Q. R. S.* cette élévation met les mouches à couvert de l'humidité , & de la pluye qui inondent quelquefois les bords de la Ruche, parce que la Ruche est posée sur cette élévation , & que le surtout environne , & circonscrit la Ruche , & l'élévation jusques dans son fondement. Le trou qui est au milieu de cette élévation *fig.* 1. *T.* doit avoir huit pou-ces en quarré : il sert à deux fins également intéressantes , à réchauffer les Abeilles par le moyen d'une chaufferette , quand elles sont engourdies par le froid, & à leur donner à manger quand elles sont dans la disette , sans être obligé de lever la Ruche.

ARISTE. Il me paroît que cette ouverture , qui est immédiatement sous la Ruche , ne peut que nuire aux Abeilles en livrant un passage

au froid, & aux vapeurs humides qui s'élévent de la terre.

EUDOXE. Ce prétendu inconvénient difpa-
roîtra quand vous aurez remarqué que cette
ouverture eſt condamnée par deſſous par le
moyen d'une couliſſe, ou d'un tiroir qui ſe
gliſſe par derriere la table ſur des liteaux, vous
le voyez à moitié tiré *planche* 1. *fig.* 1. *V. Y.*
cette couliſſe a au milieu *X.* une ouverture de
quatre pouces en quarré, garnie d'une plaque
de fer-blanc trouée, pour donner de l'air aux
mouches pendant les mois de Juillet, d'Août,
& de Septembre de crainte que le couvain &
le miel ne s'altérent par les grandes chaleurs :
cette ouverture s'appelle éventouſe.

ARISTE. Mais l'Hyver & le Printems. . . . .

EUDOXE. Pour l'Hyver & le Printems il y
a deux petits liteaux de fer-blanc par deſſous
la grande couliſſe où l'on met une petite couliſſe de fer-blanc tout unie, & ſans trous pour
boucher l'ouverture. Cette invention a une utilité évidente qui eſt de recevoir en tout tems
les immondices & les ordures de la Ruche :
on peut, & on doit tirer cette couliſſe de tems
en tems, la nettoyer avec une aîle d'oye ; cette
précaution procure aux Abeilles une propreté
dont elles ſont auſſi jalouſes, qu'elle eſt eſſentielle à leur ſanté & à leur travail.

ARISTE. Avez-vous épuiſé, Eudoxe, toutes
les utilités de votre table ? ne laiſſez rien échapper, ne me laiſſez rien ignorer, je ſuis. . . . .

EUDOXE. Comptez sur ma vigilance, & sur le désir sincere que j'ai de vous être utile : s'il m'échappe quelque chose dans une premiere conversation, une seconde remédiera à cet inconvénient ; nous en sommes à la hausse qui est la seconde grande piéce de mon Rucher. La hausse, je crois vous l'avoir dit, prise solitairement, ne forme pas une Ruche, ce n'est qu'autant qu'elle est réunie à une seconde, cette seconde à une troisiéme, à une quatriéme selon l'exigence des cas : pour un premier essaim on en peut mettre trois ou quatre, & deux ou trois pour un essaim qui vient un peu plus tard ; chaque hausse a une bouche de douze lignes de hauteur, quinze lignes de largeur par le haut & onze lignes par le bas, pour servir d'entrée aux Abeilles, & un fond dans le milieu duquel il y a une ouverture de sept pouces & demi en quarré : le reste du fond est percé de petits trous, *planche* 5. *fig.* 8.

ARISTE. Quelle est la destination de cette ouverture, & de ces petits trous ?

EUDOXE. Cette ouverture, & ces petits trous servent à donner l'aisance aux Abeilles de porter leurs matériaux au haut de la Ruche pour y former & y attacher leurs rayons : ces petits trous épargnent aux Abeilles des circuits inutiles qu'elles seroient obligées de faire pour parcourir tous les endroits de leur Ruche.

ARISTE. Je conçois que ces différentes hausses en les plaçant les unes sur les autres, le fond toujours en haut, peuvent & doivent compofer une Ruche, mais trois chofes m'embarraffent : la premiere eft que ces hauffes ne peuvent pas être tellement réunies qu'elles ne laiffent du jour qui peut être nuifible aux Abeilles, & les occuper fort inutilement. La feconde eft que la derniere hauffe ayant le fond ouvert comme les autres, il eft impoffible que les Abeilles puiffent attacher leurs gâteaux, car il eft inconteftable qu'elles commencent toujours leur édifice par le haut, & qu'elles le continuent toujours en defcendant : la troifiéme confifte en ce que chaque hauffe ayant une bouche particuliere, cela fournit des iffues très-fuperflues aux Abeilles, iffues d'ailleurs qui ne peuvent contribuer à la bonté de la Cire & du Miel.

Eudoxe. Vos difficultés font raifonnables, je vais les réfoudre par ordre : je remédie au premier inconvénient en mettant un peu d'un pourjet fin entre chaque hauffe pour boucher tout intervalle, tout interftice, & c'eft à recevoir ce pourjet qu'eft deftinée la moulure que vous voyez entre chaque hauffe, *planche* 5. *fig* 1. je remédie au fecond en mettant une planche proportionnée dans le fond de la derniere hauffe, *planche* 4. *fig.* 3. je mets également de petites planchettes qui condamnent les petits trous : j'attache le tout avec du fil de fer en croix que je ferre à volonté avec des petits coins de bois, *fig.* 4. refte votre troifiéme difficulté qui fera facilement levee en vous avertiffant que je ne laiſſe que la bouche de la hauſſe du bas ouverte : les autres ſont condamnées avec du liége que j'enléve facilement avec mon couteau.

ARISTE. Il me paroît que dans votre Rucher, comme dans la ſociété, il y a bien des bouches inutiles, & dont on pourroit facilement ſe paſſer ; ne ſeroit-il pas plus ſimple d'avoir des hauſſes de deux eſpéces dont les unes auroient une bouche, & les autres n'en auroient pas ? vous en placeriez une du premier genre dans le bas de la Ruche, & les autres ſeroient uniquement deſtinées pour le bas : par-là vous vous épargneriez le ſoin de les condamner, & la dépenſe en ſeroit un peu moins conſidérable.

EUDOXE. Vous allez un peu vîte en beſogne : une connoiſſance un peu plus étendue de ma méthode vous apprendra que ces bouches ont une utilité très-réelle, où plutôt qu'elles ſont indiſpenſablement néceſſaires ; en voici une raiſon déciſive : il arrive ſouvent qu'un eſſaim trop foible, ou même un eſſaim vigoureux n'a pû faire, à raiſon d'un mauvais tems trop continuel, ou par d'autres accidens, toute la proviſion que vous eſpériez d'abord : aux approches de l'hyver il eſt eſſentiel de ne pas laiſſer votre nouveau peuple dans une Ruche trop ſpacieuſe, le froid pourroit le faire périr ; quel parti prenez-vous dans ce cas ? celui de détacher, & d'ôter la hauſſe du bas, & alors la

suivante sert de fondement à la Ruche en détachant le morceau de liége qui condamnoit
la bouche ; les autres opérations dont j'aurai
soin de vous instruire, vous démontreront pleinement que toute hausse doit avoir une bouche , parce que toute hausse peut devenir le
fondement de la Ruche.

Ariste. Laissons donc subsister ces bouches
puisqu'on ne peut pas les retrancher ; mais vous
venez de me dire qu'il faut détacher les hausses
lorsqu'on veut les séparer : sont-elles attachées
ensemble ?

Eudoxe. Elles le sont avec un fil de fer qui
tient aux deux crampons, ou anneaux qui sont
aux deux côtés opposés des deux hausses, *planche*
5. *fig.* 8. *A. B.* avec une tenaille je serre ce fil, ou
je le déserre selon le besoin. Il nous reste à expliquer les dépendances du grand surtout que je
vous ai déja montré. Cette piéce importante
sert à couvrir la Ruche , à la mettre à l'abri de
l'intempérie de l'air , de l'inclémence des saisons, des secousses des vents & des orages ; il
la soustrait aux insultes, aux attentats des rats,
des souris, des mulots, & de tout autre animal, ou insecte qui en voudroit aux provisions
des Abeilles.

Ariste. Je ne vois pas trop bien ou sont
les armes que votre surtout employe contre tant
d'ennemis.

Eudoxe. Ces armes vous paroîtront d'abord
bien foibles & bien méprisables, elles sont ce-

pendant très-puissantes, & très-efficaces : elles résident dans ce cadran que vous voyez de fer-blanc, de figure ronde, *planche* 5. *figure* 8. il a quatre pouces de diamétre, & est partagé en quatre parties, *A. B. C. D.* la premiere *A.* contient quatre petites arcades dans le bord, de la hauteur de cinq lignes sur quatre de largeur : la seconde, *B.* est percée de plusieurs petits trous propres à donner de l'air aux Abeilles, & à les empêcher cependant de sortir : la troisiéme, *C.* est la grande ouverture pour donner un libre passage aux Abeilles dans les tems nécessaires, mais sur-tout depuis le commencement de leurs travaux, & dans la saison des essaims : la quatriéme partie *D.* est pleine, elle a au milieu un petit anneau pour tourner le cadran dans le sens qu'on veut, & il doit exactement fermer, avec chaque partie, la bouche du surtout : il est attaché immédiatement au-dessus de cette bouche avec un clou au milieu, de sorte qu'on puisse le mouvoir aisément. Je ne dois pas oublier ici le plus précieux avantage de ce surtout qui est de mettre mes Ruches en sureté contre les courses, & les assauts des maraudeurs, & des voleurs qui peuvent enlever, & qui enlevent réellement tous les jours les anciennes Ruches.

A R I S T E. Voilà sans doute un avantage inestimable, mais qui ne paroît pas résulter de la nouvelle construction de ce surtout.

E U D O X E. Voyez ces deux crampons qui sont

aux deux côtés du bas du surtout. Ils entrent dans la moitié de l'épaisseur de la table , *planche 4. figure 2. Cette figure représente une tenaille qui tient la goupille à moitié tirée du crampon.* Les crampons reçoivent chacun une goupille qui entre de chaque côté par le moyen de laquelle le surtout est ferme , stable , inébranlable , comme la table à laquelle il est attaché.

A R I S T E. Ces goupilles ne me paroissent pas bien propres à arrêter un voleur nocturne qui auroit tout le tems de les arracher , ou de briser le surtout.

E U D O X E. Vous supposez sans doute que le voleur sera muni d'instrumens , & qu'il sera aussi instruit que vous-même du secret : sans cette connoissance préalable il lui sera impossible d'enlever le surtout , à moins que de gayeté de cœur il ne voulut s'exposer à être dévoré par les Abeilles en s'opiniâtrant à le détacher avec violence & avec effraction : d'ailleurs , chaque particulier peut varier ce secret , & se l'approprier par quelques légeres différences qui empêcheront qu'on ne puisse le deviner.

A R I S T E. Je vais me faire un vrai mérite , ou plutôt vous en faire un très-réel de ce secret dans ma province ; désormais on ne sera plus exposé aux incursions , & aux dévastations des voleurs qui dépeuploient souvent dans une nuit le Rucher le mieux fourni : rien n'étoit plus aisé que cet enlévement dans l'ancien système; quand il n'y auroit que le seul avantage dans

votre

votre nouvelle conſtruction, je la croirois déja propre à faire fortune dans le monde.

EUDOXE. Je cherche moins la fortune de mes idées que le bien du public que j'ai uniquement en vûe : je n'ambitionne que le mérite, aujourd'hui aſſez rare, d'être de quelque utilité dans la ſociété : mais nous voici inſenſiblement arrivés auprès de mon Rucher, approchez ſans crainte, & comparez mes planches avec les originaux, la réalité avec la figure.

ARISTE. Voici un ſpectacle nouveau pour moi : votre Rucher a un air de propreté, d'élégance, & de ſymétrie qui orne, & qui embellit votre jardin ; pour s'épargner l'embarras, & le déſagrément d'un amas confus de planches, & de Ruches de paille ; on ne ſera plus obligé de reléguer ſes Abeilles dans le fond d'un jardin, on pourra les placer comme un ornement dans tout endroit qui leur ſera plus favorable par ſa poſition : ſi j'oſois approcher, j'examinerois de plus près vos Ruches, & je vous prouverois que j'ai profité des explications que vous m'avez donné pendant notre promenade.

EUDOXE. Ne craignez point, mes Abeilles ne ſont pas farouches, je les ai accoûtumé par de fréquentes viſites à n'en être plus allarmées ; quand même elles ſe placeroient ſur vos mains, & ſur votre viſage, n'en ſoyez point effrayé, elles ne vous attaqueront qu'autant que vous les attaquerez vous-même.

Ariste. Mais si malheureusement elles viennent à s'imaginer que je veux les attaquer, je les verrai également fondre impitoyablement sur moi ; sur votre parole cependant je vais trancher du vaillant, & du césar, il n'est pas juste que je devienne sçavant sans peine, & sans frais ; je reconnois facilement toutes les piéces qui composent votre Rucher, je pourrois vous les détailler, & les spécifier toutes par eursnoms; mais je vois ici d'autres outils qui m'embarrasseroient un peu plus, je n'en connois pas encore la destination ; une espéce d'arrosoir, un tiroir garni de toile de canevas, un . . . .

Eudoxe. Je vous expliquerai dans le tems l'utilité & l'usage de tous ces meubles ; j'ai quelqu'intérêt à ne vous pas communiquer toute ma science dans un jour : je suis bien aise, en piquant votre curiosité, de m'assurer de nouvelles visites de votre part.

Ariste. Votre industrie est ici très-superflue : mes visites ne peuvent vous manquer : fussai-je pleinement instruit, la reconnoissance & l'amitié seules me conduiroient ici pendant tout le tems que je demeurerai dans votre ville ; au moins aujourd'hui ne me refusez pas la connoissance du bois que vous employez dans votre nouvelle construction, & des raisons que vous avez de préférer une espéce de bois à une autre.

Eudoxe. Pour la table & les pieds je choisis du bois de chêne, parce qu'il est plus dur, plus ferré, plus compact, & dès lors plus en état de réfifter à la pluye, & au mauvais tems : à fon défaut, & même par préférence, vous pouvez faire employer toute efpéce de bois la plus forte, & la plus durable : & pour conferver plus long-tems votre table vous pouvez la faire vernifler, elle fera encore moins fufceptible des impreffions de l'eau qui féjourne quelquefois fur les bords ; le furtout peut être de fapin, ou de tel bois que vous croirez le plus léger.

Ariste. Le furtout étant expofé aux mêmes accidens que la table, il feroit tout naturel de le faire d'un bon chêne bien fort & bien épais.

Eudoxe. J'y confens pourvû que vous foyez affez fort, & affez nerveux pour le lever avec aifance, & l'ôter de deffus les Ruches, ce qu'on eft obligé de faire affez fouvent. Le fapin me paroît plus propre que tout autre à épargner des efforts inutiles : j'ai fait mettre fur mes fur-touts deux couches en huile de couleur de paille pour les conferver plus long-tems : au moyen de cette précaution peu difpendieufe qu'on peut renouveller tous le cinq ans, un furtout durera trente & quarante ans, auffi long-tems même que la Ruche qui eft deffous, qui peut fervir pen-dant plus de cinquante ans.

Ariste. Les hauffes me paroiffent conftrui-tes d'un bois tout différent de celui de la table, plus blanc, & plus léger.

Eudoxe. Elles font de bois de pin qui eft

préférable à tout autre : son odeur est aussi contraire aux poux, aux punaises, & autres vermines, que celles-ci sont ennemies des Abeilles.

Ariste. Le pin est-il tellement essentiel qu'on ne puisse le remplacer par un autre bois ?

Eudoxe. Je ne crois pas qu'il soit difficile d'en trouver dans la plûpart de nos Provinces : en cas de rareté on peut lui substituer le sapin qui est universellement commun ; ce bois a à peu-près les mêmes bonnes qualités que le pin : au défaut de ceux-ci, le peuplier peut être employé sans aucun danger, quoiqu'avec moins d'avantage.

Ariste. Un chêne bien choisi & bien sec me paroît plus propre que tout autre à former les hausses : Ses pores serrés ne donneront point de passage à l'air, & entretiendront dans la Ruche un juste dégré de chaleur pendant les rigueurs de l'hyver.

Eudoxe. Il n'en sera pas ici comme de la matiere du surtout que j'ai abandonné à votre choix, & à votre goût ; je ne peux pas être si indulgent pour le bois des hausses ; le chêne doit être absolument rejetté ; la dureté même, & l'impénétrabilité de sa substance est une raison pour ne pas l'employer ; au commencement de l'hyver les Abeilles procurent à leur Ruche une chaleur mêlée de sueur & d'humidité qui les garantit des grandes impressions du froid : si la Ruche étoit de chêne cette humidité ne pourroit transpirer au travers de ce bois serré &

condensé, elle se fixeroit donc nécessairement dans la Ruche ; les fortes gelées survenant, elle se changeroit en une glace qui seroit très-pernicieuse aux Abeilles, & qui seroit même capable de les faire entiérement périr.

Ariste. Je crois être actuellement en état d'exécuter le méchanisme & le matériel, pour ainsi dire, de votre nouvelle construction : mais votre méthode, est-elle réellement aussi supérieure à l'ancienne, qu'elle en est différente par l'extérieur ? Je conçois déja quelques utilités qui peuvent résulter de cette invention, mais elles me paroissent compensées par des désavantages équipollens, pour ne pas dire plus grands : je les entrevois déja dans le lointain, je les examinerai plus attentivement, & je vous les proposerai avec confiance.

Eudoxe. Ces avantages, & ces inconvéniens pourront être la matiere de notre premier entretien : préparez, Ariste, vos difficultés, & vos objections : je me flatte de dissiper tous vos doutes, de calmer toutes vos inquiétudes : vous êtes raisonnable, vous ne vous amuserez point à vétiller puérilement ; dès que la lumiere se montrera vous rendrez les armes : demain je vous attends à la même heure, & au même lieu.

SECOND ENTRETIEN.

Des avantages qui résultent de la nouvelle construction, avec la réponse aux difficultés.

ARISTE. TEnez-vous sur vos gardes, Eudoxe, préparez-vous à un rude combat : j'ai dressé de terribles machines contre votre nouvelle construction, je vais la battre en ruine si vous ne lui donnez les plus puissans secours.

EUDOXE. Vous faites la guerre en galant homme, vous ne cherchez pas à surprendre votre ennemi, vous l'avertissez du danger, vous l'engagez à se prémunir contre vos attaques, s'il succombe il ne doit s'en prendre qu'à la supériorité de vos forces.

ARISTE. Raillerie à part, je trouve de terribles inconvéniens dans votre nouvelle construction, il me semble que j'ai fait quelques réfléxions bien propres à la décréditer; vous en déciderez en juge impartial.

EUDOXE. Je vous regarde comme un adversaire bien redoutable; je conviens même que si ma construction pouvoit recevoir un échec qui la fît tomber dans l'oubli, ce seroit sans doute de votre main; cependant malgré ces avantages que je reconnois volontiers en vous, je confens à mefurer mes forces avec les vôtres, je veux bien courir tous les rifques du combat.

ARISTE. S'il n'y a point ici de raillerie, au moins il y a un peu de malice de votre part; vous ne faites peut-être l'éloge de votre adverfaire que pour avoir plus de gloire à le vaincre : un antagonifte ordinaire n'honoreroit pas affez votre triomphe, vous couronnez de fleurs la victime que vous allez immoler; vos éloges feroient un peu plus flatteurs s'ils étoient un peu moins intéreffés.

EUDOXE. En bonne régle je devrois vous répondre par un nouveau compliment, par des proteftations de fincérité, par des lieux communs cent fois rebattus, & toujours également ennuyeux; mais ce langage faftidieux doit être profcrit & banni de notre fociété, & il feroit d'ailleurs très-fufpect dans notre bouche; commençons notre combat; quoique je ne fois ici que fur la défenfive, & qu'il me fuffife de parer les coups que vous porterez à mon Rucher, je veux bien débuter par établir en gros & en général les avantages que préfente, au premier coup d'œil, ma nouvelle conftruction de Ruches : la fuite de nos entretiens vous convaincra plus en détail de la juftice de ma caufe : tout concourera, je l'efpére, à vous démontrer que ma méthode a des utilités très-réelles, très-fenfibles, & qu'elle pare à tous les inconvéniens qui font attachés à l'ancienne.

ARISTE. C'eſt-à-dire que vous allez faire ce que font nos Philoſophes ſur les bancs, ou dans leurs ouvrages : ils commencent par établir leur théſe, par prouver leur propoſition, enſuite ils répondent aux difficultés, ils réſolvent les objections.

EUDOXE. Je ne cherche point à donner à notre converſation un air de méthode philoſophique, je veux ſeulement, avant que d'eſſuyer l'orage que vous me préparez, vous donner une idée de mon invention plus avantageuſe que vous ne paroiſſez l'avoir, peut-être auſſi que par là je préviendrai quelques-unes de vos difficultés; votre vivacité, & votre ardeur pour la diſpute ne s'accommodent peut-être pas de ce retard; mais pour ménager nos intérêts réciproques, j'abrégerai une preuve à laquelle je pourrois donner une juſte étendue , & je me bornerai à huit avantages principaux : je vous avertis que je me contenterai preſque de vous les indiquer : je me réſerve à vous les développer plus amplement lorſque l'occaſion s'en préſentera. 1°. Mes Ruches ne ſont point expoſées au pillage des mouches voiſines , ou étrangeres : le cadran que j'ai inventé eſt une barriere ſuffiſante : on le tourne dans le ſens favorable , c'eſt-àdire , du côté des arcades , pendant tout le tems que cet accident eſt à craindre, pendant les mois de Juillet, d'Août , & de Septembre , & même le commencement d'Octobre ; or, puiſque vous avez quelquefois, Ariſte , ſuivi les opérations des Abeilles qu'on entretient dans votre campagne, vous n'ignorez pas que cet avantage seul est inestimable : combien de Ruches ne périssent pas tous les ans par cette guerre injuste que des mouches trop paresseuses, ou trop économes vont faire à des Ruches remplies de miel ? souvent outre la perte de la cire, & du miel de la Ruche pillée, vous avez la douleur de voir l'extinction de deux peuples dont l'un s'obstine à détruire l'autre pour envahir ses provisions, & l'autre employe, prodigue même la vie de ses citoyens pour défendre ses foyers domestiques, & s'opposer à la violence du ravisseur : le moindre mal qui puisse résulter de ce brigandage, c'est de perdre totalement la provision de la Ruche attaquée avec son peuple, & de n'avoir dans la Ruche voleuse qu'un peuple très-affoibli par les pertes qu'il a nécessairement essuyé ; dans l'ancien système il vous est impossible d'éviter ce malheur : j'ai fait moi-même pendant plusieurs années la plus triste expérience de l'insuffisance des moyens qu'on a employé jusqu'à présent pour l'empêcher, ou pour le prévenir ; ajoûtez à cela que les guêpes, & les frelons, nations avides d'un butin tout préparé, n'ont plus, par la même raison, la facilité de s'introduire dans mes Ruches pour y exercer des brigandages qui vous causent ou la perte de votre Ruche, ou la désertion entiere de votre colonie : il leur est aisé de pénétrer dans vos Ruches ordinaires : la bouche étant toujours ouverte, elles peuvent se présenter

en foule, forcer & maſſacrer les ſentinelles ;
renverſer tout ce qui s'oppoſe à leur paſſage :
mais lorſque mon cadran eſt tourné du côté des
petites arcades, elles ne peuvent ſe préſenter
qu'en détail, en petit nombre, & une à une
pour ainſi dire, & alors les aſſiégées peuvent aiſément repouſſer les aſſaillantes, s'attroupper
pour leur faire face, & punir la témérité de celles qui oſeroient tenter le paſſage : en un mot,
par le moyen de mon cadran les guêpes les plus
aguéries, & les plus affamées ne peuvent rien
contre la Ruche la moins nombreuſe, & la moins
fournie de peuple.

ARISTE. Je vous arrête : je vais vous faire
voir qu'en tournant la médaille, le mal dans
ce monde, eſt preſque toujours voiſin du bien,
& que cet avantage ſur lequel vous inſiſtez avec
tant de complaiſance eſt contrebalancé par un
inconvénient qui en diminue preſque toute la
valeur ; c'eſt mon auteur favori qui va me prêter main forte contre votre cadran : il donne
l'idée, & le modéle, non d'un cadran qu'il
n'a pas connu, mais d'un grillage de fil de fer,
ou d'une plaque de fer-blanc ajourée & percée,
qu'il conſeille d'appliquer à la bouche des Ruches pendant l'hyver, pour les préſerver des inſultes des ſouris, des mulots, & autres animaux
qui attaquent les Abeilles pendant cette ſaiſon ;
mais il ajoûte qu'il faut bien ſe garder d'employer
cet expédient pendant tout l'été, & même pendant l'automne : la raiſon qu'il en donne eſt auſſi

simple & naturelle que solide & décisive ; c'est que les mouches étant obligées de passer au travers de ce grillage, ou des trous de la plaque de fer-blanc, perdroient en passant une partie de la provision qu'elles apportent : elles frotteroient nécessairement leurs aîles & leurs jambes contre ces petites ouvertures, & se trouveroient par-là dépouillées d'une partie de leur charge ; ce que cet auteur sensé a eu lieu de craindre pour ses grillages, me paroît au moins autant à redouter pour vos cadrans.

Eudoxe. Votre difficulté paroît d'abord solide & attérante, mais j'espére la faire disparoître d'une maniere à vous contenter ; je ne vous ai point dit, Ariste, qu'on dût tourner le cadran du côté des petites ouvertures dans tous les tems, & dans toutes les saisons : je conseille au contraire dans les mois de Mai, & de Juin, & même vers la fin du mois d'Avril de le tourner du côté de la grande ouverture, parce que pendant ces mois toutes les Abeilles sont occupées à travailler, à remplir leurs Ruches, à faire leurs provisions ; elles ne s'amusent point alors à aller piller leur voisines, ce n'est que dans les mois suivans, ou au commencement du printems qu'elles commettent leurs rapines, & leurs violences, parce qu'alors elles ne sont pas livrées à un travail si continu, & si opiniâtre ; or dans ces mois, & même dans tous les autres, mon cadran ne peut produire le mauvais effet que vous craignez : les arcades ne sont pas assez petites, assez reserrés par le bas pour les obliger de frotter leurs aîles & leurs jambes contre l'entrée : elles ont un espace suffisant pour passer avec liberté ; d'ailleurs, ne craignez rien, Ariste, une longue expérience m'a rassuré sur cet article ; depuis plusieurs années je me sers de mon cadran, & je n'ai cependant jamais remarqué que mes Abeilles ayent moins rapporté, moins fourni leurs Ruches que dans les années précédentes, au contraire . . . . . .

ARISTE. Au moins votre cadran n'a pas la gloire d'écarter les guêpes & les frélons pendant les mois d'Avril, de Mai, & de Juin ; ces insectes auront beau jeu pendant tout ce tems-là.

EUDOXE. Mon cadran n'est point nécessaire pendant ces trois mois pour éloigner ces insectes dangereux ; les Abeilles qui sont alors vives & sémillantes sont en état de leur tenir tête s'ils osoient se présenter ; mais ils ont eux-mêmes des occupations très-pressantes pendant ce tems-là qui les fixent, & les attachent à leur demeure : le soin de leur convain, de leurs vers, de leur nouveau peuple ne leur permet pas de s'amuser au pillage ; ce n'est que dans le mois de Juillet & ceux qui suivent, qu'ils se livrent à l'impression de leurs mauvais penchans. Je supposerai, Ariste, que vous êtes satisfait, je vais continuer l'énumération que je vous ai promise. 2°. Le second avantage de mon invention de Ruches est encore en grande partie l'effet de mon cadran : il consiste en ce que mes Abeilles sont parfaitement à couvert des attaques & des incursions des rats, des souris, des mulots, des oiseaux, des renards même qui ne dédaignent pas de faire la guerre aux Abeilles, ou plûtôt à leurs provisions délicates : malgré les précautions les plus exactes & les plus multipliées, vous ne pouvez parvenir à garantir les Ruches ordinaires des insultes de tous ces ennemis qui percent fort aisément, ou renversent facilement des Ruches de paille, & s'introduisent en peu de tems dans leur intérieur : il y a même des oiseaux tels que le pic verd, ou martin pécheur, qui ont l'industrie de percer les Ruches avec leur bec affilé, & de manger les Abeilles qu'ils peuvent accrocher avec leur langue ; je ne leur conseillerois pas de tenter la même avanture sur mes Ruches de bois : quand même ils réussiroient à pénétrer le bois du surtout, leurs efforts n'arriveroient pas jusqu'à la Ruche qui ne touche pas immédiatement le surtout. Les vents, les orages, les voleurs même qui se trouvent ici arrêtés tout court, n'éprouvent pas la même résistance de la part de vos Ruches communes ; en supposant que vous les mettez sous un appentis, que vous les collez même pendant l'hyver sur les planches d'appui avec tous les ingrédiens imaginables, il sera toujours fort aisé à un voleur nocturne bien déterminé, de les détacher d'un coup de main, & de les emporter : je pourrois, Ariste, étendre cette réflexion en vous faisant voir que les vers, la teigne, les papillons, les araignées, la vermine

qui défolent les autres Ruches de quelque matiere que vous les conftruifiez, n'ont point de
prife fur les miennes ; mais vous êtes affez intelligent pour fuppléer à ce que le tems ne me
permet pas de vous développer dans toute fon
étendue, & pour en apprécier tout le mérite &
toute la valeur. 3°. Le troifiéme avantage de ma
nouvelle conftruction fe tire de la grande facilité
que j'ai de m'approprier le fuperflus de la provifion de mes Ruches : je fais toutes ces opérations
fans courir aucun rifque, fans en faire courir
aucun à mes Abeilles, fans les détruire, fans
prefque les troubler dans leurs travaux, ou dans
leurs repos ; vous avez été fans doute quelquefois
témoin, Arifte, des précautions fcrupuleufes
qu'on a été obligé de prendre jufqu'aujourd'hui
pour ôter aux Abeilles l'excédent de leur cire
& de leur miel ; l'homme le plus intrépide
n'entreprend pas fans frayeur cette dangéreufe
opération. Il faut renverfer une Ruche pleine
d'infectes formidables par la nature de leurs
armes, & par l'attachement invincible qu'ils
femblent avoir à leurs richeffes, attachement
qui leur fait facrifier leur vie pour s'en conferver la poffeffion : indépendamment de ce péril
très-grand par lui-même, combien ne faites-
vous pas périr d'Abeilles tandis que vous taillez
& que vous tranchez à la hâte dans l'intérieur
de leurs Ruches ? ne rifquez-vous pas de leur
ôter trop ou trop peu de leurs provifions ? combien d'ignorans détruiront inhumainement un

couvain précieux, l'espérance de la nation ? n'arriveroit-il pas même souvent que la reine, ce personnage important & essentiel, sera la victime de votre précipitation ? on est aujourd'hui si convaincu, & si rebuté des dangers & de l'insuffisance de cette pratique, qu'on a pris une voye beaucoup plus simple & plus unie pour leur arracher leurs provisions : on les étouffe avec du souffre après les avoir enterrées, de façon qu'il n'en réchappe pas une seule; coûtume barbare, contraire au bien public, & dès-lors punissable par les loix.

ARISTE. Vous vous échauffez, Eudoxe, ces inconvéniens sont grands, j'en conviens, mais votre méthode en est-elle totalement exempte ? sans sortir de la matiere présente, je ne conçois pas trop bien comment vous taillerez vos Ruches sans danger pour vous & pour vos cheres Abeilles.

EUDOXE. J'allois vous expliquer en peu de mots cette opération, parce que l'occasion se présentera de vous en instruire plus à fond; il ne s'agit que de détacher la hausse supérieure de la Ruche, de celle qui suit immédiatement : je me sers pour couper les rayons qui les réunissent en dedans, d'un fil de fer dont je vous ferai ailleurs la description; ici point ou très-peu de mouches périssent, parce que, outre qu'elles ne sont qu'en très-petit nombre dans le haut de la Ruche, j'ai soin après avoir levé la planche & les planchettes qui fermoient l'ouverture & les petits trous de cette hausse, de les enfumer avec une cinse ou morceau de linge fumant; je les oblige par-là de descendre dans les hausses inférieures, & de me laisser la liberté d'opérer avec tranquillité; il y a plus, c'est que je suis assûré d'avoir le meilleur miel qui est toujours au haut de la Ruche, & de ne leur laisser que le médiocre qui leur suffit pour passer l'hyver; je ne crains pas non plus de toucher au couvain & de le détacher, parce qu'elles ne le placent que dans le milieu & dans le bas de la Ruche : je puis renouveller & répéter cette importante opération autant de fois que je le juge à propos & que les circonstances l'exigent pour dégraisser mes Ruches & en tirer tout le profit possible.

4°. Ce qui fait périr presque toutes les Abeilles dans les anciennes Ruches, c'est la pluye qui mouille un tiers des Ruches dans toutes les saisons, la malpropreté dans tous les tems, le froid pendant l'hyver & au commencement du printems : les pluyes fouettées & chassées contre les Ruches par les vents & les orages, les pénétrent nécessairement, les font pourrir, & moisissent l'ouvrage, introduisent par conséquent dans la Ruche une odeur & une humidité pernicieuses aux Abeilles, au miel, à la cire, & capables de faire manquer absolument le couvain; les avant-toits, les couvertures de paille qu'on met sur les Ruches peuvent diminuer le mal, mais ne l'écartent jamais entiérement; la malpropreté fait périr les Abeilles, ou les force à déserter & à abandonner leur domicile, tout au moins elle les dégoute jusqu'au point de les rendre paresseuses, indolentes, sans ardeur, sans activité pour le travail ; il est très-difficile de leur procurer cette propreté dans les anciennes Ruches : des visites trop fréquentes sont aussi à charge aux Abeilles qui les essuyent, que dangereuses pour ceux qui les rendent ; dans ma méthode le tiroir de ma table sert à les nettoyer tous les jours si on le croit nécessaire : on le tire par derriere, & on le balaye avec des plumes d'oye ; l'avanture n'est aucunement périlleuse pour moi, & n'est point importune à mes ouvrieres qui ne s'en apperçoivent presque pas. Revenons au froid, qui, s'il est excessif, peut moissonner le Rucher le mieux fourni, qui tout au moins détruit à coup sûr toutes les Ruches qui sont foibles en peuple, & qui enfin fait périr un bon nombre d'Abeilles pendant le printems, lorsqu'elles veulent risquer une sortie prématurée que leur engourdissement ne leur permet pas de supporter : j'évite facilement ces deux accidens ; celui de l'hyver en substituant la coulisse de fer-blanc unie à la plaque percée & ajourée, qui est ordinairement sous la table ; cette précaution, toute simple qu'elle paroisse, les conserve suffisamment au milieu des hyvers les plus rigoureux ; j'évite les pertes du printems. 1°. En ne leur permettant de sortir par le moyen de mon cadran, que lorsque je prévois que le froid ne peut leur faire aucun mal. 2°. En

C

les réchauffant avant que de les laisser sortir, par le moyen d'une chaufferette que je place sous la table, & qui leur donne tel dégré de chaleur que je leur crois nécessaire.

ARISTE. Cette derniere précaution ne peut que leur être pernicieuse si après les avoir dégourdies par le moyen de votre chaufferette, vous leur permettez ensuite de sortir par un tems froid qui les surprendra, les saisira, & les mettra dans l'impossibilité de regagner leur Ruche.

EUDOXE. Un froid trop vif & trop sensible leur seroit sans doute mortel, aussi me gardai-je bien de leur accorder leur liberté en pareille circonstance, ni même de les réchauffer pour les faire sortir; je ne leur procure ce secours que dans des jours qui ne paroissent pas dangereux; il est cependant vrai qu'après avoir été réchauffées elles sont en état de soutenir un dégré de froid qui les feroit périr dans le repos, & dans l'inaction, parce que le mouvement & l'agitation conservent toute la chaleur qui leur avoit été communiquée. 5°. Il est assez difficile, gênant même, & dispendieux d'avoir un grand nombre de Ruches de toutes les espéces & de toutes les grandeurs pour recevoir les différens essaims que vous espérez dans une année : si elles sont trop petites vous bornez les travaux de votre nouveau peuple, & vous n'en tirez qu'un médiocre profit : si elles sont trop grandes vous le découragez, & vous l'exposez infailliblement à périr pendant l'hyver : il arrive

même que malgré les mesures les plus justes,
les précautions les plus exactes, vous faites des
fautes irréparables ; vous placez un de vos premiers essaims dans une Ruche assez spacieuse pour
contenir les provisions que vous avez lieu d'espérer : mais des mauvais tems surviennent , &
durent pendant presque toute la saison de la
récolte des Abeilles : votre essaim se trouve à
l'entrée de l'hyver dans une Ruche qui le fera
périr de froid & de disette , parce qu'il n'aura
pas même eu le courage de la fournir suffisamment de vivres à cause de sa trop grande capacité ; comment remédier à ce terrible inconvénient avec vos Ruches ordinaires ? je n'ai jamais cet embarras & je ne cours jamais ces risques : je puis proportionner mes Ruches à tous
les essaims qui se présenteront : une hausse ou
deux de plus ou de moins vont rendre la Ruche que j'avois choisi une habitation très-commode pour la colonie qui doit l'habiter ; si les
travaux & la récolte d'un essaim ne répondent
pas à mon attente je puis détacher une hausse
ou même deux pour rendre son domicile moins
vaste & moins exposé aux rigueurs du froid.
6°. Je peux dans tous les tems donner à mes
Abeilles la nourriture dont elles ont souvent
besoin, & tous les remédes qui leur sont nécessaires, au lieu que vous ne pouvez leur procurer ces deux secours si essentiels & si importans
qu'avec des peines infinies, & en les exposant
à de nouveaux dangers : si vous leur donnez

à manger pendant l'hyver, vous êtes obligé de
détacher leur Ruche de dessus la planche d'appui, vous les refroidissez alors nécessairement,
& vous ne pouvez vous dispenser de la sceller
& de l'enduire une seconde fois : il arrivera
même dans des années malheureuses que vous
serez obligé de leur fournir de la nourriture dès
le commencement de l'automne, & alors vous
les exposez au pillage. 7°. Jusqu'ici, pour renouveller la cire d'une Ruche qui étoit trop vieille
on n'a point employé d'autre expédient que de
détruire les Abeilles ou de les transvaser, ce qui
revient à peu-près au même, comme j'espére
vous le démontrer quelque jour ; or je vous ensei-
gnerai une maniere simple, facile & infaillible
de faire cette opération importante qui n'est
réellement pratiquable qu'avec mes nouvelles
Ruches ; je vous ferai voir d'ailleurs que je puis
dans tous les tems avec succès & presque sans peine marier & réunir deux essaims trop foibles & trop
tardifs. 8°. Enfin j'abrége, Ariste, & pour ne pas
pousser votre patience à bout, je finis en vous faisant remarquer qu'il m'est très-aisé d'aborder mes
Ruches, de les soigner, de les visiter, d'en faire
le tour, d'éloigner les essaims des meres-Ruches ;
tous ces avantages que vous n'avez pas eu jusqu'à
présent seront également précieux & estimables
aux yeux de ceux qui n'élévent des Abeilles que
par curiosité, & de ceux qui joignent à ce motif celui du profit & de l'intérêt. De cette légére peinture des utilités de ma nouvelle cons-

...ruction, j'aurois droit d'en tirer un bon nombre de conséquences très-importantes qui en résultent naturellement.

ARISTE. Je vais vous éviter la peine de tirer ces conséquences : elles ne me paroissent ni bien difficiles, ni bien éloignées ; on pourroit les réduire toutes à celles-ci : que le profit de vos Ruches sera un produit aussi certain que considérable, très-facile, de beaucoup supérieur à celui des anciennes Ruches, & dès-lors très-intéressant. Ce produit sera certain parce que vous préservez vos Abeilles de tous les accidens qui les affoiblissent ou qui les font entiérement périr dans différentes saisons, parce que vous les mettez à l'abri des insultes d'une infinité d'ennemis qui cherchent ou à les détruire elles mêmes, ou à envahir leurs provisions. Ce profit sera fort & considérable parce que vous pouvez avec sureté & avec facilité vous approprier leurs provisions surabondantes, celles même qui sont de meilleure qualité : parce que vous vous préparez d'une année à l'autre de bonnes Ruches, de forts essaims même, en réunissant avec aisance les foibles ensemble, en les logeant proportionnément à leur force & à leur grandeur, & surtout parce que vous ne perdrez jamais aucune Ruche à raison de vieillesse, puisque vous les renouvellez toutes lorsque vous le jugez à propos. Ce produit sera aisé & facile à percevoir, parce que vous les dégraisserez sans danger pour elles & pour vous, vous les soignerez sans crainte, vous les nettoyerez sans inconvénient. Il sera de beaucoup supérieur à celui des anciennes Ruches ; la preuve en seroit très-facile : les tems facheux & surtout le froid dans des hyvers très-rigoureux font au moins périr toutes celles qui sont foibles : le pillage est un autre mal presque inévitable avec les anciennes Ruches : les guêpes, les rats, les souris, les mulots, les musaraignes, les renards, les putois, la moisissure & autres ennemis détruisent tous les ans une bonne partie des Abeilles : l'impossibilité de les conserver en les transvasant, l'usage pernicieux de les étouffer pour avoir leurs richesses sont autant de sources fécondes de perte, d'affoiblissement & même de destruction des Ruches ordinaires : la difficulté de les nettoyer, de leur donner la nourriture & les remédes dont elles ont besoin, la nécessité dans laquelle on se trouve de laisser à l'entrée de l'hyver des essaims dans des Ruches trop spacieuses, & de détruire des Ruches trop vieilles, trop anciennes, tout cela forme encore une cause de stérilité ou de dépérissement dans le systême commun : pour étendre cette preuve je n'aurois qu'à recourir aux observations que vous avez faites vous-même. Je crois donc qu'il vous est très-permis de conclure que vos Ruches doivent produire deux & même trois fois plus que les autres, d'où il résulte ultérieurement que ce produit est très-intéressant.

EUDOXE. Pour vous donner une idée plus précise encore & plus étendue des avantages de ma nouvelle conſtruction, deſcendons dans un détail un peu plus circonſtancié ; je ſuppoſe que vous faites emplette de ſix bonnes Ruches & que vous les mettez dans une poſition bonne & favorable, mais qui ne ſera cependant pas l'élite & la fleur des poſitions, une poſition excellente & du premier ordre : celles qui ſont de ce dernier genre doublent à coup ſûr & triplent même le profit ; quelle ſomme pourriez-vous raiſonnablement eſpérer qu'elles vous auroient produit au bout de ſix ans ?

ARISTE. Si vous ſuppoſez ces ſix Ruches bonnes & bien conditionnées, elles m'ont au moins coûté huit livres chacune, c'eſt-à-dire, quarante huit livres en tout : j'eſpérerois, par le ſecours de vos Ruches, de la poſition & d'une grande vigilance, en retirer au bout de ſix ans douze louis ou deux cens quatre-vingt huit livres, qui font cent pour cent chaque année.

EUDOXE. Ce profit ſeroit déja très-conſidérable : mais je vais vous démontrer que vous ſeriez beaucoup plus riche, ſans que je m'attache à enfler & à groſſir mon mémoire. Vous ne me conteſterez pas que ſix bonnes Ruches ne puiſſent produire ſix bons eſſaims chaque année, il y a......

ARISTE. Si votre démonſtration dépend de ce principe, je la crois bien foible & bien légére : pour l'anéantir je n'ai qu'à vous repréſenter ce que l'on m'a aſſuré être d'expérience trèsconſtante, c'eſt qu'il y a des années ſi ſtériles, ſi facheuſes, ſi froides même, ſi pluvieuſes, ſi défavorables en un mot aux Abeilles, qu'elles ne donnent quelquefois point d'eſſaims.

Eudoxe. Je conviens qu'il y a des années de malheur & de ſtérilité dans leſquelles on n'a que peu ou point d'eſſaims : mais, outre que ces années ne ſont pas communes & qu'elles ne ſe ſuccédent pas, il y en a d'autres qui vous dédommagent & qui vous rendent abondamment ce que vous n'avez pas eu dans les précédentes: il n'eſt pas extraordinaire d'avoir d'une même Ruche dans une même année deux & trois bons eſſaims : d'ailleurs remarquez que ce défaut total ou cette rareté d'eſſaims n'eſt ordinairement qu'une ſuite funeſte de la mauvaiſe maniere dont on gouverne néceſſairement les Abeilles dans les anciennes Ruches : expoſées à périr par le froid pendant l'hyver, ſoit parce qu'il eſt exceſſif, & ſes mortelles impreſſions inévitables, ſoit parce qu'elles ne ſont pas logées dans un domicile proportionné; livrées à la merci d'une foule d'ennemis qui les affoibliſſent tout au moins & les réduiſent à un très-petit nombre quand ils ne réuſſiſſent pas à les éteindre totalement : ne pouvant pas d'ailleurs recevoir à propos les ſecours néceſſaires contre la diſette, les maladies & la malpropreté, eſt-il étonnant que des Ruches affoiblies par tant d'accidens ne puiſſent pas donner des eſſaims le printems ſuivant ? on est trop heureux quand on peut les sauver d'un naufrage général, & les voir se fortifier suffisamment pour fonder quelques légitimes espérances d'essaimer l'année qui suivra : vous sçavez déja que je ne crains aucun de ces malheurs : je les évite par la nature même de ma construction de Ruches & par quelques légéres attentions ; ce n'est donc que dans des circonstances assez rares que je manquerai absolument d'essaims, je pourrai en avoir & même de très-bons dans une année où les autres n'en auront point ; si ce malheur m'arrive malgré mes précautions, le tems ne sera jamais assez incommode pendant toute une année pour empêcher mes Abeilles d'augmenter leurs provisions, augmentation dont je tirerai bon parti : elles se précautionneront au moins, & se prépareront à compenser le printems suivant ce qu'elles n'auront pas produit l'année précédente. Je pourrois donc supposer, malgré votre observation critique, que six de mes Ruches me donneront chaque année, l'une portant l'autre, six bons essaims : mais je n'en veux pas tant, je demande seulement, pour mettre ma preuve à l'abri de toute chicanne, que deux de ces Ruches produisent chaque année un bon essaim, c'est-à-dire tous les ans la moitié de leur nombre : mes prétentions doivent certainement vous paroître bien modestes.

A R I S T E. Je crois pour le coup que vous n'aurez plus de contradicteurs.

Eudoxe. Cela poſé , voici mon calcul.
La premiere année vos ſix Ruches produiront trois eſſaims . . . . 3.
La deuxiéme année vous en avez donc
   neuf qui n'en produiront ſi vous voulez que . . . . 4.
La troiſiéme année vous en avez treize qui
   n'en donneront encore que . . . . . 6.
La quatriéme année vous en avez dix-neuf
   qui n'en donneront que . . . . . 9.
La cinquiéme année vous en avez vingt-
   huit qui vous en donneront . . . . 14.
La ſixiéme année vous en avez quarante-
   deux, qui en produiront . . . . . 21.
                               ———
      Nombre total du produit . . 57.

Vous aurez donc à la fin de vos ſix années
cinquante-ſept Ruches de profit: eſtimons-les
comme les ſix premieres que vous avez ache-
tées à huit livres l'une, vous aurez la ſomme
ou la valeur de quatre cens cinquante ſix livres :
répartiſſez cette ſomme ſur les ſix années vous
aurez ſoixante & ſeize livres par an.

Ariste. Je comprends que ce produit, qui
paroit d'abord exceſſif pour le court eſpace de
ſix ans, deviendroit encore plus incroyable &
plus révoltant, ſi vous l'aviez étendu juſqu'à
douze ou quinze ans; cependant je ne vois pas
ce qu'on pourroit raiſonnablement vous conteſ-
ter ; la premiere propoſition une fois accordée
tout le reſte ſuit neceſſairement. Votre démonſ-

tration dépend de ce principe bien fimple &
bien naturel, que deux Ruches vous donneront
un effaim chaque année, or il n'en doit pas
beaucoup coûter de vous paffer une fuppofition
fi peu avantageufe en apparence ; elle n'avoit
certainement pas l'air de vous enrichir ; je ne
vois dans tout ce détail que le prix de vos Ruches fur lequel on pourroit peut-être incidenter
avec plus de juftice ; je conviens que leur prix n'eft
pas exorbitant rélativement à la difette dans laquelle nous fommes actuellement d'Abeilles,
mais dans la fuite fi elles deviennent beaucoup
plus communes, elles doivent néceffairement
diminuer de prix.

EUDOXE. Cet article n'eft pas plus fufceptible de diminution que tout le refte : fi le prix
commun d'une bonne Ruche eft aujourd'hui de
huit & de dix livres, s'il va même fouvent jufqu'à douze, une de mes Ruches doit dans tous
les tems avoir ce même prix, parce qu'elle fera
toujours beaucoup mieux fournie de peuple &
de provifions que celles de l'ancienne méthode :
les Abeilles d'ailleurs & leurs Ruches ne feront
pas foupçonnées de maladies, de malpropreté,
& leurs provifions de moififfure ; j'ai vû chez un
de mes amis, qui a adopté ma nouvelle conftruction, une Ruche compofée de neuf hauffes
parfaitement remplies : il n'a jamais voulu la
céder pour vingt-quatre livres ; il fera déformais très-ordinaire d'avoir des Ruches compo-
fées de fix & fept hauffes ; or ces Ruches vau-

dront sans doute plus de huit livres ; mais pensez-vous, Ariste, que ces quatre cens cinquante-six livres seront le seul profit qui vous reviendra à la fin des six années ?

Ariste. Ce profit me paroit bien honnête, je m'en contenterai très-facilement, je vous abandonne tout le reste.

Eudoxe. Je ne vous conseillerois pas de céder le surplus du produit de vos Ruches, vous négligeriez un gain très-considérable : je vais vous faire comprendre que vous n'êtes pas probablement si disposé à en faire le sacrifice que vous voudriez le paroître. Je supposerai sans crainte d'en être démenti, qu'en taillant & en dégraissant tous les ans vos Ruches à propos, vous en tirerez un bon quart de profit, c'est-à-dire, que sur quatre Ruches vous aurez en cire & en miel la valeur d'une bonne Ruche, parce que chaque Ruche vous fournira au moins une bonne hausse à enlever, ou pour parler métier, une tête de miel à détacher ; or ces quatre têtes valent sans doute beaucoup plus qu'une bonne Ruche : cela encore supposé, je reprends mon calcul.

A la fin de la premiere année vous aviez neuf Ruches, dont le quart sera . . . . 2.

La deuxiéme année vous aviez treize Ruches, dont le quart ne sera que . . . 3.

La troisiéme vous en aviez dix-neuf, dont le quart ne sera encore que . . . . 4.

La quatriéme vous en aviez vingt-huit,

dont le quart sera . . . . 7.
La cinquiéme vous en aviez quarante-
   deux, dont le quart ne sera que . . . 10.
La sixiéme vous en aviez soixante-trois,
   dont le quart ne sera encore que . . 15.

Total . . . 41.

Ces quarante-une Ruches à raison de huit livres l'une, font la somme de trois cens vingt-
huit livres ; réunissez-les aux quatre cens cinquante-six livres que vous aviez du produit de
vos essaims, vous aurez la somme totale de sept
cens quatre-vingt quatre livres : distribuez-les sur
les six années, vos six Ruches vous auront produit
chaque année cent trente livres treize sols quatre
deniers. Eh bien, Ariste, ne peut-on pas encore
glaner après vous ? on pourroit presque s'enrichir de votre superflu & de vos générosités.

ARISTE. Vous ne voudriez pas en conscience
profiter de ma bonne disposition, elle n'étoit
évidemment fondée que sur mon ignorance ou
mon inattention ; je vous avoue cependant que
j'éprouve des scrupules & des inquiétudes que
j'ai peine à démêler & à dissiper : d'un côté je
vois l'évidence, de l'autre je crains le prestige
& l'illusion ; de bonne-foi n'avez-vous point
exagéré le produit de vos Ruches ?

EUDOXE. Je pourrois porter beaucoup plus
haut ce produit sans que vous fussiez en droit
de crier à l'exagération & à l'imposture : j'aurai pour garans de ma modestie & de ma mo-

dération une infinité d'auteurs, mais deux entr'autres, dont vous estimez beaucoup l'un, & dont le second est très-estimable; votre auteur de *la république des Abeilles* suppose qu'une Ruche achetée huit livres produira deux livres, ou du moins une livre & demie de cire qu'il estime vingt-cinq & trente sols la livre : elle donnera encore, selon lui, trente & quarante livres de miel à six sols la livre; ajoutez à tout cela quatre ou cinq essaims que sa Ruche produira encore de son aveu, vous aurez un profit de plus de trente livres par chaque Ruche ; étendez ce calcul & cette estimation à plusieurs années de suite, où cela conduiroit-il, ou plûtôt où cela ne conduiroit-il pas ? lisez encore M. Bazin, cet auteur si sensé d'ailleurs & si judicieux, vous serez étonné de la somme qui résulteroit de son estimation : *une Ruche étant bien conduite*, dit-il, *on peut compter sur deux essaims par Ruches, l'une portant l'autre ; or*, ajoûte-t'il immédiatement après, *si chaque Ruche donne deux bons essaims par an, celui qui posséde aujourd'hui deux Ruches, en aura six l'année prochaine, dix-huit la suivante, cinquante-quatre la quatriéme année, cent cinquante & tant la cinquiéme, & ainsi de suite*; c'est-à-dire, quatre cens cinquante la sixiéme ; voilà donc deux Ruches qui en ont produit plus de quatre cens cinquante au bout de six ans : estimez-les avec leur dépouille annuelle, quelle somme immense ne trouverez-vous pas ? croirez-vous après cela, Ariste, que je vous ai fasciné les yeux, séduit

ou trompé lorsque j'ai supposé que six Ruches
de fond me produiront cinquante-sept Ruches
au bout de six ans ? si j'avois suivi la façon de
compter de nos deux auteurs je vous aurois présenté un total qui vous auroit surpris & révolté
avec raison; selon M. Bazin ces six Ruches m'auroient donné plus de treize cens cinquante autres Ruches.

ARISTE. Mais vous ne faites peut-être pas
attention que tout cela prouve au moins que
votre méthode n'est pas même comparable à
l'ancienne, puisque, selon ces auteurs, les Ruches ordinaires rapportent beaucoup plus que
les vôtres.

EUDOXE. Tout cela prouve au moins incontestablement que je ne suis pas un charlatan &
un empyrique, que je réduis, d'après une longue expérience, les choses à leur juste valeur :
tout cela prouve que je ne prétends pas en im-
poser au public, pas même à ce public crédule
& ami du merveilleux, qui n'estime, qui n'admire
souvent que ceux qui le trompent le plus grossié-
rement : il en coûte assez peu de faire couler
dans son cabinet des ruisseaux de miel, de bâtir
des montagnes de cire, d'arranger des nombres,
de multiplier des sommes, de former, de proposer ensuite des projets brillans & flatteurs; il
ne faut souvent pour cela qu'une imagination
vive & hardie, un grand défaut d'usage & d'expérience, une bonne dose d'ignorance des événemens les plus ordinaires & les plus communs,

ignorance qui est très-compatible avec la sincé-
rité & la bonne-foi, qui peut même s'allier avec
beaucoup d'esprit d'ailleurs & de sagacité : ces
différens auteurs, que je me garderai bien de
soupçonner de fourberie & d'imposture réfléchies, n'ont sans doute parlé que des positions
les plus heureuses & les mieux choisies, des
années les plus favorables & les plus abondantes, qu'ils ont fait très-gratuitement succéder
les unes aux autres sans interruption : ils n'ont
supposé aucune perte, aucune diminution, aucun accident, aucune non-valeur, ou s'ils ont
supposé quelques hazards, ils ne les ont pas
cru propres à diminuer de beaucoup leur mémoire ; en un mot, ils ont porté le produit de
leurs Ruches jusqu'à son dernier période ; néan-
moins dans le fait & dans la réalité plusieurs
accidens arrivent, une infinité d'inconvéniens
se présentent : il y a des pertes, des malheurs,
des années de stérilité du moins en partie : il
ne faut donc pas raisonner de nos régions, de
nos tems comme si nous étions transportés dans
l'âge d'or, ou transplantés dans le pays des Fées
& des enchantemens ; je veux dire qu'il ne faut
pas raisonner dans une supposition idéale, ar-
bitraire, chimérique même, qui ne tient point
à l'ordre commun, au train ordinaire des choses ; il ne faut pas attribuer à une suite d'années
un événement heureux qui sera propre à une
seule, il faut s'en tenir uniquement à l'expérience de plusieurs années, qui seule dans cette matiere

tiere peut & doit servir de régle à nos espérances. Mais quoiqu'il en soit des prétentions de
ces hommes avantageux, vous comprenez sans
doute, Ariste, qu'elles me sont très-favorables,
si elles sont bien fondées, ou si on veut s'en contenter. J'ai démontré exactement, vous êtes con-
venu vous-même, & vous avez prouvé que s'ils
espérent cent pour cent, j'ai encore plus de droit
qu'eux d'espérer dans les mêmes circonstances
& dans la même position deux & demi, & même trois cens pour cent; accordez leur mille
pour cent, vous m'accorderez sans peine trois
mille pour cent; admettez leur calcul, vous ad-
mettrez encore mon estimation quoique deux
fois plus forte. Il faut distinguer les accidens
communs & inévitables aux deux méthodes, &
ceux qui peuvent leur être propres & particuliers. Je ne connois de malheur général & inévitable que celui d'une mauvaise année. Pour
les accidens particuliers, je puis les braver avec
impunité, je crois avoir des avantages uniques
pour m'en garantir, avantages par conséquent
dont on ne peut pas gratifier la méthode ordinaire.

ARISTE. Je suis maintenant convaincu que
le produit de vos Ruches surpasse de beaucoup
celui des anciennes; mais quelque fort que vous
le supposiez, il sera bien compensé, pour ne
pas dire entiérement effacé, par le prix de vos
Ruches. Vous conviendrez que chaque Ruche
avec sa table & son surtout vous coûte près de

D

six livres dix sols; or déduisez de ces soixante-
trois Ruches que vous devez avoir au bout de
six ans, la somme de six livres dix sols par Ruche, il ne vous restera plus pour somme totale
au bout de six années que quarante-sept livres
dix sols. Que deviennent donc ces prétendus avantages que vous avez fait valoir avec tant d'emphase ?

EUDOXE. Quand même je laisserois subsister
en entier votre difficulté, qui n'est d'ailleurs que
spécieuse & éblouissante, qu'en pourriez-vous
conclure contre moi & contre ma nouvelle construction de Ruches ? il faudroit encore ajoûter
à cette somme de quarante-sept livres dix sols
celle de trois cens vingt-huit livres, qui est le
produit total de la vente annuelle de votre cire
& de votre miel, produit qui ne peut souffrir
aucune diminution à raison des Ruches dont on
n'a pas besoin pour le percevoir, produit d'ailleurs qui est autant le fruit de ma méthode que
du travail des Abeilles; or ces deux sommes réunies ensemble font celle de trois cens soixante-
quinze livres dix sols, qui réparties sur les six
ans feront soixante-deux livres onze sols quatre
deniers pour chaque année : ce produit ne vous
paroit-il pas encore bien supérieur à celui de
quatorze livres huit sols que vous auroient donné vos quarante huit livres placées en consti-
tution ? ce produit seroit encore plus mince si
vous aviez acheté un fond de terre avec cette
somme. Mais je vous l'ai dit, Ariste, votre dif-

ficulté n'est qu'infidieufe, elle manque abfolument de folidité. Vous pourriez la réfoudre vous-
même fi vous vouliez vous rappeller notre premier entretien. Vous n'avez pas fans doute oublié que j'ai comparé la durée de mes Ruches
avec la durée des Ruches ordinaires : je puis
garantir les miennes, moyennant quelques attentions peu coûteufes, plus de quarante-cinq
& de cinquante ans, au lieu que les autres durent tout au plus, bien faines, quatre ou cinq ans,
elles durent quelquefois moins, ou il feroit à
fouhaiter qu'on s'en fervît encore pendant moins
de tems à caufe de la teigne, de la moififfure,
des vermines qui les rongent, les infectent &
les rendent meurtrieres pour les Abeilles. Mes
Ruches dureront donc dix fois autant que celles
qui font en ufage. Ajoûtez à cela ce que vous
coûtera un Rucher affez vafte pour contenir foixante trois Ruches. Voilà fans doute deux objets
bien importans, & qui doivent faire difparoître
la prétendue dépenfe qu'occafionnent mes Ruches. Mais voulez-vous fçavoir au jufte ce que
ces Ruches vous coûteront chaque année, & ce
qu'elles peuvent retrancher fur votre produit
total ? fi elles vous coûtent fix livres dix fols,
il faut diminuer tous les ans par chaque Ruche
trois fols fix deniers qui en font la rente annuelle. Ainfi en fuppofant que vous faites toujours votre provifion d'avance.
Les neuf Ruches que vous devez
    avoir la premiere année vous

coûteront d'intérêt . . . . 1. l. 11. f. 6. d.

La deuxiéme année les treize que
vous devez avoir vous coûteront . . . . 2.   5.   6.

La troifiéme année les dix-neuf
que vous devez avoir vous coûteront . . . . 3.   6.   6.

La quatriéme année les vingt-huit
que vous aurez d'avance vous
coûteront . . . . . . 4.   18.   0.

La cinquiéme année les quarante-
deux vous coûteront. . . 7.   7.   0.

La fixiéme année les foixante-trois
vous coûteront . . . . 11.   0.   6.
                                     ____
         Total . .   30. l. 9. f. 0. d.

Vous ne devez donc déduire fur tout le profit de vos huit années, c'eft-à-dire, fur la fomme
de fept cens foixante-quatre livres, que trente livres neuf fols; or, je vous le demande, cette
fomme fait-elle une grande brêche à votre produit? fans rien diminuer de votre profit vous la
trouverez abondamment dans toutes les Ruches
que je n'ai pas fait entrer dans mon calcul, &
dans la modicité du produit dont je me fuis
contenté. Au furplus, cette dépenfe n'eft qu'é-
quipollente à celle que vous occafionneroient néceffairement des Ruches de paille & un Rucher.
Faites encore attention, Arifte, à la circonftance
dans laquelle nous nous trouvons actuellement;
quoique ces Ruches coûtent aujourd'hui fix li-

vres dix fols, elles diminueront infailliblement de prix : les premiers eſſais coûtent toujours beaucoup plus chers. Un ouvrier qui dans les commencemens eſt ſeul dépoſitaire d'un ſecret, fait le renchéri, il vend, pour ainſi dire, le be-ſoin qu'on a de lui & de ſon miniſtere, c'eſt le ſort de tout ce qu'on appelle nouveauté. Mais quand cette conſtruction ſera une fois répandue, les ouvriers ne ſeront plus ſi difficiles à traiter, ils s'empreſſeront à l'envi de ſe procurer de la pratique par le bon marché. Un ouvrier même de campagne, bien conduit d'abord & bien di-rigé, ſera bientôt en état d'exécuter cette nou-velle méthode, & il vous fournira des Ruches à très-bon compte.

A R I S T E. Si je n'ai pas été heureux à com-battre votre méthode du côté de la dépenſe qu'exigent ces Ruches, je crois qu'il vous ſera plus difficile de ſauver un autre inconvénient qui me paroit très-propre à décréditer votre nou-velle conſtruction. De la façon dont vous ran-gez vos Ruches, il eſt inconteſtable que vous employez un terrein preſqu'immenſe, ſur-tout ſi vous voulez vous procurer un Rucher qui ſoit bien garni, & qui augmente ſenſiblement votre revenu. Cinquante Ruches occuperont preſque un jour de terre ; or un jour de terre dans un jardin deſtiné d'ailleurs à d'autres uſages in-diſpenſables, à fournir des légumes de toute eſ-péce, qui ſont une reſſource importante dans une campagne, eſt une eſpace aſſez rare & très-précieux. Placez, si vous voulez, votre Rucher hors de l'enceinte de votre jardin ; outre l'inconvénient de ne l'avoir pas dans votre proximité, vous employez toujours la même quantité de terrein, quantité qui sera exorbitante, & que la plûpart des habitans de la campagne ne pourront retrancher sur leur trop minces héritages.

Eudoxe. Je crois, Ariste, que vous vous faites des monstres pour me donner le plaisir de les combattre : je placerai aisément deux cens Ruches dans un jour de terre, j'y en placerai un plus grand nombre encore, si je veux leur donner moins d'espace : je ménagerai le terrein, je leur donnerai même un air de symétrie, de propreté & d'élégance, en faisant répondre les Ruches de la seconde ligne aux intervalles, aux vuides de la premiere, & ainsi en continuant. Il n'est pas nécessaire de leur donner une si grande distance, il n'en faut que ce qui vous est nécessaire pour les gouverner, pour les visiter, pour en faire aisément le tour, le surplus est parfaitement inutile. Pensez-vous, Ariste, qu'il soit bien difficile de se ménager ou de se procurer un quarteron ou un demi jour de terre pour placer quatre-vingt ou cent cinquante Ruches à la campagne ? le terrein seroit-il si précieux dans votre province qu'on ne pût en sacrifier une si modique quantité pour une destination aussi utile & aussi avantageuse ? au surplus, il n'est pas essentiel de placer votre Rucher dans un jardin où le terrein est plus rare ; il vous seroit même quelquefois impoſſible de lui donner la préférence par le défaut d'une bonne expoſition : il doit vous ſuffire que votre Rucher ne ſoit pas trop éloigné de vous, & qu'il ſoit dans une poſition favorable. Vous ne trouverez parmi les gens de la campagne que le petit nombre de ceux qui n'ont qu'une maiſon deſtituée de toute dépendance, qui ſoient embarraſſés de trouver un terrein ſuffiſant. Il y a plus, le fermier de campagne, le ſimple locataire & l'uſufruitier trouveront ici un avantage qu'ils ne pouvoient pas avoir dans l'ancienne méthode : changeoient-ils de demeure, de maiſon, de village ? ils ne pouvoient emporter que leurs Ruches. Leur Rucher ſur-tout s'il étoit de pierre ou de maçonnerie étoit perdu peur eux : s'il étoit de charpente, ils ne pouvoient le défaire qu'en le dégradant entiérement, ou tout au moins en y perdant beaucoup. Dans la ſuite ils n'auront plus cet embarras à craindre, cette perte à eſſuyer : ils arracheront facilement leurs tables, & ils les chargeront avec la même facilité que leurs autres meubles.

ARISTE. Ils enleveront facilement leur Rucher, je le veux, mais ils ne pourront tranſporter leurs Ruches, voilà un grand avantage ! il me ſemble que cet inconvénient vaut bien l'autre.

EUDOXE. Parlez-vous ſérieuſement ? qui pourroit les empêcher d'enlever leurs Ruches ?

ARISTE. Je parle très-ſérieuſement : non-seulement ils ne pourront les transporter d'un village à un autre, mais même je ne conçois pas comment on peut les changer de place, les porter d'une table sur une autre voisine. Par quel bout les prendre ? si pour les empoigner vous portez une ou deux mains au-deſſous de la Ruche, vous riſquez d'être dévoré par les Abeilles ; en deux mots, il n'y a point de poignée à vos Ruches, point d'endroit qui donne priſe.

EUDOXE. Souffrez que je vous le diſe : votre vivacité vous fait quelquefois ſoupçonner des difficultés où il n'y en a point. Je n'ai pû dans deux converſations vous expliquer tout ce qui a rapport à ma nouvelle conſtruction. Je me ſouviens même de vous avoir ſouvent averti que je laiſſois bien des choſes en arriere, que je les réſervois pour un autre tems, celle-ci étoit du nombre : je devois vous dire dans la ſuite que pour tranſporter mes Ruches je me ſervois d'une courroye qui eſt garnie d'une boucle de fer à un bout pour ceindre & ſerrer la Ruche à volonté, *planche* 2. *fig.* 4. *C.* Cette courroye a deux poignées, *fig.* 6. *A. B.* pour paſſer les trois premiers doigts de chaque main : par ce moyen on tranſporte la Ruche partout où l'on veut. Voilà pour le ſimple déplacement des Ruches. Quant à leur tranſport lointain, on les fait voyager comme les Ruches ordinaires ; on les met dans des hottes ou dans des panniers, & on les confie à des perſonnes prudentes ou à quelque bête grave & ſérieuſe comme l'âne, qui ne leur donnent point de secousses violentes. A leur arrivée dans le lieu de leur demeure vous les placez, pendant la nuit, sur les tables qui leur sont préparées. Vous avez ici un avantage sensible que l'ancienne méthode ne peut vous procurer, c'est que, pour les accoûtumer à leur nouveau séjour, vous pouvez les laisser enfermées tant que vous voulez sans craindre de les étouffer. Il ne s'agit que de tourner le cadran du côté des petits trous; vous les tiendrez sans péril dans cet état autant de jours que vous le jugerez expédient pour leur sureté & pour la vôtre. S'il se présente quelque beau tems dont vous souhaitiez qu'elles profitent, vous tournerez le cadran du côté des arcades, vous ne leur en offrirez même qu'une seule pour les empêcher de sortir en trop grand nombre, & pour leur faire reconnoître plus aisément leur nouveau domicile. Comparez, Ariste, cette simplicité de précautions, si je puis m'exprimer ainsi, avec la multiplicité & l'embarras de celles que vous détaillent tous les auteurs qui ont traité cette matiere, & vous conviendrez qu'on ne peut éviter à moindres frais de véritables inquiétudes, & des pertes presque infaillibles.

ARISTE. Ne pensez-pas avoir rallenti mon ardeur pour la dispute, ou plûtôt pour mon instruction, par la petite humiliation que vous m'avez fait essuyer en passant. Au hazard d'une nouvelle correction que je pourrai bien encore mériter, je vais vous proposer une autre difficulté

qui m'inquiéte : elle confiste dans le grand inconvénient qu'il y a à gouverner & à manier vos
Ruches ; une perfonne foible ou de petite taille
ne pourra jamais lever votre furtout, principalement quand la Ruche fera compofée de quatre ou cinq haufles. Il ne paroit pas aifé non
plus de l'ôter avec adreffe, & de le replacer fans
ébranler la Ruche à laquelle il eft prefque immédiatement adhérent.

EUDOXE. Il ne faut que des forces très-communes & très-ordinaires pour lever un furtout
de fapin qui n'a qu'une péfanteur médiocre. Si
la perfonne qui a foin de vos Mouches ne peut
l'ôter étant à terre, rien n'empêche qu'elle n'em-
prunte le fecours d'un marche-pied qui fervira
pour tout votre Rucher. Le furtout n'eft rien
moins qu'immédiatement collé contre la Ruche
qu'il couvre ; on peut facilement lever l'un fans
ébranler l'autre : je vous ai dit qu'il y avoit dans
tous les fens une diftance de dix lignes entre
les deux, diftance fuffifante pour éviter toute
commotion, tout ébranlement quand on n'eft
pas abfolument mal-adroit. Au refte c'eft un
avantage de plus, que des enfans ou des jeunes
gens foibles & inconfidérés ne foient point pré-
pofés à la garde de vos Ruches : leurs étourde-
ries, leurs indifcrétions, leurs curiofités dépla-
cées ne peuvent que nuire à vos Abeilles qui
demandent des perfonnes mures & intelligentes.

ARISTE. Je le vois, mes réflexions prouvent
moins mon jugement, que le défir que j'ai de

connoître la vérité. Je ne puis gagner de tous les côtés, & je préférerai toujous le solide avantage d'être plus instruit au frivole mérite d'avoir brillé par mon opiniâtreté dans une dispute.

EUDOXE. Le vrai mérite consiste à chercher la vérité & à lui rendre hommage quand elle se présente. Vous êres d'un caractere, Ariste, à faire des progrès rapides dans toute autre carriere, plus propre encore à exercer votre sagacité que celle-ci. Votre fertilité en difficultés prouve votre ardeur pour les connoissances utiles : votre docilité & votre soumission font honneur à votre raison & à votre jugement. Mais auriez-vous déja épuisé votre arsenal ? ne me réserveriez-vous point encore quelques coups de maître que j'aurois peine à parer ?

ARISTE. Vous usez du droit que vous donne votre supériorité de me railler impunément, & moi j'userai de celui que j'ai de ne m'en point fâcher. Pour vous le prouver, je vais vous proposer encore une difficulté qui ne vous arrêtera sans doute pas beaucoup. Il paroit décidé par l'usage & par le suffrage unanime de tous les maîtres de l'art, qu'il faut passer de petits bâtons en travers & en croix dans l'intérieur du haut de la Ruche, pour donner aux Abeilles la facilité d'attacher leurs rayons, de poser le commencement de leur ouvrage. Cette attention a encore une autre utilité qui intéresse spécialement le propriétaire de la Ruche : on consolide & on s'assure par-là le fruit du travail de ses Mouches, qui pourroit se détacher, soit par son propre poids, soit par les secousses qu'il essuye nécessairement. Je ne vois rien de semblable dans vos Ruches, je n'apperçois dans le haut que des planches & des planchettes parfaitement unies qui ne donnent point de prise à vos ouvrieres. D'ailleurs, leur ouvrage ne peut pas ressembler à celui qu'elles font dans les Ruches communes : elles sont obligées de faire passer leurs rayons par les grandes ouvertures de vos différentes hausses ; cela n'est-il pas capable de les géner & de les dégouter ? ne perdent-elles pas leur tems à boucher, à gaudronner ces petits trous qui restent dans tous les fonds de vos hausses inférieures ?

EUDOXE. Ces précautions sont ici très-superflues : elles attachent leur ouvrage avec une résine qu'on appelle propolis, & elles lui donnent, indépendamment de tout autre préparatif, toute la fermeté, toute la solidité qu'on peut désirer. Depuis plusieurs années je me sers de mes Ruches sans aucun apprêt & telles que vous les voyez, & j'ai constamment remarqué que mes Abeilles les ont rempli avec plus de promptitude, d'abondance & même de solidité que les Ruches ordinaires. Ces prétendus secours ne leur sont pas plus nécessaires aujourd'hui que dans l'origine. Pensez-vous, Ariste, que celles qui travaillent dans des rochers ou même dans des creux d'arbres exposés aux agitations du vent, trouvent partout ces aisances & ces commodités ? j'ai lû quelque part que les Anglois avoient dans

les Ifles Barbades plus de quatre cens piéces de
canon dont la plûpart fervoient de Ruches aux
Abeilles. Je ne préfume pas qu'on ait eu l'attention de traverfer ces fingulieres Ruches de
quelques branches de bois ou de fer pour fou-
lager ces Mouches à miel. Par la même raifon
vous concevez que leurs gâteaux ne doivent pas
néceffairement avoir la même forme, les mêmes
dimenfions & la même configuration. N'appré-
hendez-pas non plus qu'elles s'amufent à boucher les trous des hauffes inférieures, elles s'en
fervent utilement pour paffer & repaffer d'une
hauffe à l'autre : elles ne s'attachent qu'à condamner les trous de la hauffe du haut, qui fert
de fondement à leur édifice.

ARISTE. Il ne me refte plus qu'un léger fcru-
pule à faire lever, le voici. Le prix de vos Ruches, quelque modique que vous le fuppofiez,
me paroît toujours fort onéreux aux gens de la
campagne qui font le plus à portée de jouir du
bénéfice de votre nouvelle méthode. Ce pauvre
villageois, qui à peine peut fe procurer le plus
fimple néceffaire, ira-t'il confacrer quatre-vingt
ou cent livres pour fe fournir d'une vingtaine
de Ruches au bon marché? cette dépenfe n'eft-
elle pas évidemment fupérieure à fes facultés?

EUDOXE. Je conviens que le pauvre payfan
n'ira pas d'abord faire une dépenfe telle que vous
la fuppofez : auffi n'ai-je pas prétendu l'engager
à en tenter une fi forte dans les commencemens.
Il débutera d'abord par acheter deux Ruches,

dont le produit le mettra bientôt en état de
faire une nouvelle acquisition, & de se pourvoir enfin d'un nombre suffisant de Ruches. Je
crois vous avoir démontré, Ariste, que le prix
de mes Ruches que vous faisiez d'abord sonner
si haut, n'est qu'un prix ordinaire, un prix égal
à celui des anciennes Ruches : je n'ajoûterai plus
ici, par surabondance de droit, qu'une simple
réflexion qui me paroit décisive. Tous ceux qui
élévent des Abeilles ont éprouvé les années dernieres que les souris seules en détruisoient une
bonne partie & même une grande moitié : je
ne crains pas plus cet accident que tous les autres. J'ai conservé toutes mes Ruches & toutes
leurs provisions dans l'état le plus parfait. Si j'a-
vois eu dix Ruches de paille, j'en aurois perdu
cinq chaque année; or, je vous le demande, la
conservation de ces cinq Ruches pendant douze
ou quinze ans ne me suffit-elle pas pour me procurer des Ruches sans qu'il m'en coûte rien? je
ne débourserai qu'une partie du produit de mes
Abeilles, je ne débourserai même que cette partie
qui répond à la perte que m'auroit causé un seul
ennemi : mes Ruches ne me coûteront donc que
ce que j'aurai gagné en les garantissant des souris.
Je ne fais pas entrer ici en ligne de compte les autres avantages de ma nouvelle méthode. Ces
avantages me produiront un autre profit réel,
profit toujours de beaucoup supérieur à celui des
anciennes Ruches.

ARISTE. Je ne vois plus rien de raisonnable

qu'on puisse opposer à votre nouvelle méthode. Je me range au nombre de ses partisans, & je croirai l'être des intérêts du public; je suis prêt à la défendre envers & contre tous : ses ennemis désormais seront les miens.

EUDOXE. Je vais mettre votre zéle à l'épreuve tandis qu'il est encore dans toute sa ferveur, par une difficulté que vous venez de me faire naître. Malgré les caracteres évidens d'utilité & de facilité que porte avec elle notre nouvelle construction de Ruches, il me paroit bien difficile, pour ne pas dire impossible, qu'elle soit jamais adoptée par les habitans de la campagne, ni qu'elle trouve jamais grace devant eux. Vous connoissez la vénération profonde qu'ils ont pour les anciens usages, l'attachement invincible qu'ils ont à leurs pratiques ordinaires, l'empire absolu qu'exercent sur eux les préjugés les plus méprisables. Rien ne leur paroit bon que ce qui a été pratiqué jusqu'ici, toute nouveauté leur est suspecte, tout est sacré pour eux en fait d'anciennes coûtumes : combattez-en une, quelque ridicule, quelque pernicieuse qu'elle puisse être, vous les prenez par l'endroit le plus sensible, on diroit presque que vous tentez de renverser leur religion. Nos ancêtres, vous diront-ils, étoient aussi éclairés que nous, ils n'ont point connus l'abus de l'usage que vous voulez réformer, pourquoi changer? pourquoi courir les risques d'une méthode qui leur fut inconnue ? tels & plus déraisonnables encore seront leurs discours,

telles & plus pitoyables encore seront leurs difficultés & leurs défenses.

ARISTE. Votre réflexion, Eudoxe, n'attaque
point le fond de notre méthode : elle ne fait
le procès qu'aux préjugés des hommes, préjugés que nous ne nous sommes pas chargés
de détruire & de déraciner : cette entreprise
surpasse nos forces. Il y a au reste plus d'espérance & plus de ressource que vous n'en
supposez. A la campagne, comme ailleurs, il y
a des hommes qui pensent & qui réfléchissent, ils ne sont peut-être qu'un peu plus lents,
plus difficiles à émouvoir, à convaincre, à persuader : mais l'intérêt qui les anime toujours
efficacement, qui fait toujours impression sur
eux, parce qu'ils ont toujours des besoins pres-
sans, opérera une révolution que la raison seule
ne pourroit peut-être produire. D'ailleurs, il y a
d'honnêtes gens de tous les états qui vivent ha-
bituellement à la campagne, qui y font valoir
eux-mêmes leurs biens : il y en a d'autres qui
y passent une grande partie de l'année, presque
toute la belle saison, & enfin il y a des Ecclé-
siastiques qui y sont fixés par devoir ; or les
hommes de ces différentes classes ne sont pas
sans doute susceptibles des misérables préjugés
qui tyrannisent la multitude ; ils se livreront volontiers à des épreuves & à des tentatives qui
portent tout à la fois un caractere évident d'u-
tilité & d'agrément. Peu à peu votre nouvelle
construction s'étendra, elle gagnera insensible-
ment

ment du terrein. Le paroissien qui verra son
Seigneur ou son Pasteur tirer bon parti de ses
Abeilles, prendra bientôt du goût à une méthode qui l'intéressera par un endroit très-sensible. Des premiers efforts abondamment ré-
compensés en occasionneront nécessairement
d'autres plus grands & toujours couronnés du
succès. On n'aura peut-être qu'une tentation
qui ne me paroit pas fort dangereuse ; ce sera
de faire des additions, des retranchemens, des
changemens en un mot dans votre méthode
& dans ses proportions ; mais on en retien-
dra toujours le fond, & ce qu'il y a de plus
essentiel.

E u d o x e. Il est plus dangereux que vous
ne pensez de changer les proportions de mes
Ruches ; & pour vous convaincre de l'importance de cet article, je consens à en faire la
matiere de notre premier entretien ; nous y
joindrons les précautions qu'il faut apporter dans
le choix des Ruches & des Abeilles.

TROISIE'ME ENTRETIEN.

Nécessité & importance d'observer toutes les proportions des nouvelles Ruches. Choix des Abeilles. Tems du transport. Maniere de connoître les bonnes Ruches.

ARISTE. J'Ai essuyé un furieux assaut depuis notre derniere conversation. Je suis tombé entre les mains de trois ou quatre personnes qui sçavent que vous me communiquez vos lumieres & vos expériences, tant sur votre nouvelle construction de Ruches, que sur la maniere d'y gouverner les Abeilles. Elles ont crû qu'elles pouvoient en toute sureté me consulter, me proposer même leurs difficultés sur une matiere qui ne leur étoit pas d'ailleurs tout-à-fait étrangere.

EUDOXE. Eh bien, ne vous êtes-vous pas prêté avec complaisance à tout ce qu'elles ont exigé de vous ?

ARISTE. Je l'aurois fait volontiers s'il avoit été question de détailler & de défendre les utilités de la nouvelle construction ; je me sentois fort & tout frais-moulu sur cet article ; mais on m'a fait justement subir un rigoureux interrogatoire sur ce qui doit faire aujourd'hui le sujet de notre entretien.

EUDOXE. La rencontre n'étoit pas des plus heureuses pour vous. Il y avoit cependant moyen de vous tirer d'intrigue , & je suis persuadé que vous ne l'avez pas manqué ; c'étoit de recourir aux proportions que je vous ai donné, & de les étayer de l'expérience qui en a démontré la nécessité.

ARISTE. Cet expédient auroit été bon , si j'avois eu affaire à des personnes qui eussent voulu simplement & docilement s'instruire de la façon de construire une nouvelle Ruche, & s'en tenir à une raison générale d'expérience ; mais j'avois en tête des novateurs , des contradicteurs, de ces hommes qui veulent tout régler , tout arranger suivant leurs idées & leur façon de penser jusqu'à ce qu'on leur ait fait évidemment voir qu'ils ont tort. Peu s'en est fallu qu'ils n'ayent traité de ridicule & de superstitieux le respect & l'attachement que j'ai pour les mesures & les proportions que vous gardez dans la construction de vos Ruches. Loin de les regarder comme nécessaires & indispensables, quelques-uns ont prétendu qu'on pouvoit leur en substituer d'autres plus avantageuses. Malgré l'embarras passager qu'ils m'ont causé , je leur ai obligation de m'avoir mis à mon tour en état de vous faire lever les difficultés qui concernent cet objet. Je les ai encore toutes présentes. A quoi bon , d'abord, m'a-t'on dit , ce grand surtout dont vous prétendez couvrir vos Ruches? des hausses d'une

moyenne épaiſſeur ſont plus que ſuffiſantes pour
prévenir tous les prétendus malheurs que vous
craignez : par-là vos Mouches ſeront également
à l'abri de la pluye, des vents & des orages.
En plaçant le cadran ſur la bouche de la hauſſe
du bas vous écarterez efficacement les rats, les
ſouris & tout autre ennemi des Abeilles. Il
eſt plus qu'inutile de multiplier les dépenſes, il
faut viſer à l'épargne, autant qu'il eſt poſſible,
ſur tout quand il s'agit des intérêts du public.

EUDOXE. Je ne doute pas, Ariſte, que vous
n'ayez pleinement réfuté cette dangereuſe innovation.

ARISTE. Ne me demandez pas ce que j'ai
répondu, j'ai fait de mon mieux. Malgré cela
je ne ſçais ſi je me ſuis fait beaucoup d'honneur auſſi bien qu'aux inſtructions que vous
voulez bien me donner. Fourniſſez-moi vous-
même des armes que je puiſſe utilement employer ſi jamais je me trouve en pareille criſe.

EUDOXE. Je commencerois par demander
à votre adverſaire comment il garantira ſes Ruches des ſecouſſes des grands vents, des commotions violentes des ouragants, des entrepri-
ſes ténébreuſes des voleurs & des maraudeurs.

ARISTE. On m'a froidement répondu que
rien n'étoit plus ſimple & plus aiſé. Faites,
m'a-t'on dit, vos hauſſes aſſez larges & aſſez
ſpacieuſes pour que celle du bas puiſſe exactement emboëtter l'élévation qui eſt au milieu de
la table, tranſportez à cette hauſſe les crampons

qui font à votre furtout, votre Ruche fera auffi ferme, auffi immobile que le furtout.

EUDOXE. Ces remédes ne font qu'un furcroit d'inconvéniens infurmontables. Pour pouvoir réunir immédiatement toutes les hauffes qui compofent une Ruche, il faudra détacher ces crampons toutes les fois que vous tranfpoferez votre hauffe du bas, c'eft-à-dire, toutes les fois que vous la mettrez à la place de celle du haut, ce qui arrive très-fouvent. Il faudra de même que vous attachiez ces crampons à la hauffe qui va fervir de fondement à la Ruche. Le cadran exigera effentiellement le même déplacement ; en voilà, fans doute, plus qu'il n'en faut, pour faire toucher au doigt tout le ridicule de cette innovation. Mais accordons pour un inftant que de ces tranfpofitions de crampons & de cadrans il n'en réfulte aucun embarras, aucun inconvénient. Vos Ruches ne ne feront-elles pas livrées aux impreffions du froid & de la pluye ? cette pluye ne fera-t'elle pas pourrir & renfler un bois auffi tendre, auffi facile à pénétrer que le pin ou le fapin, entre lefquels il faut néceffairement opter ? l'hyver ne fera-t'il pas éprouver fes rigueurs à vos Abeilles, & ne feront-elles pas expofées à périr de froid & d'engourdiffement ?

ARISTE. Du furtout on a paffé aux hauffes qui forment les Ruches. On a prétendu qu'il étoit très-fuperflu de les faire exactement & avec précifion fur le modéle que vous m'en

avez donné. Un premier les voudroit plus larges & plus hautes. Un second les aime mieux
plus basses & plus étroites. Un troisiéme enfin
regarde la chose comme très-indifférente &
très-arbitraire : un peu plus ou un peu moins
de hauteur & de largeur ne lui paroît point tirer à conséquence.

Eudoxe. Il faut convenir, Ariste, qu'il est
impossible de donner une régle sure & infaillible qui soit générale pour tous les pays &
qui ne souffre jamais d'exceptions. Il vous est
facile d'en deviner la raison. Il y a des provinces, des cantons, des positions même particulieres dans ces cantons, qui différent essentiellement des autres & qui sont beaucoup plus
favorables aux Abeilles. Elles y font conséquem-
ment une récolte plus heureuse & plus abondante. Il est donc nécessaire alors, sur la connoissance qu'on a des bonnes qualités de sa situation, d'augmenter la grandeur de ses Ruches & les proportions de ses hausses. Au contraire, il y a des pays très-stériles & très-infruc-
tueux pour les Abeilles. (J'aurai soin par la
suite de vous apprendre à faire cette distinction.) Dans ce cas on peut & on doit diminuer la capacité de ses hausses. Les proportions
que je vous ai données, proportions fondées
sur une longue expérience, font pour ma province & pour toute autre qui tiendra un juste
milieu entre les deux extrémités, c'est-à-dire,
entre une excellente & une mauvaise position

pour les Abeilles ; il est donc important d'acquérir cette connoissance pour s'y conformer dans la pratique ; mais votre parti une fois pris avec prudence, avec maturité, les proportions une fois déterminées il ne faut plus varier, il n'est plus permis de changer, parce que vous vous exposeriez ou à faire périr vos Ruches ou à n'en tirer presque aucun profit.

ARISTE. Cette conséquence ne me paroit pas encore bien évidente.

EUDOXE. Vous allez l'admettre dans un instant. A la place des cinq hausses qui composent cette grande Ruche qui est devant vous, j'en mets sept plus petites, équivalentes cependant à ces cinq. Pour dégraisser ma Ruche à la fin de l'automne, je devrois lui ôter deux grandes hausses, ni plus ni moins. Comment revenir à cette mesure avec les sept petites ? si je n'en ôte que deux, je laisse une trop abondante provision à mes Abeilles, & je ne consulte pas assez mes intérêts. Si j'en détache trois, je fais tort à mes fermieres, qui n'auront pas assez de vivres pour passer l'hyver. Appliquez le même raisonnement à des hausses qui seroient plus grandes que celles dont je me sers, & vous trouverez les mêmes inconvéniens. En général, Ariste, dans une matiere d'usage, il est plus sûr de s'en rapporter à ceux qu'une longue expérience a formé & instruit souvent à leurs dépens. Vouloir s'abandonner à ses idées particulieres, c'est risquer des tentatives &

des essais dont on est très-souvent la victime.

ARISTE. Vous m'avez jetté dans l'embarras en me disant que la variété des cantons fera varier la grandeur & la capacité des hausses.

EUDOXE. L'embarras n'est pas grand, il est facile de le surmonter. Quelques lignes de plus ou de moins à chaque hausse vont rendre vos Ruches analogues, & proportionnées aux différens pays où vous les placerez. En augmentant ou en diminuant vos hausses, vous aurez soin de diminuer & d'augmenter en même proportion le surtout quant à la largeur & la hauteur, la table & la petite élévation qui est au milieu quant à leur largeur. Pour ne rien donner au hazard, & pour éviter des frais inutiles, je vous conseillerois, à moins que les cantons ne différent essentiellement, de vous en tenir aux régles que je vous ai données, elles peuvent convenir à la plûpart de nos provinces.

ARISTE. Afin que tout, dans votre Rucher, essuyât des contradictions, on a encore pensé à la réforme de votre table. On a proposé très-sérieusement de substituer à la place de ce grand nombre de tables, une longue planche ou une enfilade de planches sur laquelle on placeroit un bon nombre de Ruches avec leurs surtouts; ce qui, a-t'on ajoûté, éviteroit une grande dépense & un grand emploi de terrein.

EUDOXE. Ce projet n'est pas plus heureux que les autres. La dépense seroit aussi considérable, pour ne pas dire plus forte, & ne procureroit pas les mêmes aisances & les mêmes utilités. Il faudroit d'abord que ces différentes Ruches fûssent suffisamment éloignées les unes des autres pour qu'on pût les visiter, les soigner, les nétoyer séparément ; il faudroit également sous chaque Ruche un tiroir qu'on pût ôter par derriere, & alors la dépense du bois seroit plus grande. D'ailleurs, pour abréger, j'ai une bonne raison de ne pas placer mes Ruches sur une longue planche, c'est que les plus peuplées apprennent aisément par-là à connoître les foibles qui sont dans leur voisinage, & sont ensuite tentées de les aller piller & égorger dans leur domicile. Ne vous a-t'on pas encore proposé quelqu'autre changement ?

ARISTE. On m'en a proposé de toutes les espéces, quelques-uns même de si ridicules que je veux vous en épargner le récit. Je suis confus de ne m'être pas mieux défendu, & de ne m'être pas plus échauffé.

EUDOXE. La grande chaleur qu'on met dans une dispute ne prouve pas trop bien qu'on ait le bon droit de son côté. On remplace quelquefois la raison par beaucoup de bruit, & par des efforts de poitrine. La tranquillité & le phlegme sont une ressource plus sûre & pour le moins aussi glorieuse. On doit aimer la vérité & la défendre, mais jamais avec ce ton d'aigreur & d'amertume qui n'est propre qu'à la faire méconnoître. Elle n'exige point de nous le sacrifice de la politesse & des égards qu'on doit à l'humanité. Passez - moi, Ariste, cette espéce de morale dont vous n'aviez peut-être pas besoin : à vous bien permis d'user de compensation dans une autre occasion.

ARISTE. Vous ne me la fournirez probablement pas cette occasion ; quand même elle se présenteroit je ne me croirois pas en droit d'en profiter. Il me convient mieux d'écouter les instructions que vous me donnerez sur quelque matiere que ce puisse être. Apprenez-moi donc de grace, quelle espéce d'Abeilles je dois choisir pour garnir mon Rucher. J'en veux avoir de votre goût, de votre choix, & comme on dit, de votre main. Leur logement est déjà déterminé. Vos Ruches leur serviront de domicile ; il ne s'agit plus que des qualités des citoyens.

EUDOXE. On peut réduire les différentes espéces d'Abeilles à trois ; quelques-uns font mention d'une quatriéme que je n'ai jamais vû ni pû rencontrer dans cette province. A la description qu'on en fait elles font fort reconnoissables, & de plus très-méprisables. Elles font d'une taille moyenne, mais d'une couleur singuliere, car elles font presque grises & de couleur de cendre. On les regarde comme des sauvages & des étrangeres qui ne font pas bien naturalisées parmi nous. On ajoûte qu'elles désolent les autres par leurs vols & leurs pirateries. Revenons aux trois espéces qui me font plus connues. Les premieres font plus grosses

& plus grandes, d'une couleur plus brune & plus foncée que les autres. Elles ont été prises dans les bois & ensuite transplantées dans nos jardins. Les secondes sont d'une grosseur médiocre, mais elles sont noirâtres & d'une couleur obscure ; elles sont également tirées des bois, & on a un peu de peine à les apprivoiser. Enfin celles de la troisiéme espéce sont plus petites que toutes les autres, mais elles sont polies, luisantes, d'un jaune aurore, vives d'ailleurs & sémillantes. A laquelle de toutes ces espéces donneriez-vous la préférence ?

A R I S T E. Vous croyez sans doute, que je vais donner dans le panneau ; vous pensez m'avoir séduit par le portrait avantageux que vous m'avez fait de la derniere espéce. Je ne serai pas la dupe de cet extérieur éclatant. Je donne, sans hésiter, la préférence à celles de la premiere. En supposant la même bonne volonté, un ouvrier fort & robuste doit faire plus de besogne qu'un foible & un petit qui n'a que le mérite de l'agilité.

E U D O X E. Vous avez raison à quelques égards. Ces Abeilles travaillent dans le tems de la récolte avec plus de force & de vigueur que toutes les autres, elles amassent par conséquent plus de provisions ; mais elles en consomment à proportion, ce qui d'abord doit les rendre moins estimables. D'ailleurs, la force & l'activité ne sont plus que le mérite d'un redoutable brigand quand on ne s'en sert que pour porter le ravage & la désolation chez les autres. Ces grosses Mouches ne se contentent pas de leurs provisions quelques abondantes qu'elles puissent être ; elles s'emparent encore de celles des autres, tantôt à force ouverte, tantôt par ruse & par artifice en se confondant avec elles pour s'introduire dans leur Ruche & les en chasser ensuite impitoyablement. Elles ne sont propres, en un mot, qu'à causer la ruine & la désertion de leurs voisines. N'en faites donc pas emplette, Ariste, pour fournir votre Rucher. Si vous en trouvez à votre campagne, contentez-vous de conserver les essaims de cette année, détruisez les meres aussi-tôt qu'elles auront essaimées, ce qui leur arrive assez rarement. Si je vous conseille de garder leurs *jettons*, pour me servir du terme usité, c'est en supposant que vous prendrez deux précautions. La premiere de les éloigner des autres le plus qu'il vous sera possible, la seconde de les détruire eux-mêmes l'année suivante lorsqu'ils auront amassé de bonnes provisions. Il nous reste encore deux espéces d'Abeilles, pour laquelle vous décidez-vous ?

A R I S T E. Je ne m'aviserai plus de choisir, j'ai trop mal réussi la premiere fois pour risquer une seconde bévûe. Faites le choix vous-même, je m'en rapporte à vos lumieres & à votre expérience.

E U D O X E. Puisque vous me chargez de vos

intérêts, je préférerai toujours celles de la troisiéme espéce. Quoiqu'elles soient moins grosses
que les autres; elles sont cependant de très-bon-
nes ouvrieres, très-aisées à apprivoiser, &
elles conservent plus long-tems leurs bonnes
qualités. On les appelle les petites Hollandoises, les petites Flamandes, parce qu'elles nous
viennent de la Flandre & de la Hollande. Elles
sont aujourd'hui assez généralement répandues
dans toute la France, & très-communes dans
les trois Evêchés & dans la Lorraine. Celles
de la seconde espéce ont encore des qualités
estimables, mais dans un dégré inférieur; on
peut s'en contenter quand il est difficile de s'en
procurer d'autres. Le choix est ici très-important, le produit de vos Ruches en dépend en
grande partie.

ARISTE. Ce choix ne sera pas bien difficile, parce que le brillant se trouve ici heureusement réuni au mérite & le fait reconnoître.
Ce qui ne sert quelquefois qu'à couvrir un
grand vuide ou à cacher de grands défauts
sert ici d'ornement à des qualités solides, à des
talens précieux.

EUDOXE. Vous distinguerez aisément, j'en
conviens, l'espéce d'Abeilles que vous devez
acheter; mais dans quel tems de l'année ferez-
vous cet achat, & comment reconnoîtrez-vous
si la Ruche que vous marchandez est fournie
en peuple & en provisions? la meilleure espéce
d'Abeilles vous feroit peu de profit si vous en

tentiez le transport à contre-tems ou sans avoir suffisamment examiné l'intérieur de leur Ru-che. S'il y a peu d'ouvrieres & beaucoup de provisions, elles ne périront pas de disette & de famine, mais elles ne pourront vous don-ner des essaims. S'il y a beaucoup d'Abeilles & peu de munitions, vous risquez de vous trouver dans la nécessité de les nourrir pen-dant long-tems, & même de les perdre après une grande dépense faite.

Ariste. Mes oracles ordinaires, & sur tout celui que je consulte plus volontiers me fourniront des connoissances & des ressources dont vous serez peut-être satisfait.

Eudoxe. Je ne ferai pas le difficultueux mal-à-propos. Voyons quels sont ces secours sur lesquels vous comptez.

Ariste. On peut acheter les Abeilles dans tous les tems. Il n'en est pas de même du trans-port. Mon auteur ne veut pas qu'on choisisse ni l'été ni l'automne, parce que les Abeilles pendant ces deux saisons seroient exposées à plus d'un malheur. On risqueroit de les étouffer & même de faire fondre & couler leur ouvrage si on les renfermoit dans des tems de chaleur. Leur travail seroit interrom-pu & discontinué ; enfin on ne pourroit que difficilement les renfermer & les contenir tan-dis qu'elles sont vives & animées. Il ne me donne pour les dépayser que depuis le com-mencement de l'hyver jusqu'au printems, parce

qu'alors leur engourdiſſement léve tous les dangers & tous les périls du tranſport.

EUDOXE. J'approuve ces conſeils & ces préceptes avec quelques reſtrictions. Puiſqu'on
ne peut tranſporter les Abeilles que pendant
l'hyver, je ne conſeillerois pas de les acheter
dans une autre ſaiſon, à moins qu'on ne prît
la précaution, immédiatement après le marché conclu, de les peſer bien exactement &
de les marquer avec un cachet de cire d'eſ-
pagne, crainte qu'on ne les changeât ou qu'on
ne les dépouillât de leurs proviſions dans l'intervalle qui ſépare l'acquiſition & le tranſport.
Cette attention eſt peut-être plus eſſentielle que
vous ne penſez, parce que la fraude dans ce
genre eſt plus commune que vous n'oſeriez
l'imaginer. Pour éviter toute mauvaiſe chicanne, toute diſcuſſion diſgracieuſe, je voudrois
les faire enlever auſſi-tôt après l'achat. Qui
empêchera, au bout de trois mois ou même
de trois ſemaines & quinze jours, un vendeur
de mauvaiſe foi de prétexter des accidens,
d'alléguer des mauvais tems, pour couvrir le
vol qu'il aura exercé ſur mes Ruches, ou pour
colorer l'échange qu'il en aura fait ? je ſerois
encore plus rigoureux que votre auteur ſur la
durée du tems du tranſport. Il accorde tout
l'hyver pour cette opération, & je reſtreindrois
abſolument cette permiſſion à la fin de l'hyver ou au commencement du printems. Vous
ne courez alors aucun riſque, vous n'êtes ex-

posé à aucune méprise. Les Abeilles ayant essuyé toute la mauvaise saison, vous pouvez facilement juger de leur situation, & former des conjectures assurées sur leur travail & leur produit. D'ailleurs, le voyage les remue, les réveille, les dégourdit & leur donne de l'appétit. Il est donc essentiel qu'à leur arrivée, elles puissent se répandre dans la campagne pour y chercher leur subsistance, ce qu'elles ne peuvent tenter qu'au commencement du printems. Si vous les mettez en route un peu plûtôt, vous les exposez à consommer sur le champ le reste de leurs provisions, & vous serez obligé de les nourrir jusqu'au retour du beau tems. Voilà pour la saison du transport. Mais, avant de les acheter, à quels signes reconnoitrez-vous si une Ruche est garnie de peuple & de provisions? cette connoissance est également importante aux deux parties contractantes, à l'acheteur & au vendeur.

ARISTE. Je ne me suis pas absolument mal trouvé d'avoir suivi mon auteur, je vais continuer à vous faire part de ses lumieres & de ses découvertes sur la matiere présente. Pour connoître les bonnes qualités d'une Ruche, il veut qu'on examine. 1°. Si elle est pesante, en la soulevant. 2°. Si la cire est belle & blanche ou bien si elle est noire, moulue & moisie. 3°. Si la Ruche est vieille ou neuve. 4°. Si l'ouvrage est prolongé jusqu'au bas de la Ruche; voilà toute ma science.

EUDOXE

EUDOXE. Avec toute cette science vous pourriez encore faire des fautes. La beauté de la cire n'est pas un signe pour vous faire prononcer sur le nombre & la quantité des Abeilles, elle n'est même qu'un indice équivoque & trompeur pour juger de la jeunesse & de la santé des Mouches, parce que bien des particuliers ont soin de dégraisser leurs Abeilles dès les premiers jours du printems, & de couper tous les gâteaux qui pourroient ne pas faire honneur à leurs ouvrieres. L'expédient de soulever les Ruches est bon & utile pour décider de la quantité des provisions, mais il ne doit être employé qu'avec ménagement. Il pourroit être nuisible aux Abeilles si on le permettoit à tous les prétendus acheteurs qui se présentent. Ces insectes délicats ne s'accommodent pas de tant de tracasseries. Il est encore plus dangereux de se déterminer sur la seule inspection de l'extérieur de la Ruche ; on a pû transvaser des Mouches vieilles ou malades dans une nouvelle Ruche. Enfin la continuation de l'ouvrage jusques sur la planche qui sert de base à la Ruche, prouve incontestablement que les vivres ne lui manquent pas, mais ne désigne pas toujours un grand nombre d'Abeilles. Je vais vous communiquer quelques autres moyens qui me paroissent aussi simples & qui ne m'ont jamais trompé. 1°. Pour distinguer si une Ruche a beaucoup de peuple, donnez le soir un coup de la jointure des deux doigts du milieu contre la Ruche. Si ce coup produit un bruit séparé en deux ou trois tems, & qui continue pendant quelques momens, c'est un signe d'abondance. S'il ne cause qu'un bruit court & qui s'appaise dans l'instant, c'est une marque qu'i y a peu d'Abeilles dans la Ruche. 2°. Pour connoître tout à la fois si une Ruche a des munitions & une forte garnison, frappez sous la Ruche. Si vous entendez un son aigu & perçant, il n'y a presque rien dans la Ruche. Si elle rend un son écrasé & étouffé, regardez-la comme bien pourvue dans tous les genres.

ARISTE. Il n'est pas difficile d'en deviner la raison. Un coup donné contre un vaisseau vuide, par exemple contre un tonneau, produit un bruit sonore & étendu, parce que l'ébranlement que j'ai donné à l'air ne trouve point d'autre résistance que les parois mêmes du tonneau. Mais un coup donné contre un tonneau rempli ne produit presque aucun son, parce que le mouvement que j'ai communiqué aux parties de l'air se trouve fixé & embarrassé par la rencontre des corps qui remplissent le vaisseau.

EUDOXE. Votre explication est très-plausible & très-naturelle. Voici encore un signe certain de la multitude des Mouches dans une Ruche. Soulevez de la hauteur de deux pouces seulement une Ruche que vous voulez vendre ou acheter. Si la place que couvroit la Ruche est propre, si vous n'y appercevez ni ordure ni in-

secte mort ni immondice, vous pouvez la regarder comme bonne. Si au contraire cette
place n'est pas nettoyée, ne faites grand fond
sur cette Ruche.

ARISTE. Je vais encore hazarder d'en donner la raison. Des Mouches en petit nombre
sont presque nécessairement paresseuses. Le soin
& la propreté de leur Ruche les intéressent
assez peu ou même surpassent leurs forces. Mais
des Mouches nombreuses & en grande société
se trouvent dans un état qui leur est plus naturel, elles doivent être plus actives, plus vigilantes, plus attentives à la propreté de leur
demeure. Elles peuvent sans être surchargées,
exercer & remplir exactement tous les emplois
de leur république.

EUDOXE. Vos conjectures sont vraisembla-
bles, & vous ne risquez rien d'en hazarder de
pareilles; mais j'apperçois de loin une compagnie de curieux, peut-être de fâcheux qui nous
arrive. Demain nous pénétrerons dans l'intérieur de la Ruche. Nous examinerons de plus
près ces insectes dont l'habitation nous a occupé jusqu'à présent.

QUATRIE'ME ENTRETIEN.

*Des différentes espéces d'Abeilles qui peu-
plent une Ruche. Leurs fonctions & leur
destination. Multiplication & génération
des Abeilles.*

EUDOXE. VOus avez sans doute trouvé,
Ariste, des découvertes neu-
ves & heureuses, des secours puissans & abondans dans tous les auteurs que vous avez consulté sur les différentes espéces d'Abeilles qui
composent une Ruche, sur la description de
leur corps, sur la maniere dont elles se multiplient, sur leurs fonctions & leurs occupations.
Faites-moi part de leurs lumieres, partagez
avec moi les richesses que vous avez amassées.

ARISTE. J'ai trouvé dans tous ces auteurs
tout ce qu'il faut pour me forcer à convenir
de mon ignorance & de mon embarras. On
ne voit que diversité, qu'opposition même la
plus marquée dans les différens sentimens qu'ils
ont adopté. Ce que l'un a admis est réfuté par
l'autre ; ce que ce dernier a établi est renversé
par le suivant. Il faudroit une mémoire prodigieuse pour vous faire l'exposition la plus simple, l'histoire la plus abrégée de leurs opinions.
J'ai renoncé en les lisant à l'espérance de pou-

voir jamais démêler & saisir la vérité. L'auteur seul de *la république des Abeilles* m'a paru propre à me dédommager de mes peines & à fixer mes incertitudes. Il a travaillé depuis que M. de Reaumur a donné au public ces Mémoires sur les insectes dont vous faites tant de cas, il en fait même l'éloge le plus complet; j'ai crû qu'il n'y avoit qu'à gagner pour moi à le suivre scrupuleusement.

EUDOXE. Ses recherches n'ont pas été beaucoup plus heureuses que celles de ceux qui l'ont précédé. De tout ce qu'il dit & de tout ce qu'il répéte sur cette matiere, vous ne devez en retenir que la division aujourd'hui très-reconnue qu'il fait des Abeilles en trois espéces, encore n'est-elle pas exacte. Il devoit en retrancher les rois comme très-superflus, comme des êtres qui n'ont jamais existé que dans son imagination. Sur tout le reste je vous conseille fort de ne pas le suivre; puisqu'il a travaillé d'après M. de Reaumur, il pouvoit en toute sûreté s'attacher aux sçavans mémoires de cet habile Académicien, il devoit s'en rapporter aux expériences fines & recherchées que ce grand naturaliste a fait pendant plusieurs années sur les Abeilles. Nous avons encore un bon nombre de sçavans du premier ordre, tels qu'un Maraldi, un Swammerdam, un Goedaer, un Leeuwenhoek dont les observations sur les Abeilles, comme sur beaucoup d'autres objets, sont très-précieuses, très-estimables, & généralement estimées de tout le monde. Ces sources sont pures, on y peut puiser avec confiance.

Ariste. On prendroit ces auteurs, à leurs noms, pour des Algériens. J'aurois, je pense, bien de la peine à me familiariser avec eux.

Eudoxe. Si leurs noms sont étrangers à une oreille françoise, leurs ouvrages ne le sont pas à ceux qui veulent étudier la nature. Ils se sont infatigablement appliqués à la connoître, ils l'ont suivi dans ses opérations les plus cachées avec une constance, une sagacité, une précision dont nous devons leur sçavoir bon gré. Leurs découvertes, sur lesquelles on peut compter, épargneront bien des soins superflus, bien des tentatives inutiles, & même beaucoup de mauvais raisonnemens à quiconque sçait se rendre justice, & la rendre à des hommes qui avoient des lumieres & des moyens, des connoissances & des expédiens que la plûpart des auteurs du second ordre ne peuvent pas avoir. Il faut se sentir bien fort & bien étayé de preuves pour lutter contre de pareils adversaires, & sur-tout pour les contredire sur des expériences qu'ils ont scrupuleusement répétées, pour s'instruire en faux contre des faits qu'ils ont constatés par des épreuves qui ont aujourd'hui la force d'une démonstration. On fait toujours un triste personnage quand on n'a que beaucoup d'opiniâtreté à opposer à beaucoup de raison. Le moins qu'on y puisse gagner c'est le mépris du public judicieux, pour ne pas dire son indignation. Sur quoi, par exemple, fondent ces auteurs l'existence des rois dans une Ruche, des bourdons femelles, des Abeilles de deux sexes, & une infinité d'autres opinions également décriées ? sur des raisonnemens vagues, sur des vraisemblances imaginées, sur des convenances arbitraires; or les faits ne se décident pas par des argumens sujets à contestation, par des suppositions hazardées, c'est par l'expérience & par les obfervations. L'histoire de la nature ne doit être qu'une collection de faits bien choisis & bien avérés.

ARISTE. Cependant sur la génération des Abeilles mon auteur reconnoît que M. de Reaumur pense différemment de lui; il lui fait même les excuses les plus humbles de ce qu'il est obligé de s'éloigner de ses sentimens. Il en rappelle au tribunal du public, & il espere y trouver des partisans & des protecteurs.

EUDOXE. Son procès a été bientôt jugé, & il ne devoit pas espérer qu'on seroit long-tems aux opinions. Le public n'a pas pris ses excuses pour des démonstrations. Il a rendu justice à l'humilité de votre auteur aussi bien qu'aux lumieres de M. de Reaumur.

ARISTE. Me voilà pour toujours dégoûté de tous ces ouvrages. Je crains d'y succer des préjugés, d'y puiser des opinions qui feroient rire à mes dépens.

EUDOXE. Vous passez, Ariste, d'une extrémité à l'autre. Elles font communément toutes deux vicieufes. Il y a un milieu entre l'eftime parfaite, la confiance dans tous les cas & le fouverain mépris. Je ne vous ai pas dit que ces auteurs, & fur-tout le dernier fûffent entiérement méprifables. Perfonne, fans doute, n'approuvera qu'il ait pris, fans aucune preuve, un parti oppofé à M. de Reaumur fur des faits qui étoient du reffort de cet habile obfervateur; mais je conviendrai volontiers qu'il a d'ailleurs des connoiffances utiles & eftimables fur le gouvernement des Abeilles rélativement à l'ancienne conftruction.

Ariste. Puifque fes préceptes & fes confeils n'ont de rapport qu'aux Ruches ordinaires, je-pourrai, en adoptant votre méthode, me paffer aifément de fon fecours & de celui de cette multitude de traités compofés fur cette matiere.

Eudoxe. J'efpere vous mettre en état de gouverner vos Abeilles indépendamment de tout fecours étranger. Cependant vous pourrez encore faire ufage de cet ouvrage pour ce qui regarde la maniere de façonner la cire & le miel, de compofer du bon hydromel, & pour quelques autres articles de cette nature; mais ne perdons pas de vûe l'objet de notre entretien. Pour éviter des difcuffions trop étendues, je me contenterai de vous donner un abrégé de ce que nos obfervateurs nous ont laiffé fur la diftinction, la génération & la description des Abeilles. Je vous avertis, afin que vous ne craigniez pas de courir aucun risque avec moi, que je suivrai exactement les sçavans dont je vous ai parlé, & que je m'attacherai principalement au précis fidéle que M. d'Aubenton a fait des *Mémoires pour servir à l'histoire des insectes.*

ARISTE. Je vous donne d'avance toute ma confiance ; mais avant que d'aller plus loin, dites-moi, si ce que j'ai lû quelque part, est vrai. Les Abeilles naissent-elles de corruption ? Virgile, & d'autres auteurs bien intentionnés nous ont laissé un beau secret pour renouveller nos Ruchers en cas de perte. Ils prétendent qu'un taureau étouffé & abandonné à la pourriture nous donneroit de fort beaux essaims.

EUDOXE. Les différentes recettes qu'on nous a laissées ne nous donneroient que de la puanteur & de l'infection. Ce sont-là de vieilles erreurs qui sont proscrites depuis long-tems, & qui n'ont même presque plus de cours que chez les gens les plus crédules & les plus ignorans. La corruption ne peut rien produire de vivant & d'animé. La corruption n'est que la désunion, la dissolution, la séparation des parties de la matiere ; or, vous concevez sans peine que de cette altération il n'en peut pas résulter un animal vivant & organisé, il n'en résultera jamais qu'un déplacement de ces parties de la matiere, leur dispersion & leur réunion à d'autres parties. Cette opinion aussi injurieuse à la providence de Dieu qu'humiliante pour la raison humaine, a été puisée dans une physique ancienne très-imparfaite, & adoptée par nos peres avec plus de crédulité que d'examen & de réflexion.

ARISTE. Cette opinion que vous traitez si cavaliérement ne me paroit pas destituée de tout fondement. Un morceau de chair pourrie produit une fourmiliere de vers & d'insectes, cela est d'expérience. Pourquoi un taureau ne pourroit-il pas nous donner des Abeilles ?

EUDOXE. Ces vers & ces insectes que vous voyez sortir d'une chair abandonnée à la corruption, sont eux-mêmes sortis des œufs que des Mouches communes ou d'autres insectes ont été déposer dans cette chair. Ce vers gras & dodu que vous trouvez renfermé dans une noisette, qui y a pris son embonpoint aux dépens de ce fruit que vous cherchez avec avidité, provient d'un œuf que sa mere y a placé dès les commencemens. Je pense, Ariste, que vous ne prenez la défense de ce sentiment décrié que parce qu'il est beau de protéger des malheureux, des proscrits abandonnés de tout le monde. Si je pouvois me persuader que vous en êtes sérieusement le défenseur, je vous ferois voir que le mycroscope & l'anatomie qu'on a fait des insectes, démontrent pleinement que leur génération est aussi réguliere que celle des plus grands animaux; j'ajoûterois que ce n'est point au hazard que les meres vont déposer leurs œufs dans certains fruits ou dans des morceaux de chair corrompue dont l'odeur même les attire, que c'est par choix, par prédilection, par tendresse pour leurs enfans qui y trouveront une nourriture propre & toute préparée; mais une expérience bien simple va mettre fin à toute mauvaise chicanne. Partagez en deux un morceau de bœuf nouvellement tué : mettez un de ces morceaux dans un pot découvert & exposé au grand air : placez l'autre dans un pot bien net, que vous couvrirez à l'instant avec une piéce d'étoffe de soye, afin que l'air y passe sans que la Mouche puisse y glisser ses œufs; au bout de quelque tems vous trouverez dans le premier pot des œufs, des vers & même des Mouches, parce que les meres y auront porté leurs œufs en liberté. L'autre morceau de chair sera flétri, évaporé, réduit en poudre par le passage de l'air, mais vous n'y trouverez ni œufs ni vers ni Mouches. Les Mouches flattées par l'odeur seront venues en foule pour pénétrer, elles auront même laissé des œufs sur la piéce de soye, mais elles n'auront pû les introduire dans l'intérieur du pot. Vous comprenez sans doute à présent que la corruption n'engendre rien; il y auroit encore plus de simplicité, pour ne pas dire d'extravagance, à espérer des essaims d'un bœuf corrompu ou de tout autre animal. La mere Abeille n'ira jamais déposer ses œufs dans telle chair que vous puissiez imaginer, & si elle les y plaçoit, ils y périroient infailliblement par le défaut d'une nourriture qui leur convînt.

ARISTE. Il faut donc me réſoudre à peupler ou à renouveller mon Rucher par les moyens ordinaires, c'eſt-à-dire, en achetant des Abeilles ou en allant les chercher dans les bois. Mais je vous ai interrompu dans la deſcription que vous alliez commencer, reprenez, s'il vous plait, le détail que vous m'avez promis.

EUDOXE. Il y a trois ſortes de Mouches dans une Ruche. La premiere & la plus nombreuſe des trois eſt l'Abeille commune. La ſeconde eſt moins abondante, ce ſont les faux-bourdons ou les mâles. La troiſiéme, enfin, eſt la plus rare & la plus précieuſe, ce ſont les reines ou les femelles. La reine eſt plus groſſe & plus longue que les Abeilles ordinaires. Elle eſt auſſi plus grande & plus longue, mais moins groſſe que les faux-bourdons ; ſa tête eſt plus allongée & ſes aîles ſont très-courtes par rapport à ſon corps, elles n'en couvrent gueres que la moitié. Au contraire celles des autres Abeilles couvrent leurs corps en entier. Les faux-bourdons ou.....

ARISTE. J'ai été charmé dans cette courte deſcription du corps de la reine de vous voir omettre l'aiguillon ; j'avois toujours bien penſé qu'elle n'en avoit point.

EUDOXE. Si je n'en ai pas fait mention d'abord, c'eſt que je me réſervois à vous en parler lorſque nous en ſerons venus à la deſcription des Abeilles. La reine a un aiguillon & même plus long que celui des ouvrieres. Cet aiguillon eſt recourbé & la piqueure en eſt profonde & accompagnée de venin comme celle des Abeilles communes.

ARISTE. Vous conviendrez au moins qu'elle ne s'en ſert pas. Sa gravité & ſa majeſté ne lui permettent pas ſans doute de s'avilir juſqu'à à en venir à des combats ſinguliers. Elle ſe doit toute entiere au ſalut de la nation. La folie du duel, m'avez vous dit bien des fois, que toutes les loix condamnent dans les particuliers ſeroit encore plus inexcuſable & plus pernicieuſe dans ceux qui ſont les chefs & les conducteurs de la ſociété.

EUDOXE. Ce qui eſt folie dans les hommes n'eſt qu'un pur méchaniſme dans les bêtes. Il eſt vrai que la reine ne ſe ſert que rarement de ſon aiguillon, & après qu'on a épuiſé ſa patience par des agaceries multipliées ; mais enfin elle s'en ſert & fait une bleſſure proportionnée à la grandeur de ſon aiguillon. Si je puis en ſaiſir une je vous procurerai l'honneur d'en être piqué.

ARISTE. Grand merci de l'honneur, j'aime mieux vous en croire ſur votre parole ; mais pourquoi cette lenteur, cette indolence à ſe venger qu'on ne remarque certainement pas dans les Abeilles communes ?

EUDOXE. Je ne vous dirai pas qu'il eſt de la grandeur de ne punir qu'à la derniere extrémité, & lorfqu'il n'y a plus d'autre reméde ; tout ce que je puis préfumer c'eft que le falut de la Ruche dépendant de la vie de la reine, la république auroit été expofée à des dangers trop grands & trop fréquens, fi la reine s'etoit livrée aux mouvemens de fa colere avec autant de facilité que les autres.

Ariste Je ne crois pas les bourdons fi patiens & fi pacifiques. Ils ne font peut-être pas d'ailleurs fi néceffaires & fi effentiels dans une Ruche que la reine, ils peuvent hazarder leur vie fans conféquence.

Eudoxe. Ils font plus néceffaires que vous ne penfez ; mais s'ils font doux & tranquilles, ce n'eft pas à raifon de l'importance ou de l'inutilité de leur vie, c'eft parce qu'ils n'ont point d'aiguillon & qu'ils n'en ont aucun befoin ; n'ayant point d'ennemis à combattre, point de poftes à défendre, les armes offenfives & défenfives leur font parfaitement inutiles. Ils font déchargés de tout foin & de toute inquiétude ; ils ne fortent jamais de la Ruche que pour prendre l'air & s'égayer aux environs ; ils ne font expofés à d'autres dangers qu'à celui d'être maffacrés dans la Ruche par les Abeilles ou à en être impitoyablement chaffés.

Ariste. Appellez-vous cela de petits dangers, des périls communs ? en peut-on effuyer de plus grands & de plus redoutables ? peut-on avoir de meilleures raifons pour obtenir le droit de porter les armes ?

EUDOXE. Ces dangers quoique grands font inévitables pour eux, ils font attachés à leur état & à leur condition. Ils n'ont été placés & ils ne font foufferts dans la Ruche que pour un tems, que pour une fin. Cette fin remplie, ce tems expiré ils doivent périr violemment s'ils ne prennent le parti de s'expatrier eux-mêmes. Ceci fera plus clair pour vous, lorf-que nous en ferons venus à leur deftination, je vais vous apprendre à les diftinguer. Les faux-bourdons font moins grands que la reine, & plus grands que les ouvrieres, & ils ont la tête plus ronde. Ils n'ont ni aiguillon ni palettes ni dents faillantes comme les Abeilles communes. Leurs dents font petites, plattes & cachées, leur trompe eft auffi plus courte & plus déliée; mais leurs yeux font plus grands & beaucoup plus gros que ceux des ouvrieres. Ils couvrent tout le deffus de la partie fupé-rieure de la tête, au lieu que les yeux des autres forment fimplement une efpéce de bour-relet de chaque côté. Venons aux Abeilles com-munes qui font ainfi appellées parce qu'elles font en beaucoup plus grand nombre que les deux autres efpéces enfemble. On peut dif-tinguer trois parties dans l'Abeille commune, la tête, la poitrine & le ventre. La tête eft compofée de deux machoires ou de deux pin-ces, des yeux, d'une langue avec fa bouche, d'une trompe & de deux cornes. Les deux ma-choires font deux dents pofées l'une contre l'autre, longues, saillantes & mobiles. Elles s'en servent comme de deux mains pour la construction de leurs ouvrages, pour pétrir la cire & jetter dehors tout ce qui les incommode. Les yeux sont taillés à facettes, de couleur de pourpre & couverts de poil. La bouche & la langue qui est dedans sont situées à l'origine de la trompe au-dessus des deux dents. La trompe est une partie qui se développe & qui se replie. Lorsqu'elle est dépliée & en mouvement on la voit descendre du dessous des deux dents saillantes qui sont à l'extrémité de la tête. La trompe paroit dans cet état comme une lance assez épaisse, très-luisante & de couleur châtain ; lorsque la trompe est dans son repos & repliée, on ne voit que les étuits ou les fourreaux qui la contiennent.

Ariste. Je soupçonne l'usage de cet instrument : il me paroit destiné à faire la récolte du miel : c'est apparemment avec la trompe que les Abeilles le succent & le font passer dans leur estomach.

Eudoxe. Vous en avez deviné la véritable destination, vous ne vous trompez que dans la maniere d'en expliquer l'usage. Ce n'est point en suççant que la trompe ramasse le miel. Cette partie n'est ni percée ni spongieuse, c'est en lappant au fond des calices des fleurs, à peu près comme font les chiens quand ils boivent, que la trompe force par ses inflexions & par ses mouvemens vermiculaires, la liqueur miellée

d'aller

d'aller en avant & de pénétrer dans le gosier de l'Abeille. Il ne nous reste plus de sa tête que les deux cornes qu'on appelle aussi antennes. Elles sont placées entre les yeux, elles sont mobiles & articulées. La poitrine ou corcelet soutient les aîles & les pattes. Les Abeilles ont quatre aîles, deux grandes qui leur couvrent tout le corps & deux petites. Si on les léve de chaque côté on trouve deux ouvertures ressemblantes à une bouche, & c'est l'ouverture de leurs poulmons par le moyen desquels elles semblent respirer. L'Abeille a six jambes placées deux à deux en trois rangs. Chaque jambe est garnie à l'extrémité de deux grands ongles ou crochets, & de deux petits entre lesquels il y a une partie molle & charnue. La jambe est composée de plusieurs piéces ; mais il vous suffira de sçavoir que la seconde & la troisiéme paire de ces jambes ont chacune une piéce singuliere qu'on appelle la brosse. Cette partie est quarrée, elle est en dedans plus chargée de poils que nos brosses ne le sont ordinairement, & ces poils sont disposés de la même façon. C'est avec ces sortes de brosses que l'Abeille ramasse les poussieres des étamines des fleurs qui tombent sur son corps lorsqu'elle est sur une fleur pour y faire la récolte de la cire ; après s'être roulée sur les flancs elle se brosse tout le corps, elle fait de petites pelottes qu'elle transporte à l'aide de ses jambes sur les palettes des jambes de derriere : les jambes du devant transportent

G

à celles du milieu ces petites maſſes, celles-ci les renvoyent aux jambes de derriere.

ARISTE. Mais vous ne m'avez pas dit ce que c'eſt que cette palette.

EUDOXE. Cette palette eſt dentelée & de figure triangulaire. Sa face extérieure eſt liſſe & luiſante ; des poils s'élévent au milieu des bords. Comme ils ſont droits, roides, ſerrés & qu'ils l'environnent, ils forment avec cette ſurface une eſpéce de corbeille ou de cuilliere ; c'eſt là que l'Abeille dépoſe, à l'aide de ſes pattes, les petites pelottes qu'elle a formé avec ſes broſſes. Pluſieurs pelottes réunies ſur la palette font une maſſe quelquefois auſſi groſſe qu'un grain de poivre.

ARISTE. Souvenez-vous, de grace, qu'il me revient encore le ventre de l'Abeille.

EUDOXE. Vous craignez que je n'oublie cette partie intéreſſante. Elle contient du miel, mais elle contient auſſi un aiguillon & du venin. Souvenez-vous auſſi qu'il n'y a point de roſes ſans épines. Outre l'aiguillon & la bouteille de venin, le ventre, qui dans ſon extérieur eſt couvert par ſix anneaux qui s'allongent, ſe raccourciſſent & ſe gliſſent les uns ſur les autres en recouvrement, a dans ſon intérieur l'eſtomach du miel, celui de la cire & les inteſtins. Ces derniers ſont dans les Abeilles comme dans les autres inſectes. Les deux eſtomachs . . .

ARISTE. Ai-je bien entendu ! deux eſtomachs !

EUDOXE. Oui, Arifte, l'Abeille a deux eftomachs : l'un reçoit le miel & l'autre la cire. Celui du miel a un col par lequel paffe la liqueur que la trompe y conduit pour s'y changer en miel parfait. Le fecond eftomach qui eft celui où la cire brute fe change en vraie cire eft au-deffous de celui du miel. Nous aurons occafion de parler dans la fuite de ces deux eftomachs. L'aiguillon eft à l'extrémité du corps de l'Abeille. Il eft caché dans l'état de repos : quand on preffe cette extrémité on le voit paroître accompagné de deux corps blancs qui forment enfemble une efpéce de boëte dans laquelle il eft logé lorfqu'il eft dans le corps. Cet aiguillon eft femblable à un petit dard, qui, quoique très-délié, eft creux d'un bout à l'autre. On peut confondre l'aiguillon avec l'étuit : c'eft par l'extrémité de cet étuit que l'aiguillon fort & qu'il eft dardé en même tems que la liqueur empoifonnée. De plus, cet aiguillon eft double ; il y en a deux qui jouent en même tems ou féparément au gré de l'Abeille. Ils font de matiere de corne ou d'écaille : leur extrémité eft taillée en fcie, les dents font inclinés de chaque côté, de forte que les pointes font dirigées vers la racine de l'aiguillon, ce qui fait qu'il ne peut fortir de la playe fans la déchirer. Ainfi il faut que l'Abeille le retire avec force. Si elle fait ce mouvement avec trop de promptitude, l'aiguillon caffe & il refte dans la playe, & en fe féparant du corps de l'Abeille, il arrache la veſſie qui contient le venin qui tient à la baſe de l'aiguillon. Une partie des entrailles ſort en même tems, ainſi cette ſéparation de l'aiguillon eſt mortelle pour la Mouche. La liqueur qui coule dans l'étuit de l'aiguillon eſt un véritable venin qui cauſe la douleur que l'on éprouve lorſqu'on a été picqué par une Abeille. Vous paroiſſez rêveur & diſtrait, Ariſte, cette longue deſcription ne vous auroit-elle pas ennuyé?

ARISTE. N'attribuez point à l'ennui l'eſpéce de rêverie dans laquelle vous me voyez plongé, elle vient d'une cauſe beaucoup plus noble. Je ſuis ſaiſi d'étonnement & admiration en ſuivant le trop court détail dans lequel vous êtes entré. Que de reſſorts, que de forces, que de mouvemens ſont renfermés dans cette petite partie de matiere qui compoſe le corps d'une Abeille! que de rapports, que d'harmonie, que de correſpondance entre toutes ces parties! combien de combinaiſons, d'arrangemens de cauſes, d'effets & de principes qui tous tendent à la même fin, qui tous concourent au même but! quelle juſteſſe, quelle ſymétrie, quelle proportion dans ces petits corps en apparence ſi mépriſables, ſi peu admirés en effet par des hommes ignorans ou inattentifs! tout y annonce clairement la ſageſſe ſuprême qui a préſidé à la formation d'un ouvrage ſi parfait, ſi induſtrieux, ſi ſupérieur à tout ce que l'art a jamais pû inventer.

EUDOXE. Je fuis charmé, Arifte, de vous voir attentif au magnifique fpectacle de la nature, & fur tout de vous voir retirer de ce coup d'œil réfléchi le plus grand avantage qui nous en puiffe revenir, c'eft-à-dire, une connoiffance plus diftincte, plus étendue de l'intelligence infinie qui a arrangé tous les êtres, qui a préfidé à leur organifation, qui a ordonné leur exiftence & leur configuration. Rien dans la nature qui ne nous montre fenfiblement un auteur également fage & puiffant. Les infectes les plus vils font peut-être plus admirables que le foleil & les aftres les plus brillans. On y voit comme dans les plus grands animaux, des vaiffeaux fans nombre, des liqueurs, des mouvemens réunis fouvent dans un point imperceptible, des organes pour vivre, des inftrumens pour travailler, des fecours pour échapper à leurs ennemis, des armes pour en triompher, mille beautés dans leur vêtement. Mais, Arifte, en étudiant ces merveilles, ménageons notre attention entre les traits de fageffe que le créateur a imprimé fur fon ouvrage, & les traits de bonté qui n'y brillent pas avec moins d'éclat. Partageons-nous entre l'admiration & la reconnoiffance. Ne nous contentons pas de le reconnoître & de l'adorer, paffons de l'adoration à l'amour. Il ne doit pas nous fuffire de voir, par exemple, dans les Abeilles ces différens inftrumens dont vous admirez à fi jufte titre la variété, la délicateffe, la multiplicité: remar-

quons-y auſſi une preuve manifeſte de la providence la plus tendre & la plus généreuſe en
notre faveur. Tout eſt ici pour notre uſage
& pour notre utilité. Les Abeilles ne ſe ſervent
réellement de tous ces membres ſi artiſtement ar-
rangés que pour notre avantage. C'eſt pour nous
qu'elles travaillent, & c'eſt à celui qui leur a
donné cette induſtrie, & ces inclinations utiles
que doivent ſe terminer notre gratitude &
notre reconnoiſſance. Plus nous avancerons,
plus vous découvrirez de merveilles, plus vous
ferez éclairé, touché & attendri.

ARISTE. Il faudroit être également ſtupide
& ingrat pour ſe refuſer aux traits de lumieres qui montrent par tout le créateur, & aux
marques ſenſibles de bonté & de précaution qu'il
a placé dans tous ſes ouvrages. J'eſpere que
vous me trouverez toujours diſpoſé à remplir
mon eſprit de vérités, & mon cœur de reconnoiſſance.

EUDOXE. Je crois, Ariſte, vous avoir ſuffiſamment fait connoître l'organiſation & les
différentes parties des Abeilles; il nous reſte
encore un vaſte champ à moiſſonner, c'eſt la
multiplication, la génération & la deſtination
de ces admirables inſectes. Mais j'aurai ſoin
d'abréger pour éviter un détail qui ſeroit trop
long, & qui d'ailleurs ne fait que la plus petite partie de notre objet. Reprenons nos eſpéces par ordre. La reine eſt l'unique femelle
de la Ruche. On a fait exactement l'anatomie

& la diſſection de ſon corps & de celui des deux autres eſpéces , & on a été pleinement convaincu qu'elle ſeule contenoit les œufs qui produiſent toutes les autres Mouches qui compoſent une Ruche. On a même eu la patience de la ſuivre dans ſes opérations les plus ſecrettes & les plus cachées , & on l'a vû pondre & dépoſer ſes œufs dans les alvéoles ; auſſi ſon unique deſtination eſt-elle de multiplier les citoyens , de donner des ſujets à l'état , & ſa royauté n'eſt fondée que ſur ſa fécondité.

A R I S T E. Je n'ai aucune peine à ajoûter foi aux obſervations de vos ſçavans , je les crois très-ſûres & très-exactes ; mais ſans doute qu'il y a pluſieurs reines pour peupler une Ruche & pour former un eſſaim.

E U D O X E. Une reine ſuffit pour produire un peuple innombrable dans une année. Souvent en ſix ſemaines elle pond dix à douze mille œufs , & pour l'ordinaire dans une année ce nombre va juſqu'à trente cinq & quarante mille.

A R I S T E. Cette fécondité me paroit prodigieuſe. N'eſt-elle pas un peu exagérée ?

E U D O X E. Quelque étonnante que ſoit cette fécondité , elle ne doit pas vous être ſuſpecte. On a compté dans les ovaires d'une mere Abeille juſqu'à cinq mille cent œufs viſibles par le moyen d'une bonne loupe. De là on n'a pas de peine à conclure que le nombre de ceux qui échappent aux yeux par leur petitesse, & qui prendront la place de ceux qui seront pondus, surpasse plusieurs fois le nombre des autres. Vous serez peut-être encore surpris de la maniere dont elle dépose ses œufs dans les alvéoles ou dans les cellules préparées par les ouvrieres. La mere Abeille arrive environnée d'un cortége de dix ou douze Mouches communes . . . .

Ariste. Sans doute que ce sont des gardes préposés à sa défense, & qu'on choisit ce qu'il y a de plus brave, de plus aguerri & de plus fidéle dans la nation pour veiller à la conservation d'une tête si précieuse.

Eudoxe. Ce cortége est moins pour la défense de la reine qui n'est communément exposée à aucun danger de la part des ennemis du dehors que pour la conduire, la soigner & la soulager; car les unes lui présentent du miel avec leur trompe, les autres la léchent, la caressent, la brossent même très-exactement.

Ariste. J'aime dans les sujets ces soins & cette tendresse, cet amour & ces attentions pour leurs souverains. C'est l'unique moyen qu'ils ayent de dédommager leurs maîtres des peines & des fatigues du gouvernement.

Eudoxe. Le nombre de ces courtisans n'est pas fixe & déterminé. Il est quelquefois plus ou moins grand. Ainsi escortée, la reine entre d'abord dans un alvéole la tête la premiere pour en faire la visite; & elle y reste pendant quelques instans. Ensuite elle en sort & y rentre à reculon pour coller l'œuf dans l'angle qui eſt au fond de l'alvéole. La ponte eſt faite dans un moment. Elle fait cinq ou ſix œufs tout de ſuite, après quoi elle ſe repoſe avant que de continuer. Quelquefois elle paſſe devant un alvéole vuide ſans s'y arrêter, ſans même le viſiter.

ARISTE. Pourquoi d'une part cette viſite ſi exacte de l'intérieur de certains alvéoles, & de l'autre cette indifférence apparente pour d'autres cellules ? y a-t'il du choix à faire, & ce choix ne peut-il ſe faire ſans parcourir tous les alvéoles ?

EUDOXE. Le choix eſt ici indiſpenſable, parce que les cellules n'ont pas toutes les mêmes dimenſions & la même grandeur. Il y en a qui doivent ſervir de berceau à une reine, & même à pluſieurs, & celles-là ſont ſenſiblement plus vaſtes & plus grandes; d'autres ſont pour les faux-bourdons, & celles-là quoique moins grandes que celles des ſouveraines, ſont plus grandes que celles des ouvrieres, & ces dernieres ſont en beaucoup plus grand nombre. Il n'eſt donc pas étonnant que la mere Abeille qui eſt prête à pondre l'œuf d'une ouvriere n'entre pas dans l'alvéole d'un mâle. Un coup d'œil ſuffit pour en faire la diſtinction. Mais elle entre & elle doit d'abord entrer la tête la premiere dans la cellule d'une Abeille commune, pour voir ſi l'habitation eſt préparée & ſi elle n'a rien qui puiſſe nuire au dépôt qu'on va lui confier.

Ariste. On diroit, à vous entendre, que cette reine diſtingue, avant la ponte, quelle eſpéce d'œuf elle doit dépoſer. Voilà une connoiſſance bien précieuſe & qui devroit être auſſi commune qu'elle eſt rare dans toutes les autres eſpéces.

Eudoxe. Je ne tenterai point de vous expliquer ſur quoi eſt fondée cette connoiſſance; mais il eſt certain qu'elle ne ſe trompe jamais. Elle place exactement les œufs dans les alvéoles qui leur ſont deſtinés. Il eſt vrai que lorſque la mere ne trouve pas un aſſez grand nombre de cellules préparées pour tous les œufs qui ſont prets à ſortir, elle en met deux ou trois & même quatre dans un ſeul alvéole; mais ils ne doivent pas y reſter, car un ſeul ver doit remplir dans la ſuite l'alvéole en entier. On a vu des Abeilles ouvrieres retirer tous les œufs ſurnuméraires. On ne ſçait pas ſi elles les replacent dans d'autres alvéoles. Quoiqu'il en ſoit on n'a pas encore remarqué qu'il y ait jamais pluſieurs œufs dans les cellules royales.

Ariste. Il faut que la reine ſoit pourvue d'une tête bien ferme & d'une préſence d'eſprit bien ſoutenue, pour ne rien confondre dans une ponte auſſi nombreuſe & auſſi entremêlée.

Eudoxe. La choſe n'eſt pas tout-à-fait ſi difficile que vous la ſuppoſez. La ponte n'eſt pas entremêlée en ce ſens qu'elle ponde tan-

tôt un œuf d'une ouvriere, tantôt d'un faux-
bourdon, & enfin d'une femelle. Les œufs
des Abeilles ouvrieres fortent les premiers, &
il y en a plufieurs milliers. Vient enfuite une
centaine d'œufs, & quelquefois beaucoup plus,
qui produiront des mâles. Enfin, la ponte eft
terminée par trois ou quatre, & quelquefois
par quinze ou vingt œufs d'où fortiront les
reines. Voilà, Arifte, la grande occupation
de la mere Abeille, le foin de donner de
nouveaux habitans, de former de nouvelles
colonies. Je vous expliquerai fuccinctement
dans la fuite la maniere dont ces œufs fe changent en Abeilles. Le tems de la ponte eft fort
long, il dure prefque toute l'année, excepté
en hyver, mais le fort de cette ponte eft au
printems.

ARISTE. Cette occupation de la reine n'eft
pas un petit ouvrage. On ne doit certainement
pas la regarder comme une pareffeufe & une
défœuvrée. Ajoûtez à tout cela les foins &
les inquiétudes du gouvernement, la diftribu-
tion des charges, des emplois, des poftes felon
les talens & les inclinations de chaque particulier. Je me doute bien qu'il y a des miniftres
qui travaillent fous elles, qui la déchargent
d'un détail trop minutieux, & ces miniftres
ne font fans doute que ces reines qui font
furabondantes dans une Ruche ; mais enfin
tout fe rapporte à la perfonne en place comme
au centre, comme au tribunal en dernier reffort.

EUDOXE. La reine est sans doute un personnage très-important & absolument nécessaire dans une Ruche. Sans elle l'espéce se disperse & s'anéantit. Sans elle tout est dans la langueur, dans l'abbattement, dans la consternation. Vient-elle à périr par quelque accident? les Abeilles aussi-tôt abandonnent tout, se divisent & quittent leur Ruche sans espérance de retour. Errantes & vagabondes, ou elles deviennent la proye de leurs ennemis ou elles succombent sous le poids du chagrin & de la douleur. Abandonne-t'elle son domicile ordinaire soit parce qu'il n'est pas commode, soit parce que les rayons sont gâtés & attaqués par d'autres insectes? elles la suivent avec une constance & une fidélité à toute épreuve, elles vont se loger dans tout endroit qu'elle aura choisi pour y fixer sa demeure. Voilà jusqu'où va l'attachement des Abeilles pour leur souveraine. Sans elle leur travail leur paroit inutile & infructueux, parce qu'elles n'ont plus d'espérance de voir leur espéce se perpétuer dans leurs descendans. Mais quelque essentielle qu'elle soit à la république elle n'est point chargée du gouvernement ni de la police ni du maintien des loix. Chaque particulier fait ce que le bien de la société exige qu'il fasse, & il ne manque jamais de le faire. Il est inutile de lui intimer des ordres, de lui désigner & de lui prescrire son ouvrage; il suit invariablement le plan de conduite que le créateur lui a tracé dès les commencemens : ainsi cette distribution des emplois, ce choix des talens, cette vigilance, cette prévoyance qu'on a attribué à la mere Abeille ne sont que des fictions de fabulistes, des imaginations sans fondement. C'est le hazard ou l'occasion qui décide du genre de travail auquel se livre chaque Abeille. Toutes sont également propres à recueillir du miel, à ramasser de la cire, à construire un alvéole. On n'a jamais remarqué en elles aucune variété de talens, aucune diversité de goûts & d'inclinations. Chacune entreprend le premier ouvrage qui se présente. Si une Abeille quitte une occupation pour passer à une autre, ce sera ou pour se délasser par le changement, ou parce que la circonstance aura paru l'exiger. Les reines surnuméraires doivent encore moins être regardées comme des ministres d'état chargés du détail. Les essaims & en général toutes les Ruches ne veulent & ne souffrent qu'une seule reine. S'il y en a plusieurs, il est sûr qu'elles seront toutes massacrées & mises à mort excepté une seule.

ARISTE. A quoi peuvent donc servir ces vingts œufs que la mere Abeille pond fort souvent ?

EUDOXE. C'est pour suppléer aux accidens, c'est pour obvier aux malheurs qui peuvent arriver. Plusieurs de ces œufs peuvent périr avant que d'éclore; d'autres peut-être périront immédiatement après qu'ils seront éclos. Il est donc nécessaire qu'il y ait une reſſource toujours prête pour l'état, dont le ſalut & la conſervation dépendent de la vie de la reine.

ARISTE. Puiſque la mere Abeille eſt le ſoutien & la colomne de la république des Abeilles, pourquoi n'en conſervent-elles pas pluſieurs pour prendre les rennes du gouvernement en cas de malheur? y a-t'il aucun rems, aucune circonſtance où cette cruelle exécution ſoit néceſſaire & indiſpenſable?

EUDOXE. Dans une monarchie il ne doit y avoir qu'un ſeul monarque. La multiplicité des ſouverains produiroit de grands déſordres, des troubles, des partis, des diviſions, des guerres ſanglantes, & par conſéquent la ruine de l'état. Chez les Abeilles pluſieurs reines fourniroient trop d'ouvrage aux ſujets, des occupations de beaucoup ſupérieures aux forces des Mouches communes. A peine peuvent-elles, lorſqu'un eſſaim eſt nouvellement placé dans une Ruche, conſtruire ſuffiſamment de cellules pour recevoir tous les œufs que la reine eſt prête à pondre. Elles travaillent ſans relâche pour fournir des domiciles à ces nouveaux habitans. Une ſeconde pondeuſe ne ſeroit donc pour elles qu'un ſurcroit inſoutenable de peine & d'embarras. Auſſi eſt-ce ordinairement dans le tems des eſſaims qu'on fait main baſſe ſur ces reines de précaution. Lorſque tous les œufs de toutes les eſpéces ſont éclos, la chaleur de la Ruche devient ſi grande qu'une partie des habitans eſt obligée d'aller chercher un autre demeure. Quelques-unes de ces meres Abeilles nouvellement écloſes ſe joignent à la colonie qui s'en va; c'eſt pourquoi l'on remarque aſſez ſouvent deux ou même trois reines dans un eſſaim. Les autres aiment mieux demeurer dans l'ancienne Ruche. Mais au bout de deux ou trois jours on les trouve toutes mortes ſoit auprès de la Ruche de l'eſſaim, ſoit auprès de celle qui a produit l'eſſaim.

ARISTE. Avant que d'en venir à cette ſanglante expédition, je m'imagine qu'on fait une élection en forme, & que les ſuffrages de la nation ne ſont accordés qu'à celle qui eſt la plus propre à remplir la premiere place. Si on en croit Virgile & quelques autres auteurs, il n'eſt pas bien difficile aux Abeilles de prendre un parti. La véritable reine a des qualités extérieures, des marques ſenſibles qui ne permettent pas de la méconnoître. Sa couleur éclatante, ſa démarche grave, ſa taille majeſtueuſe, ſon extérieur brillant la diſtinguent ſuffiſamment des autres qui ſont velues, petites, ſales, noires, hideuſes, telles en un mot qu'on doit leur faire leur procès ſur leur phyſionomie.

EUDOXE. Les anciens comme quelques modernes ont donné carriere à leur imagination ſur la matiere des Abeilles. Ils l'ont orné & embelli de fables & de fictions qu'on peut par-

donner à un poëte, mais qui ne font pas fup-
portables dans des ouvrages férieux deftinés à
l'inftruction du public. Ils fe font fur tout figna-
lés fur l'énorme différence qu'il y a entre la
véritable reine & celles qu'ils ont mis au rang
des tyrans & des ufurpateurs. Je vous épargne
le récit de tous les contes plus ou moins in-
croyables qu'ils ont débité fur cet objet. Je
conviens qu'il y a quelque différence de couleur parmi les femelles; peut-être même que
celles qui font maffacrées font moins groffes,
plus brunes & plus obfcures. Mais ces prétendus défavantages dépendent du tems de la naiffance. Les premieres nées étant plus prêtes à
pondre, elles ont dans cet état une couleur
plus brillante, & elles font fenfiblement plus
groffes. Voilà fans doute ce qui a pû tromper
Virgile & tous les autres qui ont crû que les
Abeilles fe laiffoient prendre à l'éclat de l'or.
Elles préféreront peut-être la plus vigoureufe,
la plus forte, la plus prochainement difpofée
à feconder les vœux de l'empire. Mais cette
préférence n'eft probablement fondée que fur
l'âge, le droit d'aîneffe qui emporte ces qualités précieufes au corps de la nation.

A R I S T E. Je ne vous tiendrai quitte fur le
compte de la reine qu'après que vous aurez
répondu à une queftion. Va-t'elle aux champs?
travaille-t'elle comme les autres, foit dans le
dehors, foit dans l'intérieur de la Ruche?

E U D O X E. Vous devez bien naturellement
fuppofer

suppofer qu'étant chargée d'un emploi aussi pénible, & qu'elle exerce pendant presque toute
l'année, tel que celui de donner naissance à
trente ou quarante mille citoyens, elle doit
être dispensée des charges communes & des
travaux publics. Aussi n'abandonne-t'elle jamais fa Ruche. Elle peut se promener dans
toute l'étendue de ses états, parcourir les différens cantons de son royaume, prendre même l'air à l'entrée de la Ruche, jouir dans un
beau jour du spectacle & de la chaleur du soleil; mais toutes ses courses & tous ses voyages se bornent là. Elle trouve abondamment
dans les magasins publics dequoi se nourrir.
Personne ne s'oppose à ses désirs, on les prévient même souvent avec complaisance. Elle
ne manquera de provisions que lorsque la Ruche en sera entiérement dépourvue. Mais il
est tems d'en venir aux faux-bourdons. Il a
été démontré par l'anatomie qu'on en a fait
qu'ils sont les seuls mâles de la Ruche destinés à féconder les œufs de la femelle. En un
mot, ils sont les maris de la reine. Quoiqu'ils
soient quelquefois jusqu'au nombre de mille
& de quinze cens, & qu'il n'y ait qu'une seule
reine, cette multitude ne doit pas vous éton-
ner ni vous faire former aucune difficulté. Les
choses ne se passent point ici comme parmi
les autres animaux. Les faux-bourdons sont
d'un caractere paisible, indolent, tranquille,
qui va presque jusqu'à l'insensibilité. Ils n'é-

prouvent point les saillies, les ébranlemens &
les fureurs des passions. Ils ne reconnoissent
leur destination qu'après qu'ils ont été recherchés, & recherchés pendant très long-tems
par la femelle. Des observateurs plus curieux
& plus ingénieux que moi ont poussé leurs expériences jusqu'à forcer la reine à se comporter
en leur présence comme elle se comporte dans
l'intérieur de la Ruche. Voilà l'unique fonction des faux-bourdons; du reste ils ne sont
chargés d'aucun ouvrage, soit dans la Ruche,
soit dans le dehors. Ils se nourrissent du miel
que les Abeilles déposent dans les magasins.
Ils ne sortent de la Ruche que vers les onze
heures du matin sans s'éloigner, sans courir
les risques d'aucun voyage un peu long. Ces
sorties ne sont pour eux que des parties de
plaisirs & de divertissemens, ou tout au plus une
préparation à un bon repas en gagnant de
l'appétit par le grand air & un exercice mo-
déré. Ils rentrent exactement vers les six heures du soir de crainte que le serein ne les sai-
sisse ou que le froid ne les incommode.

ARISTE. Ces précautions ne leur font pas
honneur; elles n'annoncent que leur molesse
& leur fainéantise. Il doit leur suffire de vivre aux dépens des autres sans chercher encore à rendre cette consommation plus grande.
Leur vie doit paroître bien douce & bien digne d'envie à ces hommes mous & efféminés,
qui désireroient ne point exercer d'autre fonc-

tion dans la société que celle de digérer.

EUDOXE. Les prétendus avantages de cette vie si commode & si délicieuse en apparence sont bien compensés par le triste sort qui les termine en peu de tems. Les bourdons commencent à éclore vers la fin d'Avril. Les Abeilles les élevent avec soin dans leur bas âge, les nourriffent & les fouffrent patiemment depuis le commencement de Mai jufqu'à la fin de Juillet, quoique leur nombre augmente de jour en jour, & qu'il y en ait quelquefois près de deux mille felon la grandeur de la Ruche. Mais ce tems arrivé, tems auquel la reine n'a plus befoin d'eux, les Abeilles les maffacrent tous fans miféricorde. On les cherche, on les faifit & on les met impitoyablement à mort. Le bien public exige ce facrifice. On les immole au repos & à la confervation de l'état. Les provifions les plus abondantes ne fuffiroient pas pour entretenir pendant l'hyver cette troupe de fainéans affamés.

ARISTE. Voilà un terrible revers. Notre fexe ne brille pas & ne fait pas figure dans cette république plus cruelle encore que celle des Amazones. Mais ne font-ils point de réfistance? auroient-ils la lâcheté de fe laiffer égorger fans coup férir? forts & robuftes, ayant l'avantage de la taille, quand ils font un certain nombre, ils doivent être en état de tenir tête à une multitude de ces ouvrieres économes.

EUDOXE. La pareffe, la volupté, une nour-

riture trop délicate ne font pas propres à communiquer des forces & du courage. Quand
ils font nombreux dans une Ruche, ce n'eft
ordinairement que lorfque la Ruche eft elle-
même très-nombreufe ; ainfi leurs ennemis
font toujours de beaucoup fupérieurs. Ces ennemis d'ailleurs font armés d'aiguillons meurtriers qui manquent aux bourdons, nation
lâche & poltrone. Les Abeilles n'ont pas honte
de fe réunir & de s'attrouper pour les expé-
dier plûtôt. Si deux ne fuffifent pas, quatre
& fix fe préfenteront, donneront main forte
& les feront expirer fous les coups des dards
empoifonnés. On ne fait pas même grace aux
œufs, aux vers, aux embrions de ces mâles
qui font encore dans les cellules. On les arrache, on les écrafe & on les jette à la porte
de la Ruche auffi bien que les corps morts.
Ce carnage dure quelquefois trois ou quatre
jours ; & l'on ne voit pendant tout ce tems-
là autour de la Ruche que des cadavres & les
triftes monumens de cette cruelle guerre. S'il
en échappe quelques-uns aux vigilantes perquifitions des ouvrieres, c'eft un affez mauvais préfage pour cette Ruche. Elle périra vrai-
femblablement de faim & de mifere, elle
manquera de trop bonne heure de provifions,
ou bien même la ponte de la reine, qui doit
avoir été fécondée avant le tems du maffacre,
fera altérée & ne donnera plus qu'un couvain
vicié & corrompu.

ARISTE. Ne pourroit-on pas ajoûter à l'emploi unique & solitaire que vous leur avez assigné, celui de faire éclore les œufs par la chaleur qu'ils entretiennent dans la Ruche.

EUDOXE. C'est-à-dire que vous voudriez les décorer de la charge noble & brillante de couvert les œufs. Vous voudriez les établir couveurs en chef. Je vois votre malice, vous voulez les punir de leur paresse & de leur inutilité en les réduisant à un emploi ignominieux & indigne de leur sexe. Mais comme il ne dépend pas de nous de déterminer leurs fonctions qui ont été réglées par le maître de la nature, il faut nous en tenir à ce que l'expérience nous apprend. Or, une courte observation va vous convaincre que cet emploi, que vous leur donnez avec quelques auteurs, n'a aucune réalité. Au commencement du printems il n'y a point de bourdons, puisqu'ils ont tous été détruits avant l'hyver; ainsi la première ponte qui les produit comme les deux autres espéces, se fait sans eux, sans leur secours, & sans qu'ils ayent rien couvé.

ARISTE. Cette observation ne me paroit pas bien propre à anéantir mon sentiment. Voici pourquoi. Au commencement du printems & avant la première ponte, les Abeilles ne sortent pas encore avec la même affluence & la même continuité que pendant l'été; elles sont donc alors en état de faire éclore le couvain par la chaleur qu'elles communiquent nécessairement à la Ruche ; mais pendant l'été, tems de leur travail, de leur récolte, de leurs sorties continuelles, les mâles qui sont nés de la première ponte remplacent par le battement de leurs aîles la chaleur que les Abeilles absentes ne peuvent procurer au couvain.

EUDOXE. La chaleur de la saison est suffisante alors pour compenser la diminution de chaleur qui peut résulter de l'absence des Abeilles. La régle générale parmi des insectes, est d'abandonner leurs œufs à la chaleur du soleil. Les œufs des Abeilles ne demandent pour être couvés, que la chaleur qui est répandue dans la Ruche. On a reconnu par le moyen du thermometre que cette chaleur surpasse de deux dégrés celle que nous éprouvons dans nos étés les plus chauds. D'ailleurs pour faire entiérement disparoître votre difficulté ou plûtôt votre supposition gratuite, je n'ai qu'à vous faire remarquer qu'on a vû des essaims sortir de leurs Ruches sans emmener aucun faux-bourdon avec eux, & d'autres qui n'en avoient qu'un très-petit nombre ; cependant quelques-uns de ces essaims ont donné dans la même année un nouveau peuple, une nouvelle colonie qui n'avoit point profité du battement d'aîle de vos bourdons complaisans ; ils ne sont donc point dans la Ruche pour couver ou pour la réchauffer par le mouvement de leur corps. Ils sont trop indolens pour prendre d'autre exercice que celui qui peut contri-

buer à leur santé & à leurs plaisirs. Nous devrions naturellement en venir aux Abeilles ouvrieres ; mais je me contenterai de vous dire
aujourd'hui qu'elles ne font d'aucun sexe ,
qu'elles sont parfaitement neutres. Ouvrez-en
une ; vous n'appercevrez aucune partie ana-
logue aux ovaires de la reine , ni rien même
qu'on puisse soupçonner être des œufs. Vous
ni verrez non plus aucune partie qui ressemble à celles des faux-bourdons. Leur industrie
& leur travail demandent plus de tems que
nous n'en avons actuellement ; nous en ferons
la matiere de notre premier entretien.

CINQUIE'ME ENTRETIEN.

Police & industrie des Abeilles. Leurs travaux dans l'intérieur de leur Ruche.

ARISTE. J'AI pris les avances, Eudoxe, pour vous épargner le détail de la police & de l'industrie des Abeilles ; j'ai eu recours aux naturalistes, aux observateurs qui ont le plus attentivement examiné ces admirables insectes. Que de prodiges, que de merveilles ne m'ont-ils pas fait remarquer ! quels talens, quelle intelligence ne trouvent-ils pas dans les Abeilles ! elles ont un génie particulier, un art qui n'appartient qu'à elles, l'art de se bien gouverner. Une Ruche est une république où chaque membre ne travaille que pour le bien de la société, où tout est ordonné, distribué avec une prévoyance, une équité, une prudence admirables. Athénes n'était pas mieux conduite ni mieux policée. Plus on observe un panier de Mouches, plus on y trouve de merveilles, un fond de gouvernement inaltérable & toujours le même, un respect profond pour la personne en place, une vigilance singuliere pour son service, la plus soigneuse attention pour ses plaisirs, un amour constant pour la patrie, une ardeur inconcevable pour le travail, une assiduité à l'ouvrage que rien n'égale, le plus grand désintéressement joint à la plus grande économie, la plus fine géométrie, employée à la plus élégante architecture. Je ne finirois pas si je voulois seulement parcourir les annales de cette république, & tirer de l'histoire de ces insectes tous les traits qui ont excité l'admiration de leurs historiens. Quelques-uns même, à la vérité plus anciens & que vous regarderez peut-être comme plus crédules, ont remarqué dans les Abeilles une finesse exquise de sentiment & de discernement, qui leur fait distinguer à coup sûr les personnes vertueuses qu'elles recherchent avec empressement, des scélérats, des voleurs ausquels elles ne donnent point de quartier. Si cette derniere connoissance vous paroit suspecte & sujette à contestation, au moins est-il d'expérience que les odeurs fortes leur déplaisent & que les jeunes gens frisés, les muguets parfumés & pommadés ne doivent pas s'exposer à en approcher de trop près.

E U D O X E. J'ai crû que l'enthousiasme qui vous animoit ne finiroit pas si-tôt. J'attendois un éloge complet & achevé des Abeilles & de leur république. Je croyois même que vous alliez faire une sortie vive & brusque sur l'humanité, & reprocher aux hommes leur stupidité, leurs vices & leurs défauts mis en contraste avec l'intelligence & les perfections des Abeilles.

ARISTE. Sérieusement, Eudoxe, trouveriez-vous quelque chose de condamnable & de repréhensible dans cette briéve exposition des admirables qualités des Abeilles & dans la juste application qu'on en pourroit faire ? n'est-il pas permis, n'est-il pas même avantageux d'étudier la nature & de la suivre dans toutes ses opérations & ses démarches ? que penser donc de ces éloges que vous avez donné à un bon nombre d'observateurs dans une de nos conversations ? seriez-vous en contradiction avec vous-même ?

EUDOXE. Ce n'est point la curiosité que je condamne, ce sont les raisonnemens, l'ordre de pensées qu'on prête gratuitement aux animaux & aux insectes. Il est permis de suivre leurs manœuvres, d'observer leurs procédés & leur travail, de décrire exactement les parties de leur être, leur multiplication & leur génération. Tout cela peut utilement & glorieusement occuper le loisir d'un observateur. Tout cela fonde & autorise les éloges que j'ai donné aux grands observateurs dont je vous ai parlé. Tout cela même peut & doit nous conduire à une connoissance plus distincte, plus réfléchie & plus étendue de la magnificence du créateur, parce que tout cela suppose essentiellement un être suprême également puissant & sage qui a présidé à la formation de ces êtres & au merveilleux arrangement de toutes leurs parties. Mais c'est la

morale des animaux & des insectes que je
désaprouve. Ce sont les prodiges d'industrie,
de police & d'intelligence qu'on suppose dans
les brutes que je ne puis entendre raconter.
Je me crois même autorisé par la tendre amitié que j'ai pour vous, par les droits de l'âge
& de l'expérience, à vous avertir que ces vues
réfléchies, cette intelligence qu'on accorde si
libéralement aux Abeilles & à bien d'autres
animaux, choquent également la raison & la
religion, & que les éloges outrés qu'on en
fait sont quelquefois très-suspects. A Dieu ne
plaise que je tente jamais de répandre le moindre soupçon, le plus léger nuage sur la foi
& sur la religion des naturalistes & des physi-
ciens que vous avez lû. Epris d'admiration,
peut-être même d'amour pour le sujet qu'ils
examinoient, pour la matiere qu'ils traitoient,
ils ont, sans aucun mauvais dessein, accumulé
& exagéré les merveilles qu'ils ont cru appercevoir. Mais ces exclamations sur l'instinct, la
raison & l'industrie des animaux, qui dans
leurs écrits ne sont que l'effet de l'enthousiasme & de la prévention, deviennent des armes
dangereuses entre les mains de certains prétendus esprits forts qui ne sont pas rares aujourd'hui dans la société. Vous leur verrez faire
deux personnages biens différens & bien opposés selon que les circonstances l'eixgeront. Tantôt panégiristes ardens, zélés & excessifs de
la raison & de ses droits, ils rappelleront tout

à son tribunal, ils fronderont, ils railleront, ils satyriseront même indécemment ce qu'ils ne peuvent comprendre, c'est-à-dire, les obscurités & les dogmes que la foi nous propose de croire. Tantôt humbles & rampans ils s'appétisseront tellement, ils se rabbaisseront si profondément que vous ne pourrez presque plus les appercevoir. Ils releveront les bêtes, ils admireront les animaux, ils mépriseront l'homme, ils dégraderont l'humanité. Ils croiront vous faire grace en vous mettant de niveau avec des reptiles, en vous plaçant sur la même ligne avec des insectes. Défiez-vous de cette trop grande modestie, elle est intéressée. Ils ne cherchent à se confondre avec les bêtes que pour n'espérer & ne craindre qu'un sort commun avec elles. Il n'est pas difficile de deviner les conséquences commodes pour les mœurs qu'ils prétendent déduire de ces comparaisons honteuses & flétrissantes qu'ils font entre l'homme & les animaux.

ARISTE. Je désapprouve autant que vous ces paralleles odieux, aussi-bien que les affreuses conséquences qu'on en voudroit tirer, & je vous ai obligation de m'avoir prémuni contre des dangers & des écueils que je ne connoissois pas. Mais comment établir cette différence essentielle que vous mettez entre l'homme & certains animaux ?

EUDOXE. Réfléchissez un peu, Ariste, sur la noblesse & sur l'excellence de votre nature,

& vous comprendrez sans peine la distance immense qui est entre vous & le plus industrieux des animaux. Quand même vous voudriez leur accorder quelque chose de semblable à nos sensations les plus grossieres & les plus machinales, il est évident qu'ils sont incapables de cette association d'idées, de cette comparaison de pensées, qui seule peut produire la réflexion, & qui seule suppose le principe intelligent. On conviendra que le plus stupide des hommes suffit pour conduire le plus spirituel de tous les animaux; il le gouverne & le fait servir à ses usages; & c'est moins par force & par violence que par supériorité de nature, & parce qu'il a un projet raisonné, un ordre d'actions & une suite de moyens par lesquels il contraint l'animal à lui obéir; car nous ne voyons pas que les animaux qui sont plus forts & plus adroits, commandent aux autres & les assujétissent à leur usage. Les plus forts mangent les plus foibles, mais cette action ne suppose qu'un besoin, un appétit, qualités fort différentes de celles que peut produire une suite d'actions dirigées vers le même but. Si les animaux étoient doués de cette faculté, n'en verrions-nous pas quelques-uns prendre l'empire sur les autres, & les obliger à leur chercher leur nourriture, à les veiller, à les garder, à les soulager lorsqu'ils sont malades ou blessés? or, il n'y a parmi les animaux aucune marque de cette subordination, aucune apparence qu'aucun d'entre eux connoiſſe ou ſente la ſupériorité de ſa nature ſur les autres ; par conſéquent on doit penſer qu'ils ſont tous de même nature, & on doit en même tems conclure que celle de l'homme eſt non-ſeulement fort au-deſſus de celle de l'animal, mais qu'elle en eſt totalement différente. C'eſt encore parce qu'ils ne penſent point qu'ils ne peuvent pas parler. L'homme rend par un ſigne extérieur ce qui ſe paſſe au dedans de lui, il communique ſa penſée par la parole. Ce ſigne eſt commun à tous les hommes. L'homme ſauvage parle comme l'homme policé, & tous deux parlent naturellement & parlent pour ſe faire entendre. Aucun des animaux n'a ce ſigne de penſée. Ce n'eſt pas comme on le croit communément, faute d'organe. La langue du ſinge a paru aux anatomiſtes auſſi parfaite que celle de l'homme. Le ſinge parleroit donc s'il penſoit ; ſi l'ordre de ſes penſées avoit quelque choſe de commun avec les nôtres, il parleroit notre langue, & en ſuppoſant qu'il n'eut que des penſées de ſinge, il parleroit aux autres ſinges ; mais on ne les a jamais vû s'entretenir ou diſcourir enſemble ; ils n'ont donc pas même un ordre, une ſuite de penſées à leur façon, bien loin d'en avoir de ſemblables aux nôtres. Il ne ſe paſſe donc à leur intérieur rien de ſuivi, rien d'ordonné. Puiſqu'ils n'expriment rien par des ſignes combinés & arran-

gés, ils n'ont donc pas la pensée au plus petit
dégré. Il est si vrai que ce n'est pas faute d'organes propres que les animaux ne parlent pas,
qu'on en connoit de plusieurs espéces ausquels
on apprend à prononcer des mots & même à
répéter des phrases assez longues, & peut-être
y en auroit-il un grand nombre d'autres, ausquels on pourroit, si l'on vouloit s'en donner
la peine, faire articuler quelques sons; mais
jamais on n'est parvenu à leur faire naître
l'idée que ces mots expriment; ils semblent
les répéter & même ne les articuler que comme un écho ou une machine artificielle les
répéteroit ou les articuleroit; ce ne sont donc
pas les puissances méchaniques ou les organes
matériels, mais c'est la puissance intellectuelle,
c'est la pensée qui leur manque. C'est par la
même raison qu'ils n'inventent & qu'ils ne
perfectionnent rien. S'ils étoient doués de la
puissance de réfléchir, même au plus petit
dégré, ils seroient capables de quelque espéce
de progrès, ils acquierroient plus de talens &
plus d'industrie. Les oiseaux d'aujourd'hui cons-
truiroient plus artistement & dans des endroits
plus éloignés du tumulte, moins exposés aux
visites que les premiers oiseaux; l'Abeille per-
fectionneroit encore tous les jours la cellule
qu'elle habite. Car si on suppose que cette
cellule est aussi parfaite qu'elle peut l'être, on
donne à cet insecte plus d'esprit que nous
n'en avons nous-mêmes, on lui accorde une

intelligence bien supérieure à la nôtre ; puisqu'il appercevroit & qu'il saisiroit tout d'un
coup le point de perfection auquel il doit porter
son ouvrage, tandis qu'il nous faut beaucoup
de réflexions, de tems, d'habitudes & de tentatives pour perfectionner le moindre de nos
arts. Mais d'où vient encore cette uniformité
dans tous les ouvrages des animaux ? pourquoi
chaque espéce ne fait-elle jamais que la même
chose & de la même façon ? y a-t'il de plus
forte preuve que leurs opérations ne sont que
des résultats méchaniques & purement matériels ? car s'ils avoient la moindre étincelle de
la lumiere qui nous éclaire, on trouveroit au
moins de la variété, si on ne voyoit pas de
la perfection dans leurs ouvrages. Un moineau feroit quelque chose d'un peu différent
d'un autre moineau. Mais non, tous travaillent sur le même plan & sur le même modéle,
l'ordre de leurs actions est tracé dans l'espéce
entiere ; cet ordre n'appartient point à aucun
particulier ; & si l'on vouloit attribuer une
ame aux animaux, on seroit obligé à n'en
faire qu'une pour chaque espéce à laquelle
chaque particulier de cette espéce participeroit
également ; cette ame seroit donc nécessairement divisible, par conséquent matérielle &
infiniment différente de la nôtre. En voilà,
Ariste, plus qu'il n'en faut pour vous faire
comprendre que notre nature est très-distin-
guée de celle des bêtes, & si supérieure à la
leur,

leur, qu'il faudroit être aussi peu éclairé que la derniere d'entre elles pour pouvoir les confondre.

ARISTE. Ces preuves me paroissent claires & décisives. Il faut cependant avouer que le préjugé commun est soutenu par tant de faits, entretenu par tant de remarques qu'il est bien difficile de s'en déprendre. Car enfin, si les animaux sont dépourvus d'entendement, d'esprit & de mémoire, s'ils sont privés de toute intelligence, d'où peut venir cette espéce de prévoyance qu'on remarque dans quelques-uns d'entre eux ? comment se peut-il faire qu'ils ramassent des vivres pendant l'été pour subsister pendant l'hyver ? ceci ne suppose-t'il pas une comparaison des tems, une notion de l'avenir, une inquiétude raisonnée ? pourquoi cette abondante récolte de cire & de miel dans les Ruches ? pourquoi à la fin de l'automne trouve-t'on dans le trou d'un mulot assez de glands pour le nourrir jusqu'à l'été suivant ? pourquoi les oiseaux feroient-ils des nids s'ils ne sçavoient qu'ils en auront besoin pour y déposer leurs œufs & y élever leurs petits ? d'où vient cette prévoyance des renards qui cachent leur gibier en différens endroits pour le retrouver au besoin & s'en nourrir pendant plusieurs jours ? à quoi attribuer la subtilité raisonnée des hiboux qui sçavent ménager leurs provisions de souris en leur coupant les pattes pour les empêcher de fuir; &

pour ne parler que de nos Abeilles, d'où vient cette pénétration surprenante qui leur fait prévoir que leur reine doit pondre dans un tel tems, un tel nombre d'œufs d'une certaine espéce dont il doit sortir des vers de Mouches mâles, & tel autre nombre d'œufs d'une autre espéce qui doivent produire des Mouches neutres, & qui en conséquence de cette connoissance de l'avenir construisent un tel nombre d'alvéoles plus grands pour les premiers, & tel autre nombre d'alvéoles plus petits pour les seconds?

EUDOXE. Ce détail vous plaît, je le vois. On pourroit cependant vous chicanner sur tous ces faits curieux que vous fournit l'histoire des animaux. Je les voudrois tenir de la main d'un homme sensé & désintéressé, d'un philosophe impartial, & non pas racontés par le peuple ou recueillis par des observateurs amoureux du merveilleux. Mais je vous passe pour un instant la vérité de tous ces faits, j'accorde avec vous & avec tous ceux qui les racontent non pas l'instinct qui est un terme adopté par l'ignorance qui ne signifie rien, mais le pressentiment, la prévision, la connoissance même de l'avenir aux animaux. En conclurez-vous que c'est un effet de leur intelligence? si cela étoit, leur intelligence seroit bien supérieure à la nôtre, car notre prévoyance est toujours conjecturale, nos notions sur l'avenir ne sont que douteuses, toute la lumiere de notre ame suffit à peine pour nous

faire entrevoir les probabilités, pour nous faire
soupçonner les vraisemblances des choses à
venir ; dès-lors les animaux qui en voyent
la certitude, puisqu'ils se déterminent pleinement d'avance & sans jamais se tromper, auroient en eux quelque chose de bien supérieur
au principe de notre connoissance, ils auroient une ame bien plus pénétrante & bien
plus clairvoyante que la nôtre. Je vous le demande, cette conséquence ne répugne-t'elle
pas autant à la raison qu'à la religion.

ARISTE. Vous m'embarrassez.

EUDOXE. Ce ne peut donc pas être par
une intelligence semblable à la nôtre que les
animaux ayent une connoissance certaine de
l'avenir, puisque nous n'en avons que de très-
douteuses & de très-imparfaites. Pourquoi donc
leur accorder si légérement une qualité si sublime ? pourquoi nous dégrader mal-à-propos ?
ne seroit-il pas moins déraisonnable, supposé
qu'on ne pût pas douter de ces faits, d'en
rapporter la cause à des loix méchaniques,
établies comme les autres loix de la nature,
par la volonté du créateur ? la sûreté avec laquelle on suppose que les animaux agissent ,
la certitude de leur détermination, l'invaria-
bilité de leurs démarches suffiroient seules pour
qu'on dût en conclure que ce sont les effets
d'un pur méchanisme. Le caractere le plus
marqué de la raison, c'est le doute, c'est la
délibération, c'est la comparaison, c'est la

combinaison; mais des mouvemens & des actions qui n'annoncent que la décision & la certitude prouvent en même-tems le méchanisme & la stupidité. Remarquez même que parmi les hommes on juge de l'esprit, de la maturité & de la sagacité de quelqu'un par les réflexions qu'il fait, pourvû qu'elles ne soient pas éternelles, par les doutes qui l'agitent, pourvû qu'ils ne soient pas puériles. Les plus ignorans, les plus étourdis & les plus imbéciles sont ceux qui sont le moins embarrassés dans leurs choix, dans leurs déterminations; ils sont hardis, entreprenans, décisifs, intrépides jusqu'à n'être épouvantés de rien, & cela à proportion qu'ils réfléchissent moins, & qu'ils ont une plus forte dose d'ignorance & de présomption. Mais revenons sur nos pas. Ces faits que vous avez raconté avec tant de complaisance sont-ils bien avérés, sont-ils incontestables, sont-ils inexplicables, sont-ils incompréhensibles ? la prévoyance des fourmis n'est qu'un préjugé. On la leur a accordé en les observant, on la leur a ôté en les observant mieux. Elles sont engourdies pendant tout l'hyver; leurs provisions ne sont donc que des amas superflus, amas accumulés sans vûe, sans connoissance de l'avenir, puisque par cette connoissance même elles auroient dû en prévoir toute l'inutilité. N'est-il pas naturel que des animaux qui ont une demeure fixe, où ils sont accoutumés de transporter les nourritures dont ils ont actuellement befoin & qui flattent leur appétit, en tranfportent beaucoup plus qu'il ne leur en faut, déterminés par le fentiment feul & par le plaifir de l'odorat ou de quelques-autres de leurs fens, & guidés par l'habitude qu'ils ont prife d'emporter leurs vivres pour les manger en repos ? cela même ne démontre-t'il pas qu'ils n'ont tout au plus que le fentiment & point de raifonnement. C'eft par la même raifon que les Abeilles ramaffent beaucoup plus de cire & de miel qu'il ne leur en faut. Ce n'eft point du produit de leur intelligence, c'eft des effets de leur ftupidité que nous profitons. Leur intelligence les porteroit néceffairement à n'en ramaffer qu'à peu près autant qu'elles en ont befoin & à s'épargner la peine de tout le refte, fur tout après la trifte expérience que ce travail eft en pure perte, qu'on leur enléve tout ce qu'elles ont de trop, qu'enfin cette abondance eft la feule caufe de la guerre qu'on leur fait, & la fource de la défolation & du trouble de leur fociété. Il eft fi vrai que ce n'eft que par un fentiment aveugle qu'elles travaillent, qu'on peut les obliger à travailler, pour ainfi dire, autant qu'on veut. Tant qu'il y a des fleurs qui leur conviennent dans le pays qu'elles habitent, elles ne ceffent d'en tirer du miel & de la cire. Elles ne difcontinuent leur travail & ne finiffent leur récolte que parce qu'elles ne trouvent plus rien à ramaffer. On a imaginé en France ce qui se pratique depuis long-tems en Egypte, de les transporter & de les faire voyager dans d'autres pays où il y a encore des fleurs; alors elles reprennent leur travail, elles continuent à butiner, à entasser jusqu'à ce que les fleurs de ce nouveau canton soient épuisées ou flétries; & si on les porte ensuite dans un autre qui soit encore fleuri, elles continuent de même à recueillir, à amasser pendant toute l'année. Leur travail n'est donc pas le fruit d'une prévoyance, ni une peine qu'elles se donnent en vûe de faire des provisions pour elles, c'est un mouvement dicté par le sentiment, & ce mouvement dure & se renouvelle autant de fois & aussi long-tems qu'il existe des objets qui y sont rélatifs. M. de Buffon cet habile observateur, ce philosophe profond, ce judicieux *estimateur* des actions des bêtes, qui m'a fourni ces remarques en grande partie, s'est informé spécialement des mulots & les a examiné par lui-même. Il a vû quelques-uns de leurs trous. Ils sont ordinairement divisés en deux : dans l'un ils font leurs petits, dans l'autre ils accumulent tout ce qui flatte leur appétit. Lorsqu'ils font eux-mêmes leurs trous, ils ne les font pas grands, & alors ils ne peuvent y placer qu'une petite quantité de grains. Mais lorsqu'ils trouvent sous le tronc d'un arbre un grand espace, ils s'y logent & ils le remplissent autant qu'ils peuvent de bled, de noix, de noisettes, de glands felon le pays qu'ils habitent ; enforte que la provifion, au lieu d'être proportionnée au befoin de l'animal, ne l'eft au contraire qu'à la capacité du lieu. Voilà donc les provifions des fourmis, des mulots, des Abeilles réduites à des tas inutiles, difproportionnés & ramaffés fans vûe & fans deffein ; la prévoyance des renards & des hiboux aura fans doute le même fort quand on fe fera donné la peine de les fuivre exactement, de les examiner attentivement. Vous êtes trop raifonnable pour adopter les puérilités que quelques auteurs ont débité fur le difcernement des Abeilles, & la diftinction qu'elles font d'un homme vertueux & de celui qui ne l'eft pas. Il y a long-tems qu'on eft revenu de cette ridicule prévention. On a même reconnu que cette averfion pour certaines odeurs, que d'autres obfervateurs leur avoit accordé, n'eft qu'un conte tout pur, une fable deftituée de tout fondement. On les voit fe pofer & fe tenir long-tems fur des endroits qui font très-défagréables pour nous, par exemple, fur des endroits très-humectés d'urine.

ARISTE. Vous ne mettrez pas au moins au nombre des fables & des préjugés la tendre prévoyance des oifeaux pour la conftruction de leurs nids.

EUDOXE. Il n'eft pas néceffaire de leur accorder la connoiffance de l'avenir pour rendre raifon de la conftruction de leurs nids. Ils font conduits infenfiblement & par dégrés à les faire. Ils trouvent d'abord un lieu qui leur convient, ils s'y arrangent, ils y portent tout ce qui le rendra plus commode. Ce nid n'eft dans le commencement qu'un lieu qu'ils reconnoîtront, qu'ils habiteront fans inconvénient & où ils féjourneront tranquillement. Dans ce tems critique pour eux ils fe trouvent bien enfemble, ils cherchent à fe cacher, à fe dérober au refte de l'univers qu'ils craignent & qu'ils redoutent plus que jamais. Ils s'arrêtent donc dans les endroits les plus toufus des arbres, dans les lieux les plus inacceffibles & les plus obfcurs; & pour s'y foutenir, pour y demeurer d'une maniere plus commode, ils entaffent des feuilles, ils arrangent de petits matériaux, & travaillent à l'envi à leur habitation commune. Les uns moins adroits ou moins fenfuels ne font que des ouvrages groffiérement ébauchés, d'autres fe contentent de ce qu'ils trouvent tout fait, & n'ont pas d'autre domicile que les trous qui fe préfentent ou les pots qu'on leur offre. Toutes ces manœuvres font rélatives à leur organifation. Elles fuppofent, je le veux, le fentiment; mais ce fentiment, à quelque dégré qu'il foit, ne produira jamais le raifonnement & encore moins la connoiffance certaine de l'avenir qu'on leur accorde. Quelques exemples familiers rendront cette preuve plus fenfible; ils vous feront voir que non-feulement les animaux ne fçavent pas

ce qui leur doit arriver, mais qu'ils ignorent
même ce qui est arrivé. Une poule ne distingue pas ses œufs de ceux d'un autre oiseau,
elle ne voit point que les petits canards qu'elle
vient de faire éclore ne lui appartiennent point,
elle aura la complaisance ou plûtôt la bétise
de couver un œuf de craye dont il ne doit
rien résulter, avec autant d'attention que ses
propres œufs; elle ne connoit donc ni le passé
ni l'avenir & se trompe encore sur le présent.
Pourquoi les oiseaux de basse-cour ne font-
ils pas leurs nids comme ceux des autres espéces sauvages? n'est-ce pas qu'étant domestiques, familiers & accoûtumés d'être à l'abri
des inconvéniens & des dangers, ils n'ont
aucun besoin de se souftraire aux yeux, aucune habitude de chercher leur sûreté dans la
retraite & dans la solitude? cela même pourroit
encore se prouver par le fait; car dans la même espéce l'oiseau sauvage fait souvent ce que
l'oiseau domestique ne fait point. La gelinotte
& la canne sauvage font des nids; la poule
& la canne domestiques n'en font point. Les
nids des oiseaux, les provisions des Abeilles,
des fourmis, des mulots ne supposent donc
aucune intelligence dans l'animal, mais elles
dépendent comme toutes les autres opérations
des brutes du nombre, de la figure, du mouvement, de l'organisation & du sentiment.
Que l'homme s'examine donc attentivement,
Ariste, qu'il s'analyse exactement, qu'il s'ap-

profondisse sérieusement & il reconnoîtra bien-
tôt la noblesse de son être, il sentira, il com-
prendra sans effort l'existence de son ame, il
cessera de s'avilir, & il verra d'un coup d'œil
l'espace immense que l'être suprême a mis
entre les bêtes & lui. Mais nous sommes ter-
riblement éloignés de notre texte. Je n'ai
voulu que vous apprendre à distinguer le poison qui est souvent caché sous les éloges pom-
peux & les descriptions emphatiques que certains hommes artificieux font des animaux &
de leurs opérations ; j'ai voulu en même tems
vous donner un correctif général qui se ré-
pandît sur tout ce que je vous ai dit jusqu'à
présent, & sur tout ce que je pourrai vous
dire par la suite en suivant le langage commun sur le gouvernement des Abeilles, &
nous nous sommes jettés dans une longue digression dont nous aurons grand soin de ne
pas nous vanter. Si quelqu'un nous avoit entendu, il nous prendroit peut-être pour des
dissertateurs fort ennuyeux & fort désœuvrés.
Dans une conversation sur les Abeilles, parler
de l'ame des bêtes ! quelle singularité ! quel
écart ! je parie même que quelque critique de
mauvaise humeur prendroit pour un ton de
prédicateur ce qui n'est que le ton de l'ami
honnête homme & chrétien.

ARISTE. Il est inutile que vous fassiez l'a-
pologie d'une digression qui est toute à mon
avantage, & qui mérite toute ma reconnoissan-

ce ; vous n'en ferez pas même quitte pour cet
utile écart ; dufliez-vous perdre tout à fait de
vûe aujourd'hui nos Abeilles, leurs travaux &
leurs alvéoles, je vous demande ce que je
dois penfer fur les bêtes. Vous m'avez dé-
pouillé de tout ce que je fçavois fur leur compte.
Je fens un vuide affreux dans ma tête, il faut
le remplir. J'ai compris que vous n'étiez pas
éloigné de les regarder comme des machines
& des automates, mais férieufement je ne
crois pas que ce foit-là votre fentiment, je
penfe que vous ne l'adoptez qu'avec des modi-
fications & des reftrictions.

EUDOXE. Il vous importe affez peu, aufli-
bien qu'à tout autre, de fçavoir ce que j'en
penfe. L'effentiel eft d'être bien convaincu
qu'elles n'ont ni raifon ni réflexion ni intelligence, & qu'elles différent effentiellement de
nous. Si vous voulez faire emplette d'une opinion, il y a encore dequoi s'affortir ; vous
pouvez opter entre le fentiment de Defcartes
& celui de l'auteur de l'amufement philofo-
phique.

ARISTE. Tout cela n'eft encore qu'une dé-
faite de votre part. Je connois ces deux opinions, & je crois que vous regardez l'une
comme une chimere & l'autre comme une
fuppofition hazardée. Vous conviendrez que
l'ingénieux auteur de l'amufement philofophi-
que, en plaçant des démons dans le corps des
bêtes pour les animer, n'a jamais donné fon

syſtême que commé une imagination bizarre & preſque folle ; le titre d'amuſement qu'il donne à ſon livre, & les plaiſanteries dont il l'égaye, font aſſez voir qu'il ne le croyoit pas appuyé ſur des fondemens aſſez ſolides, ſur des raiſons aſſez plauſibles pour opérer la perſuaſion ; en un mot, c'eſt un badinage, mais un badinage dont je ſçais que votre gravité ne s'accommode pas ; il tient à des matieres de religion qui ne doivent jamais être l'objet de la plus légere plaiſanterie, d'ailleurs tout ce que vous m'avez dit juſqu'à préſent, porte des coups mortels à cette vaine & puérile opinion. Celle de Deſcartes quoique plus ſérieuſe, ne me paroit pas, je l'avoue, approcher aſſez de la vraiſemblance & de la probabilité. Ce philoſophe, ſur ce principe, que Dieu peut produire toutes les actions des bêres par les loix de la méchanique, prétend qu'elles ne ſont que de ſimples machines, de purs automates ſemblables en tout à une montre qui indique les heures par le moyen des roues & des reſſorts dont elle eſt compoſée.

EUDOXE. Que trouvez-vous de ſi fort révoltant dans cette opinion ? eſt-il impoſſible que Dieu fabrique de pures machines capables de tous les mouvemens des bêtes ? leurs opérations les plus admirables ne peuvent-elles pas être le réſultat d'une combinaiſon de reſſorts, d'un certain arrangement d'organes, d'une certaine application préciſe des loix du mouvement ? application fans doute que Dieu eſt en état de concevoir & d'exécuter. Juſ-qu'à quel point les hommes n'ont-ils pas porté l'art merveilleux des machines. Raſſemblez ici tous les prodiges de l'induſtrie humaine, des ſtatues qui marchent, des Mouches artificielles qui volent & qui bourdonnent, des araignées de même fabrique qui filent leur toile, des oiſeaux qui chantent, une tête d'or qui parle; & pour renfermer tous ces prodiges preſque dans un ſeul, rappellez-vous ce que vous avez ſans doute entendu dire du fameux canard & du joueur de tambourin que le célébre M. Vau-canſon expoſa aux yeux du public en 1741. Dans ſon canard il repréſente tout le mécha-niſme des viſceres deſtinés aux fonctions du boire, du manger & de la digeſtion ; le jeu de toutes les parties néceſſaires à ces actions y eſt exactement imité. Le canard boit, bar-botte dans l'eau, croaſſe comme le canard naturel : il allonge ſon cou pour aller prendre du grain dans la main, il l'avale, le digere & le rend par les voyes ordinaires tout digéré. Tous les geſtes d'un canard qui avale avec précipitation, & qui redouble de vîteſſe dans le mouvement de ſon goſier pour faire paſſer ſa nourriture juſques dans l'eſtomach, y ſont copiés d'après nature. L'aliment y eſt digéré comme dans les vrais animaux, & il ſort par l'extrémité du corps avec un changement très-ſenſible ; & toute cette machine joue ſans qu'on y touche dès qu'on l'a monté une fois. Le joueur de tambourin n'eſt pas moins admirable. Planté ſur ſon pied d'eſtal, habillé en berger danſeur, il joue du flageolet & il exécute une vingtaine d'airs tout différens. Ce n'eſt pas tout. Le flageolet n'occuppe qu'une de ſes mains ; l'automate tient de l'autre une baguette avec laquelle il bat du tambour de marſeille, il donne des coups ſimples & doubles, fait des roulemens variés à tous les airs, & accompagne en meſure les mêmes airs qu'il joue avec ſon flageolet de l'autre main. Si l'homme eſt aſſez induſtrieux pour imaginer & exécuter des machines ſi compliquées, pour faire des ouvrages, qui par mille reſſorts ſecrets & imperceptibles, marchent, volent, jouent des inſtrumens, &c. refuſerons-nous à l'Auteur des arts & de l'induſtrie, la puiſſance d'en faire, dont l'invention humaine ne ſoit que l'ombre & la figure ? qui nous aſſurera donc que les bêtes ne ſont pas de pures machines ? puiſque d'un côté la choſe n'eſt pas impoſſible, & que de l'autre il eſt démontré qu'elles ne participent à aucune maniere à la réflexion & à l'intelligence.

Aʀɪsᴛᴇ. Je vous accorde très-volontiers que Dieu peut produire des automates auſſi parfaits que les animaux, qu'il peut par le méchaniſme opérer tous les prodiges que nous admirons en eux ; je ne ſerai jamais aſſez téméraire pour fixer des bornes à la toute-puiſ-

fance divine ; mais oferez-vous conclure de là
qu'il l'a fait ? la conféquence vous paroit-elle
bien jufte & bien néceffaire ? tout concourt
même à nous affurer que dans la réalité Dieu
n'en a pas fait de pures machines. D'où vient
cette répugnance générale & univerfelle que
nous avons tous à regarder les bêtes comme
de vrais automates deftitués de tout fentiment
fpirituel ? d'où vient que vous vous fâchez
tout de bon contre un chien qui vous a mordu
à la jambe, & que vous ne vous irritez point
contre une pierre qui vous a bleffé au pied,
ou qui vous eft tombée fur la tête ? n'eft - ce
pas parce que vous fuppofez dans l'un un principe de malice réfléchie & que vous n'en fuppofez point dans l'autre ? mais comment expliquer toutes les différentes paffions dont nous
voyons les animaux affectés ? n'en prenons
qu'une des plus nobles & des plus marquées.
Y a-t'il rien de comparable à l'attachement d'un
chien pour la perfonne de fon maître ? on en
a vû mourir & expirer de douleur fur le tom-
beau qui la renfermoit ; mais (fans vouloir
citer les prodiges des barbets, des épagneuls,
des danois, ni les héros d'aucun genre) quelle
fidélité à accompagner, quelle conftance à fuivre, quelle attention à défendre fon maître !
quel empreffement à rechercher fes careffes !
quelle docilité à lui obéir ! quelle patience à
fouffrir fa mauvaife humeur & des châtimens
fouvent injuftes ! quelle douceur & quelle hu-

milité pour rentrer en grace ! que de mouvemens, que d'inquiétudes s'il est absent ! que
de joye lorsqu'il le trouve ! à tous ces traits
peut-on méconnoître l'amitié ? se marque-t'elle
parmi nous par des caracteres aussi énergi-
ques ?

Eudoxe. Vous êtes éloquent & pathétique,
on voit bien que cet article vous tient à cœur.
Tout cela cependant ne me paroit pas bien
concluant ni bien propre à me faire changer
d'opinion. Les préjugés vulgaires, les répu-
gnances du peuple ne feront jamais une démonstration à mes yeux. Allez raconter au peuple que les étoiles sont autant de soleil lumi-
neux par eux-mêmes, que la chaleur n'existe
pas dans le feu, que les astres sont éloignés
de nous de plusieurs millions de lieues, que
la terre tourne autour du soleil, qu'il y a des
antipodes & mille autres choses semblables,
vous trouverez la même répugnance, la même
opposition ; on se mocquera de vous ou on
ne daignera pas seulement vous écouter, on
vous fera grace si on ne vous regarde que
comme un visionaire. La façon de penser du
vulgaire sur des matieres purement philosophi-
ques n'est donc pas une regle qu'on puisse consulter. Je conviens avec vous que ceux qui
avec Descartes regardent les bêtes comme de
pures machines, n'expliquent pas d'une maniere
bien satisfaisante toutes les opérations des
animaux. Mais cette même opinion mieux
entendue,

entendue, mieux expliquée, maniée par exemple par M. de Buffon, feroit difparoître tout le ridicule qui réfulte des réponfes & des explications qu'ont donné jufqu'aujourd'hui les partifans de ce fyftême. Nous ne nous fommes déja que trop éloignés de notre fujet. Le tems ne nous permet pas de traiter cette matiere avec toute l'étendue qu'elle exigeroit. Vouloir ici abréger & analyfer, ce feroit rifquer de fe rendre inintelligible. Je me contenterai de répondre à l'exemple du chien dont vous avez fi naïvement dépeint les divers mouvemens, qu'il en eft à peu près de fon amitié comme de celle d'une femme pour fon ferin, d'un enfant pour fon jouet, &c. toutes deux font auffi peu réfléchies, toutes deux ne font qu'un fentiment aveugle qui ne fuppofe point de réflexion ; celui de l'animal eft feulement plus naturel & plus pardonnable, puifqu'il eft fondé fur le befoin, tandis que l'autre n'a pour objet qu'un infipide amufement auquel l'ame n'a point de part. Ces habitudes puériles ne durent que par le défœuvrement, & n'ont de force que par le vuide de la tête ; & le goût pour les magots & le culte des idoles, l'attachement, en un mot, aux chofes inanimées, n'eft-il pas le dernier dégré de ftupidité ? cependant que de créateurs d'idoles & de magots dans le monde ! que de gens adorent follement l'argile qu'ils ont paitrie ! tout attachement ne vient donc pas de l'ame, la faculté

K

de pouvoir s'attacher ne suppose donc pas nécessairement la puissance de penser & de réfléchir, puisque c'est lorsqu'on pense & qu'on
réfléchit le moins que naissent la plûpart de
nos attachemens, & que c'est encore faute de
penser & de réfléchir qu'ils se confirment &
se tournent en habitude. Mais l'amitié suppose
cette puissance de réfléchir ; c'est de tous les
attachemens le plus digne de l'homme & le
seul qui ne le dégrade point. L'amitié n'émane
que de la raison, l'impression des sens n'y fait
rien, c'est l'ame de son ami qu'on aime, &
pour aimer une ame il faut en avoir une, il
faut en avoir fait usage, l'avoir connue, l'a-
voir comparée & trouvée de niveau à ce que
l'on peut connoître de celle d'un autre ; l'amitié suppose donc non-seulement le principe
de la connoissance, mais l'exercice actuel &
réfléchi de ce principe. Ainsi l'amitié n'appartient qu'à l'homme, & l'attachement peut ap-
partenir aux animaux ; le sentiment seul suffit
pour qu'ils s'attachent aux gens qu'ils voyent
souvent, à ceux qui les soignent, qui les nourrissent, &c. le seul sentiment suffit encore pour
qu'ils s'attachent aux objets qui leur sont ha-
bituellement présentés.

ARISTE. Sans m'arrêter aux difficultés que
pourroit souffrir votre réponse, je me hâte de
vous faire part d'une réflexion qui paroit asso-
mante pour le système des automates ; c'est
qu'en supposant que les bêtes ne sont que de

simples machines, nous n'avons plus de régle
sûre pour décider que les autres hommes dis-
tingués de nous ne sont pas eux-mêmes de
purs automates. Voici pourquoi. Je ne juge
& je ne prononce que tous les hommes avec
qui je vis ont une ame, un principe de réflexion, que parce que j'apperçois dans leur extérieur des actions, des tons, des mouvemens
qui paroissent indiquer une ame ; je vois régner un certain fil d'idées qui suppose la raison , je vois de la liaison dans les raisonnemens qu'ils font, plus ou moins d'esprit dans
les ouvrages qu'ils composent ; sur ces apparences ainsi rassemblées je prononce hardiment
qu'ils pensent en effet ; si je me trompois ce
seroit Dieu même qui me tromperoit ; il feroit
alors tout ce qui est nécessaire pour me pousser dans l'erreur, en me faisant concevoir d'un
côté une raison claire & évidente des phénomenes que j'apperçois dans mes semblables,
des actions que je leur vois faire, laquelle pourtant n'auroit pas lieu, n'existeroit pas, tandis
que de l'autre il me cacheroit la véritable. Or,
les bêtes font presque par rapport à moi dans
le même cas. Considérons un chien, par exemple, qui quoique pressé d'un violent appétit,
n'ôse toucher & ne touche point en effet à
un morceau de pain que vous lui présentez
d'une main , tandis que de l'autre vous lui
montrez un bâton, mais en même tems fait
beaucoup de mouvemens pour obtenir ce mor-

K 2

ceau de la main de son maître. Cet animal ne paroit-il pas combiner des idées, arranger des pensées? ne paroit-il pas désirer & craindre, en un mot, raisonner à peu près comme un homme qui voudroit s'emparer du bien d'autrui, & qui quoique violemment tenté, est retenu par la crainte du châtiment? me trompai-je en concluant que puisque la chose se passe de cette façon chez nous, elle se passe de même dans l'animal? l'analogie n'est-elle pas bien fondée?

Eudoxe. Ne voyez-vous pas que pour que vous fussiez en droit de regarder cette ressemblance comme bien fondée en effet, il faudroit quelque chose de plus; il faudroit du moins qu'elle fût bien soutenue, & que rien ne pût essentiellement la détruire & la démentir; il faudroit que les animaux pûssent faire & fissent dans quelques occasions tout ce que nous faisons nous-mêmes. Or, le contraire est évidemment démontré. Ils n'inventent, ils ne perfectionnent rien, ils ne se commandent point les uns aux autres, ils ne s'entendent point, ils ne se parlent point, ils ne réfléchissent par conséquent sur rien. Ils ne font jamais que les mêmes choses & de la même façon, à moins que par l'exercice on ne change leur routine & leurs habitudes, & alors l'adresse réside dans celui qui les conduit. Il y a donc infiniment à rabattre de cette analogie & de cette ressemblance sur la force desquelles

vous infiſtez tant; il y a donc tout ce qu'il
faut à un homme tant ſoit peu attentif pour
le prémunir contre l'erreur, pour l'empêcher
de prononcer précipitamment que les bêtes
participent au même privilége que nous; &
dès-lors cet homme peut & doit conclure que
c'eſt par un principe totalement différent du
nôtre, qu'elles ſont conduites & gouvernées;
il peut même dès-lors rapporter toutes leurs
opérations à des loix purement méchaniques
établies par le créateur, ſans leur accorder la
connoiſſance & la réflexion qu'il ſçait indubi-
tablement ne leur pas convenir.

ARISTE. Souffrez que je vous le diſe;
vous eſquivez la difficulté par une raiſon générale que je crois très-bonne, mais qui n'é-
claircit preſque rien. L'exemple de mon chien
reſte toujours une énigme inexplicable & in-
compréhenſible. Croyez-vous que je ſois ſi
facile à contenter?

EUDOXE. Je vois votre malice. Vous voulez me picquer d'honneur, & m'engager dans
une explication raiſonnée & circonſtanciée des
opérations des animaux. L'entrepriſe eſt un
peu difficile; je vais cependant eſſayer de vous
ſatisfaire. J'abrégerai le plus qu'il me ſera poſſible. Avant que d'en venir à l'exemple particulier de votre chien, il faut ſuppoſer, ou
plûtôt prouver deux choſes. La premiere que
les objets extérieurs agiſſent réellement ſur
les ſens de l'animal, & que ces ſens conſer-

vent quelquefois long-tems l'impreſſion qu'ils
en ont reçu. La ſeconde que cette impreſſion
des objets ſur les ſens ſuffit pour déterminer
& produire le mouvement progreſſif & les
autres mouvemens extérieurs de l'animal. Vous
ne diſconviendrez pas que les objets extérieurs
ne faſſent une impreſſion ſur les ſens ſouvent
très-forte & très-profonde, de ſorte que cette
impreſſion dure encore long-tems après l'action de l'objet extérieur. Jugeons-en par ce
qui ſe paſſe ſouvent dans les ſens de cette
partie purement matérielle de notre être. Lorſque l'œil eſt frappé par une lumiere trop vive, ou qu'il ſe fixe trop long-tems ſur un
objet, ſi la couleur de cet objet eſt éclatante,
il reçoit une impreſſion ſi profonde & ſi durable qu'il porte enſuite l'image de cet objet
ſur tous les autres objets. Si vous regardez fi-
xément le ſoleil un inſtant, vous verrez pendant pluſieurs minutes, & quelquefois pendant pluſieurs heures & même pluſieurs jours,
l'image du ſoleil ſur tous les autres objets.
Lorſque l'oreille a été ébranlée pendant quelques heures de ſuite par un air de muſique,
par des ſons forts auſquels on fait attention,
comme par des hautbois ou par des cloches,
l'ébranlement ſubſiſte. On continue d'entendre
les cloches & les hautbois. L'impreſſion dure
pluſieurs jours & ne s'efface que peu à peu.
De même lorſque l'odorat & le goût ont été
affectés par une odeur très-forte, & par une ſa-

veur très-désagréable, on fent encore long-tems
après cette mauvaife odeur ou ce mauvais goût.
Enfin, lorfqu'on exerce trop le fens du toucher fur le même objet, lorfqu'on applique
fortement un corps étranger fur notre corps,
l'impreffion fubfifte auffi pendant quelque
tems, & il nous femble encore toucher & être
touchés. Il eft donc inconteftable que les objets extérieurs agiffent fur les fens, & que
ces fens en confervent l'impreffion à proportion de l'ébranlement. Ils la conferveront long-
tems fi la commotion eft violente ; l'impreffion ne fera que paffagere & inftantanée fur
les fens extérieurs, fi l'ébranlement eft léger
& ordinaire ; mais même dans ce cas l'impreffion eft tranfmife au cerveau qui communique avec tous les fens du dehors, & qui eft
capable de la conferver plus long-tems.

ARISTE. Je comprends que des commotions violentes & extraordinaires peuvent faire
impreffion fur les fens des animaux ; mais ces
forts ébranlemens font les plus rares, & ne
tirent point à conféquence pour le détail de
leurs actions les plus communes & les plus
journalieres, qui n'en font pas la fuire & l'effet.
Par exemple, la préfence d'un objet rélatif à
leur appétit ne doit prefque point faire d'impreffion fur eux, à moins que vous ne les
fuppofiez bien attentifs.

EUDOXE. Les animaux ont les fens rélatifs
à l'appétit beaucoup plus fenfibles, plus dé-

licats & plus exquis que les hommes. Nous
avons des sens plus excellens qu'eux. Le toucher, par exemple, qui est un sens plus rélatif à la pensée & à la connoissance, est plus
parfait dans l'homme que dans les animaux;
mais l'odorat qui est un sens rélatif à l'appétit
est plus excellent dans l'animal. Cela paroit
clairement par l'usage qu'ils font de ce sens
admirable qui seul pourroit leur tenir lieu
des autres sens. La plûpart des animaux ont
l'odorat si parfait qu'ils sentent de plus loin
qu'ils ne voyent; non-seulement ils sentent
de très-loin les corps actuels & présens, mais
ils en sentent les émanations & les traces long-
tems après qu'ils sont absens & passés. C'est
par ce sens que l'animal est le plûtôt, le plus
sûrement & le plus souvent averti, par lequel
il reconnoit ce qui est convenable ou contraire à sa nature. On peut croire aussi que
le goût qui est encore plus rélatif à l'appétit
que tous les autres sens est dans eux plus sûr,
& peut-être plus exquis que dans l'homme.
On pourroit le prouver par la répugnance invincible qu'ils ont pour certains alimens, &
par l'appétit naturel qui les porte à choisir sans
se tromper ceux qui leur conviennent, au lieu
que l'homme, s'il n'étoit averti, mangeroit
la cigue comme le persil. Si on parvient à les
empoisonner, c'est parce que le poison est
enveloppé dans un appas ou environné de
leur nourriture ordinaire. Il est donc évi-

dent que les objets exercent leur action ſur les ſens des animaux, & que dans eux les ſens rélatifs à l'appétit ſont beaucoup plus ſuſceptibles que tous les autres des impreſſions du dehors. Voyons s'il me ſera auſſi aiſé de vous faire comprendre que tous leurs mouvemens extérieurs, & ſur-tout leurs mouvemens progreſſifs ne ſont que de ſimples effets de l'impreſſion des objets ſur leurs ſens. Il eſt facile de s'en convaincre ſi on fait attention que dans la nature tous les êtres organiſés qui ſont dénués de ſens ſont auſſi privés du mouvement progreſſif, & que tous ceux qui en ſont pourvûs ont auſſi cette qualité active de mouvoir leurs membres & de changer de lieu. Mais pour vous en convaincre de plus en plus, conſidérons-nous encore une fois nous-mêmes, & analyſons un peu le phyſique & le matériel de nos actions. Lorſqu'un objet nous frappe par quelque ſens que ce ſoit, que la ſenſation qu'il produit eſt agréable, & qu'il fait naître un déſir, le mouvement que nous faiſons en conſéquence du déſir, ne vient que de l'impreſſion qu'a fait cet objet ſur nos ſens. Un homme profondément occupé d'une ſpéculation ou d'une réflexion ſérieuſe ne ſaiſira-t'il pas s'il a grand faim, le pain qu'il trouvera ſous ſa main? il pourra même le porter à ſa bouche & le manger ſans s'en appercevoir. Ces mouvemens, vous les voyez, paroiſſent indépendans de la volonté, & ſont la ſuite de la premiere impreſſion. Ces mouvemens ne manquent jamais de ſuccéder à cette impreſſion, à moins que d'autres impreſſions ne ſe réveillent en même tems, & ne s'oppoſent à cet effet naturel, ſoit en affoibliſſant, ſoit en détruiſant l'action de cette premiere impreſſion. Suppoſons maintenant un homme qui ſe trouve ſucceſſivement privé de tous ſes ſens. Il ne changera point de lieu pour ſatisfaire ſes yeux s'il eſt privé de la vûe. Il ne s'approchera pas pour entendre ſi on ne fait aucune impreſſion ſur l'organe de l'ouïe. Il ne fera jamais aucun mouvement pour reſpirer une bonne odeur ou pour en éviter une mauvaiſe, ſi ſon odorat eſt détruit. Il en eſt de même du toucher & du goût ſi ces deux ſens ne ſont pas ſuſceptibles d'impreſſion. Cet homme demeurera donc en repos, & perpétuellement en repos. Rien ne pourra le faire changer de ſituation, & lui imprimer des mouvemens extérieurs, parce que les objets extérieurs ne font aucune impreſſion ſur lui. Nous avons donc tout lieu de penſer que dans l'animal les mouvemens extérieurs ſont l'effet de l'impreſſion des objets ſur les ſens.

ARISTE. Je ne vois pas encore bien où vous en voulez venir avec cet étalage d'obſervations & de remarques. Il me paroit même que tout cela fait autant contre vous que pour vous. Voici pourquoi. Si l'action des objets extérieurs produit quelqu'effet ſur l'animal, ſi

cette impreſſion eſt la cauſe unique & néceſſaire du mouvement de l'animal, toutes les
fois que ſes ſens ſont frappés de la même façon, le même effet & le même mouvement
doivent toujours ſuccéder à cette impreſſion.
Un morceau de pain doit toujours déterminer
un chien à s'avancer pour le prendre, à moins
que l'économie de l'animal ne ſoit dérangée
par quelque cauſe accidentelle. Or, l'exemple de notre chien démontre évidemment le
contraire. Ce morceau de pain préſenté de
la main de ſon maître le fait mouvoir &
avancer, & cependant ce même morceau préſenté en même tems ou de la main de ſon
maître, ou d'un étranger qui tient de l'autre
main un bâton levé, ne le détermine nullement à avancer. Il demeurera conſtamment
dans la même place. D'où vient cette différence de détermination, ou plûtôt cette détermination d'une part, & de l'autre cette
nullité de détermination malgré l'impreſſion
d'un même objet ? votre méchaniſme me paroit échouer ici ; la raiſon ſeule & la réflexion peuvent détruire dans ce chien l'impreſſion d'un objet qui lui plaît & qui le flatte
agréablement.

EUDOXE. En apparence & au premier coup
d'œil il ſemble que l'animal ſe détermine comme nous & par les mêmes principes. Mais
voici comment je conçois que dans l'animal
le principe de la détermination & de la va-

riété du mouvement est un effet purement
méchanique & absolument dépendant de son
organisation. Dans l'animal l'action des objets
sur les sens extérieurs en produit une autre
sur le cerveau qu'on peut regarder comme un
sens intérieur général, mais toujours purement matériel, qui reçoit toutes les impressions
que les sens extérieurs lui transmettent. Ce
sens est non-seulement susceptible d'être
ébranlé par l'action des sens & des organes
extérieurs, mais il est encore, par sa nature,
capable de conserver long-tems l'ébranlement
que produit cette action, & c'est dans la continuité de cet ébranlement que consiste l'impression, qui est plus ou moins profonde à
proportion que cet ébranlement dure plus ou
moins long-tems. Nous avons comme l'animal ce sens intérieur matériel, mais nous avons
de plus un sens ou plûtôt une faculté purement spirituelle d'une nature bien supérieure
& bien différente, qui réside dans la substance spirituelle qui nous anime & nous conduit. Dans nous le sens intérieur matériel est
infiniment subordonné à l'ame. La substance
spirituelle le commande, elle en détruit ou
en fait naître l'action. Ce sens, en un mot,
qui fait tout dans l'animal ne fait dans l'homme que ce que l'ame n'empêche pas, il fait
aussi ce que l'ame ordonne. Dans l'animal ce
sens est le principe de la détermination du
mouvement & de toutes ses actions, & dans

l'homme ce sens n'est que le moyen ou la cause
secondaire. Je vous ai dit que tous les ébranlemens produits par l'action des objets durent
& subsistent bien plus long-tems dans le sens
interne que dans les sens externes. Pour le
concevoir vous n'avez qu'à faire attention que
même dans les sens externes il y a une différence très-sensible dans la durée de leurs ébranlemens. La commotion qu'une lumiere même
peu éclatante produit dans l'œil, subsiste plus
long-tems que l'ébranlement de l'oreille par
le son. Il ne faut pour s'en assurer que réfléchir sur des phénomenes fort connus. Lorsqu'on tourne avec quelque vîtesse un charbon
allumé ou que l'on met le feu à une fusée
volante, ce charbon allumé forme à nos yeux
un cercle de feu & la fusée volante une longue trace de flâme. On sçait que ces apparences viennent de la durée de l'ébranlement que
la lumiere produit sur l'organe de la vûe, &
de ce que l'on voit en même tems la premiere
& la derniere image du charbon allumé, ou
de la fusée volante; or le tems entre la premiere
& la derniere impression ne laisse pas d'être
sensible. Supposons qu'il faut une demi - seconde ou si l'on veut un quart de seconde
pour que le charbon allumé décrive son cercle & se retrouve au même point de la circonférence. Cela étant, l'ébranlement causé par
la lumiere dure une demi-seconde au moins;
mais l'ébranlement que produit le son , à

moins qu'il ne soit trop fort & trop violent, n'est pas à beaucoup près d'une aussi longue durée ; car on peut entendre trois ou quatre fois le même son , ou trois ou quatre sons successifs dans l'espace d'un quart de seconde, & sept ou huit dans une demi - seconde , & la derniere impression ne se confond point avec la premiere. Nous pouvons donc présumer avec assez de fondement que les ébranlemens peuvent durer beaucoup plus long-tems dans le sens intérieur qu'ils ne durent dans les sens extérieurs , puisque dans quelques-uns de ces sens même l'ébranlement dure plus long-tems que dans d'autres ; c'est par cette raison que les impressions que le sens de l'œil transmet au cerveau ou sens intérieur , sont beaucoup plus fortes & plus durables que les impressions transmises par l'oreille , & que nous nous représentons les choses que nous avons vûes beaucoup plus vivement & pendant plus de tems que celles que nous avons entendues. Pour achever de vous convaincre de cette propriété qu'a le sens intérieur de conserver long-tems & plus long-tems que tous les sens extérieurs les impressions qu'il a reçu par leur moyen , remarquez que ce sens réside dans le cerveau & les membranes qui l'environnent , que cette organe est d'une grande capacité & d'une très-grande sensibilité ; par conséquent il peut recevoir un très-grand nombre d'ébranlemens successifs & con-

temporains, & les conſerver pendant long-tems
dans le même ordre, parce que chaque impreſſion n'ébranle qu'une partie du cerveau, &
que les impreſſions ſucceſſives ébranlent différemment la même partie, & peuvent auſſi ébranler des parties voiſines & contigues. Reprenons maintenant en peu de mots tout ce que
nous avons dit. Le ſens intérieur matériel reçoit également toutes les impreſſions que chacun des ſens extérieurs lui tranſmet. Ces impreſſions viennent de l'action des objets, elles
ne font que paſſer par les ſens extérieurs, &
ne produiſent communément dans ces ſens
qu'un ébranlement très-peu durable, & pour
ainſi dire, inſtantané ; mais elles s'arrêtent
ſur les ſens intérieurs, & produiſent dans le
cerveau qui en eſt l'organe, des ébranlemens
durables & diſtincts. Ces ébranlemens communiquent du mouvement à l'animal. Ce mouvement ſera déterminé, ſi l'impreſſion vient
des ſens de l'appétit. Il avancera alors pour
atteindre ou il ſe détournera pour éviter l'objet de cette impreſſion, ſelon qu'il en aura
été flatté ou bleſſé, c'eſt-à-dire, ſelon que
cet objet ſera rélatif ou contraire à la nature
de l'animal. Ce mouvement peut auſſi être
incertain lorſqu'il ſera produit par des ſens
qui ne ſont pas rélatifs à l'appétit comme
l'œil & l'oreille. L'animal qui voit ou qui entend pour la premiere fois eſt à la vérité ébranlé
par la lumiere ou par le ſon ; mais l'ébranle-

ment ne produira d'abord qu'un mouvement
incertain, parce que l'impreſſion de la lumiere
ou du ſon n'eſt nullement rélative à l'appétit.
Ce n'eſt que par des actes répétés, & lorſque
l'animal aura joint aux impreſſions du ſens de
la vûe ou de l'ouïe, celles de l'odorat, du
goût & du toucher, que le mouvement deviendra déterminé, & qu'en voyant un objet,
ou en entendant un ſon, il avancera pour atteindre ou reculera pour éviter la choſe qui
produit ces impreſſions devenues par l'expérience rélatives à ſes appétits. Tout cela bien
entendu nous pouvons enfin venir à l'exemple de votre chien. Tout ce qui eſt rélatif à
l'appétit des animaux ébranle très-vivement
leur ſens intérieur & y ſubſiſte très-long-rems;
par conséquent le chien qui conſerve les impreſſions flatteuſes qu'a fait ſur lui ce morceau
de pain ſe jetteroit à l'inſtant deſſus, ſi le
même ſens intérieur ne conſervoit pas les impreſſions antérieures de douleur dont cette
action a été précédemment accompagnée. Les
impreſſions qu'il a reçû du dehors ont pour
ainſi dire modifié, changé ou doublé cet
animal. Cette proye qu'on lui préſente n'eſt
pas offerte à un chien ſimplement, mais à un
chien battu; & comme il a été frappé toutes
les fois qu'il s'eſt livré à ce mouvement d'appétit, les ébranlemens de douleur ſe renouvellent en même tems que ceux de l'appétit
ſe font ſentir, parce que ces deux ébranlemens

mens se sont toujours faits ensemble. L'animal étant donc poussé tout à la fois par deux impulsions contraires qui se détruisent mutuellement, il demeure en équilibre entre ces deux puissances égales. Mais les ébranlemens du plaisir & de la douleur, ou si vous aimez mieux, de l'appétit & de la répugnance, subsistant toujours ensemble dans une opposition qui en détruit les effets, il se renouvelle en même-tems dans le cerveau de l'animal un troisiéme ébranlement qui a souvent accompagné les deux premiers, c'est l'ébranlement causé par l'action de son maître, de la main duquel il a souvent reçû ce morceau qui est l'objet de son appétit. Ce troisiéme ébranlement devient la cause déterminante du mouvement du chien. Pourquoi ? parce qu'il n'est contrebalancé par rien de contraire, parce qu'il n'est détruit ni affoibli par aucun autre mouvement. Le chien sera donc déterminé à se mouvoir vers son maître, & à s'agiter jusqu'à ce que son appétit soit satisfait en entier. Le sens intérieur purement matériel des animaux suffit donc pour expliquer leurs actions les plus compliquées sans qu'il soit aucun besoin de leur accorder ni la pensée ni la réflexion.

ARISTE. Votre explication est fine & délicate ; j'avouerai même qu'elle rend assez vraisemblablement raison des opérations des animaux ; mais enfin pour ne pas s'embarquer

dans ce labyrinthe de faits, d'obſervations &
de conſéquences qui laiſſent toujours ſubſiſter
bien des doutes & bien des nuages, ne vaudroit-il pas mieux prendre un parti mitoyen
qui ne fût point expoſé aux difficultés des
deux autres ? ne pourroit-on pas les concilier
par quelque ſage tempéramment ?

Eudoxe. J'ai ce que vous demandez; nous
verrons ſi vous en ſerez plus ſatisfait. L'ame
des bêtes, vous diront les partiſans de cette
opinion moderne, diffère eſſentiellement de
l'ame des hommes. Elle ſera une ſubſtance
immatérielle à la vérité, mais elle n'agira que
ſur des petits objets, des objets matériels, ſur
leſquels elle n'agira même que très-foiblement;
elle pourra s'occuper des objets corporels qui
auront quelque rélation d'utilité avec ſon corps;
mais elle n'aura point d'idées ſpirituelles &
abſtraites : elle ne ſera point ſuſceptible de
l'idée d'un Dieu, d'une religion, du bien &
du mal moral, ni de toutes celles qui ſont bien
liées avec celles-là; elle ne renfermera point
non plus ces notions & ces principes ſur
leſquels ſont établis les ſciences & les arts;
l'expérience nous garantit tous ces défauts
& toutes ces imperfections de l'ame des
bêtes.

Ariste. Vous me dites bien ce que cette
ame n'eſt pas, mais vous ne m'apprenez pas
ce qu'elle eſt en effet.

Eudoxe. Cette ame ſera un principe actif

qui a des sensations & qui n'a que cela. Notre
ame a dans elle-même, outre son activité essentielle, deux facultés; l'une est la faculté de
former des idées claires & distinctes sur lesquelles le principe actif ou la volonté agit
d'une maniere qui s'appelle réflexion, jugement, choix libre; l'autre c'est la faculté de
sentir, qui consiste dans la perception d'une
infinité de petites idées involontaires qui se
succédent rapidement les unes aux autres,
que l'ame ne discerne point, mais dont les
différentes successions lui plaisent ou lui déplaisent. Ces deux facultés paroissent indépen-
dantes l'une de l'autre; or qui nous empêcheroit de supposer dans l'échelle des intelligen-
ces au-dessous de l'ame humaine, une espéce
d'esprit plus borné qu'elle, & qui ne lui res-
sembleroit que par la faculté de sentir, un
esprit qui n'auroit que cette faculté sans avoir
l'autre, qui ne seroit capable que d'idées in-
distinctes ou de perceptions confuses? une
ame purement sensitive est bornée dans son
activité: elle ne réfléchit point, elle ne rai-
sonne point à proprement parler, elle ne
choisit pas non plus, elle n'est capable ni de
vertus ni de vices ni de progrès autres que
ceux que produisent les impressions & les habitudes machinales. Réunissez le méchanisme
des organes à ce principe actif, & dès-lors
vous expliquerez facilement toutes les actions
des bêtes qui vous paroissent raisonnées. Ce

principe étant actif il a le pouvoir de remuer les reſſorts de la machine ; le créateur les a diſpoſé de façon qu'il puiſſe les remuer utilement pour ſon bonheur, ayant conſtruit cette machine avec tant d'art que ces mouvemens produiſent dans l'ame des ſentimens qui tendent à conſerver le corps. Voilà une eſquiſſe de cette opinion. Etes-vous plus content de cette métaphyſique ?

ARISTE. Cette opinion ſeroit un peu plus ſupportable que celle qui accorde aux bêtes l'intelligence & la réflexion ſi elle étoit un peu mieux établie, un peu mieux fondée en preuves ; mais il ſemble qu'elle n'a été inventée que par néceſſité, & pour éviter les difficultés des deux autres opinions. D'ailleurs, il paroit que c'eſt très-gratuitement & très-arbitrairement qu'on fixe des bornes à cette nouvelle ame, & qu'on preſcrit des limites à ſes facultés.

EUDOXE. Ajoûtons encore quelque choſe à vos réflexions. Ce ſyſtême qui porte un air de vraiſemblance au premier coup d'œil n'explique point du tout les opérations des bêtes, ou il retombe dans celui qui leur attribue ſi injuſtement la réflexion & l'intelligence. Car enfin ou cet ame concourt réellement à ces opérations des bêtes qu'on trouve ſi merveilleuſes, ſi intelligentes, ſi inexplicables, & en eſt le véritable principe, ou elle n'y a aucune part. Si elle produit réellement ces manœuvres

fi induftrieufes, fi réfléchies, & pour l'explication defquelles elle a été inventée, elle eft
donc elle-même intelligente & raifonnable,
& cela dans un grand dégré de perfection,
puifqu'elle produit tout d'un coup des effets
qui ne fortiroient de nos mains qu'après bien
des expériences perdues & de fauffes démarches. Il eft inutile de vous faire remarquer
que fi on la fuppofe intelligente, toutes les
preuves dont je crois avoir foudroyé la prétendue ame des bêtes, reviennent ici, & y ont
l'application la plus jufte & la plus inévitable.
Si d'un autre côté cette ame mitoyenne n'eft
pas le principe de ces opérations, elle eft totalement inutile, c'eft un être de raifon qu'on
a tort de vouloir introduire dans la nature.
En un mot, fi les actions des animaux
font effectivement raifonnées, la caufe qui
les produit doit être elle-même douée de
raifon & d'intelligence ; fi ces actions ne font
pas raifonnées, elles font donc purement machinales, purement méchaniques ; on ne con-
çoit point ici de milieu ; & dans cette fuppofition il n'eft rien moins que néceffaire d'admettre une ame pour les produire & pour les
expliquer. Nous dira-t'on que ces opérations
font fenfitives, & qu'ainfi elles ne font
ni purement intelligentes ni fimplement machinales ? mais ces opérations fenfitives n'expliquent rien, & laiffent fubfifter la difficulté
en entier ; car une ame purement fenfitive pri-

vée de toute raison , destituée de toute réflexion , ne participant en rien à l'intelligence , ne produira jamais ces effets si merveilleux , si suivis , si raisonnés , si conséquens , qu'on croit remarquer & qu'on reléve avec tant de plaisir dans la vie & dans l'histoire des animaux. Expliquera-t'on avec cette ame sensitive la prétendue prévoyance des Abeilles , des renards & des hiboux , l'amitié , l'attachement , la fidélité , la reconnoissance du chien & une infinité d'autres phénomenes encore plus compliqués ? si on dépouille tous ces faits du faux merveilleux qui les environne , si on consent à les réduire à leur juste valeur , si on convient qu'ils ne supposent aucune intelligence , alors le seul méchanisme suffit , l'ame sensitive devient inutile & superflue. D'ailleurs , sans doute que cette ame est anéantie immédiatement après qu'elle a été séparée du corps qu'elle animoit. Elle ne doit attendre ni châtiment ni récompense ; or sur quel fondement établit-on cette destruction , cet anéantissement ? rien dans la nature ne rentre dans le néant , il n'est pas encore péri un grain de matiere depuis la création. Les parties des corps se dérangent , s'exhalent , se dissolvent , se dispersent , mais en quelque endroit que ces débris soient portés , ils ne cessent pas d'exister. Pourquoi donc voudroit-on qu'une ame toujours plus noble que le corps , toujours bien supérieure à la machine qu'elle animera, déroge à la loi générale que Dieu a établi de n'anéantir aucun être ? remarquez enfin que dans cette opinion les douleurs & les souffrances des bêtes sont très-réelles, très-exiftantes, puisqu'elles affectent un ame vraiment immatérielle ; or, je vous le demande, ces douleurs vous paroiffent-elles bien juftes, bien conformes à la bonté de Dieu ? combien d'animaux font foumis depuis le moment de leur naiffance, aux traitemens les plus durs & les plus rigoureux, tandis que d'autres jouiffent de toutes les douceurs de la vie la plus molle & la plus délicate ? Comparez le fort de ce petit chien, l'objet de la tendreffe & des careffes de fa maîtreffe, des foins & des attentions de toute une maifon dans laquelle il eft, comme on dit, à bouche que veux tu, avec la condition d'un âne qui eft pendant toute fa vie le jouët, le plaftron, le bardeau des ruftres qui le conduifent le bâton à la main, qui le frappent, le furchargent, l'excédent fans précaution & fans ménagement. Sur quoi eft fondée cette étrange inégalité de peines & de plaifirs, dans deux êtres qui n'attendent point d'avenir qui doive les différencier. Eft-il bien équitable que tant d'ames fouffrent continuellement les traitemens les plus rudes, les douleurs les plus aigues pour le bonheur & les plaifirs de l'homme ? ne feroit-ce pas renouveller la barbarie & l'inhumanité des anciens qui fe faifoient un jeu & un amufement des fanglans combats des gladiateurs qu'ils regardoient comme des ames baffes, viles & mercenaires, deftinées à fervir aux plaifirs de leurs maîtres ? d'ailleurs, combien de bêtes fouffrent à pure perte, & fans que le bonheur de l'homme entre pour rien dans les maux dont elles font les victimes ? telles font les premieres réflexions que j'ai faites fur cette opinion que je ne connois que depuis peu de tems, & qui trouvera fans doute par la fuite des adverfaires plus dignes d'elles, qui la réfuteront plus pleinement. Je crois avoir démontré que les bêtes n'ont pas la plus légere teinture de raifon & d'intelligence. On peut s'en tenir là fans être engagé à expliquer enfuite toutes leurs opérations. On peut cependant rendre raifon de leurs manœuvres d'une maniere très-plaufible & très-vraifemblable par le méchanifme, pourvû qu'on le développe un peu mieux que ne l'ont fait les premiers fectateurs de Defcartes, pourvû, en un mot, qu'on fçache bien faifir les idées neuves & profondes qu'un auteur moderne nous a donné fur cette matiere. Mais revenons à nos Abeilles que nous avons prefqu'entiérement perdu de vûe. Leur induftrie & leur police ont occafionné un écart dont vous devez vous imputer à vous-même la longueur & peut-être l'inutilité. Je vous avertis au moins que quoique je parle par la fuite de leur fociété comme les autres en ont parlé, cette république merveilleufe ne fera pourtant à mes yeux qu'une foule de petites bêtes qui n'ont d'autre rapport avec nous que de nous fournir du miel & de la cire.

ARISTE. Après l'induftrie des Abeilles, vous m'avez promis de me faire connoître leurs occupations dans l'intérieur de leur Ruche, & fur-tout la conftruction de leurs alvéoles.

EUDOXE. La conftruction des alvéoles, le foin des œufs & des vermiffeaux, l'emploi de la cire, l'emplacement du miel, objets fur la plûpart defquels nous reviendrons par la fuite, font les grandes & les importantes occupations des Abeilles dans leur Ruche. Leurs autres travaux ne font que fubordonnés & rélatifs à ceux-là, ils ne tendent qu'à la propreté & la défenfe de leurs provifions ou de leur domicile. Dans tous les tems, mais fur-tout aux approches du printems, elles ont foin de nettoyer leur Ruche, d'en ôter toute ordure & toute immondice; elles emportent ou traînent dehors les couvains avortés, les gâteaux tombés & moifis, les Mouches qui font mortes pendant l'hyver, & le nombre des mortes furpaffe quelquefois celui des vivantes dans les Ruches ordinaires. Elles enlévent, en un mot, tout ce qui ne feroit propre qu'à embarraffer ou à infecter leur Ruche.

ARISTE. Elles ne doivent pas avoir beaucoup de peine à nettoyer les Ruches de votre

nouvelle conſtruction ; preſque toutes les immondices doivent tomber dans le fond du
tiroir de votre table, & je ne penſe pas qu'elles les aillent chercher dans cet enfoncement
pour les porter dehors.

E u d o x e. Cet avantage leur en procure un
autre, qui eſt d'employer utilement leur tems
aux autres ouvrages qui ne leur manquent pas
au retour de la belle ſaiſon. Cette occupation
domeſtique regarde toutes les Abeilles, mais
pendant les grands ouvrages, celles qui reſtent
dans la Ruche ſont chargées du ſoin important de garder l'entrée & les avenues de la
place. Elles doivent repouſſer & elles repouſ-
ſent réellement les guêpes, les frelons, les
mouches étrangeres, les papillons, & généralement tous les inſectes qui s'y introduiſent,
ſoit par hazard, ſoit pour y dépoſer leurs
œufs, ſoit pour ravager leurs proviſions : ſi
une Abeille ne ſuffit pas pour écarter l'ennemi, elle trouve du ſecours de la part de toutes celles qui ſont dans la Ruche ou qui reviennent des champs. Leurs efforts réunis réuſſiſſent communément à les débarraſſer de ces brigands ou de ces étourdis. Si elles ſuccombent ſous
la force ou ſi elles ſont accablées par le grand nombre, elles meurent du moins glorieuſement, elles
périſſent les armes à la main, elles ſe dévouent
au ſalut de la patrie ; elles ne lâchent jamais
priſe qu'en mourant ou en triomphant. Un
ennemi eſt-il péri dans le combat ? elles le

transportent sur le champ hors de la Ruche.

Ariste. La pésanteur du fardeau ne sur-
passe-t'elle pas quelquefois leurs forces? quel
parti prennent-elles alors?

Eudoxe. L'embarras n'est pas grand pour
elles. Vous verrez quelquefois un stupide lima-
çon s'introduire dans une Ruche par hazard
ou pour éviter la trop grande chaleur. Son
sort est bientôt décidé. Un bon nombre de
coups d'aiguillon dardés dans sa chair tendre
& molasse, vont l'arrêter dans sa course & le
punir de sa témérité ou plûtôt de son imbécillité. Dans un instant il est mort. Son corps
est trop pésant, trop massif pour être trans-
porté, c'est un colosse, une masse énorme
pour nos ouvrieres. Elles se servent alors d'un
expédient singulier, c'est de l'embeaumer, de
le gaudronner avec la propolis ou résine dont
elles enduisent les fentes & les interstices de
leur Ruche. Dans cet état il ne les génera que
médiocrement, mais, ce qui leur est plus essentiel, il n'exhalera aucune mauvaise odeur.
Vous voyez qu'il y a un vrai avantage à mourir dans le centre de leur république; on y
est embeaumé & à couvert de la corruption
sans qu'il en coûte rien.

Ariste. Ambitionne qui voudra la gloire
d'être embeaumé par des Abeilles; pour moi
j'y renonce bien volontiers; c'est la payer bien
cher que l'acheter aux dépens de sa vie.

Eudoxe. N'oublions pas une des grandes

occupations des Abeilles qui demeurent dans la Ruche, c'est de décharger leur compagnes qui viennent de faire leur récolte. Elles prennent les petites pelottes de cire que ces dernieres rapportent, elles les déposent dans les magasins publics, ou bien elles les avalent pour les convertir en vraye cire, & en former ensuite leurs rayons; on dit même qu'elles portent la complaisance jusqu'à essuyer & nettoyer avec leurs pattes celles qui viennent des champs mouillées ou couvertes de poussieres. Il est encore bon de vous avertir d'une manœuvre qui vous surprendra quelquefois, & qui vous scandaliseroit peut-être en vous faisant soupçonner les Abeilles de se battre à propos de rien. Vous verrez plusieurs Abeilles sérieusement occupées à tirailler dans tous les sens une de leurs compagnes qui vient de rentrer. Vous seriez tenté de croire qu'elles lui arrachent violemment tous les membres. Approchez de plus près, & vous serez convaincu qu'on lui ôte simplement cette résine tenace & gluante qu'elle apportoit pour condamner les ouvertures de la Ruche.

Ariste. Je comprends bien que les Abeilles qui gardent la maison ne font pas oisives; mais je suis en peine de la façon dont elles vivent, sur-tout dans les premiers jours d'une nouvelle habitation, tems auquel les magasins ne font pas encore bien fournis. Je n'ai aucune inquiétude sur les besoins de celles qui vont aux champs ; elles font au milieu des provifions, elles ne s'en laifferont pas manquer.

EUDOXE. Vous ne devez pas plus vous alarmer pour les unes que pour les autres. Elles peuvent changer d'occupation & prendre la place les unes des autres. D'ailleurs les magafins fûffent-ils entiérement dépourvûs, celles qui viennent de la campagne en offrent obligeamment aux ouvrieres du dedans. Communément elles préviennent leurs befoins & leur en donnent fans fe faire prier ; mais fi par caprice ou par mauvaife volonté elles en refufoient, on les force par des tiraillemens redoublés à dégorger leurs provifions. Voilà ce qu'on appelle s'arracher le pain de la main. Nous devrions actuellement paffer aux alvéoles & à leur conftruction ; mais notre entretien a déja été plus long qu'à l'ordinaire. Remettons cet article à notre premiere entrevûe ; nous le joindrons à ce que nous avions à dire fur le couvain & fur fes différentes métamorphofes.

SIXIE'ME ENTRETIEN.

Construction des Alvéoles. Couvain. Ses différens changemens, soin qu'en prennent les Abeilles. Essaims. Maniere de reconnoître quand une Ruche va essaimer. Façon d'empêcher les Ruches d'essaimer. Moyen unique d'avoir des essaims.

EUDOXE. JE vous réserve ici deux morceaux d'un goût fort différent. Je ne vous conseille pas de mordre indifféremment dans l'un ou dans l'autre.

ARISTE. Si ces deux gâteaux ne sont pas tous deux friands, au moins ils seront tous deux instructifs, & c'est cette derniere qualité qui doit le plus m'intéresser dans la circonstance présente où il ne s'agit pas de satisfaire ma sensualité.

EUDOXE. Puisque vous prenez votre parti en galant homme, faisons servir ces deux morceaux à notre instruction. Commençons par celui-ci, qui n'est composé que de cire & de miel; nous réserverons l'autre pour nous donner des lumieres sur le couvain.

ARISTE. Ces gâteaux sont donc ce que vous appellez des alvéoles.

EUDOXE. Ce gâteau ou ce rayon n'eſt pas préciſément un alvéole. Il n'eſt que le réſultat de pluſieurs alvéoles réunis. Les alvéoles ſont ces petites cellules, ces trous exagones ou à ſix côtés adoſſés les uns contre les autres, qui compoſent réellement les rayons. Les Abeilles attachent pluſieurs de ces gâteaux au haut de la Ruche & les continuent juſqu'au bas. Elles n'attendent pas qu'il y en ait un de fini pour en commencer un autre ; quelquefois il y en a trois qui marchent en même tems, mais aſſez éloignés les uns des autres pour laiſſer aux Abeilles la facilité de paſſer deux de front.

ARISTE. Je vois dans ce gâteau des trous qui percent de part en part. Seroit-ce un défaut, une irrégularité dans ce rayon ?

EUDOXE. Ces trous ont leur utilité. Ils ſervent de communication & de débouché afin que les Abeilles ne ſoient pas obligées de faire continuellement des circuits inutiles pour parcourir les différens cantons de leur Ruche.

ARISTE. Avant que de m'expliquer la deſtination de toutes ces petites cellules, pourriez-vous me dire la façon dont elles conſtruiſent le corps du gâteau.

EUDOXE. L'Abeille rend par la bouche la cire dont elle forme l'alvéole. Ceci vous ſurprend, Ariſte, mais j'aurai peut-être occaſion de vous le démontrer lorſque nous parlerons de l'origine de la cire. L'eſtomach prépare &

digere cette cire qui n'eſt plus en ſortant qu'une liqueur mouſſeuſe, & quelquefois une eſpéce de bouillie que l'Abeille poſe avec ſa langue & qu'elle façonne avec ſes dents. C'eſt avec ces inſtrumens qu'elle gâche & qu'elle pétrit comme un maſſon fait avec ſa truelle. On voit la langue agir continuellement, & changer de figure dans les différentes poſitions où elle ſe trouve. La pâte de cire ſe ſéche bientôt, & devient en peu de tems de la vraye cire parfaitement blanche ; mais par la ſuite elle devient jaune, quelquefois même brune & preſque noire, parce qu'elle eſt expoſée à des vapeurs qui changent ſa couleur naturelle. La chaleur ſeule de la Ruche produit des exhalaiſons qui terniſſent bientôt l'éclat primitif de ces rayons ſi appétiſſans quand ils ſortent des mains de nos ouvrieres.

Ariſte. Mais vous ne me dites rien de l'intelligence admirable qui régne dans la conſtruction de ces alvéoles, intelligence par laquelle, de l'aveu d'un bon nombre de naturaliſtes, les Abeilles exécutent dans un inſtant un ouvrage que toute l'intelligence humaine n'auroit pas pû imaginer, & dont la ſtructure admirable n'a été connue qu'après une étude opiniâtre de la plus ſublime & tranſcendante géométrie. J'ai lû que c'eſt en conſtruiſant leurs alvéoles qu'elles réſolvent ſans héſiter ce problême qui a tant exercé les plus beaux génies de l'Europe de *bâtir le plus ſolidement*

dement qu'il soit possible dans le moindre espace pos-
sible, & avec la plus grande économie possible.
Oserez-vous refuser la raison & la réflexion
à de si habiles géométres que les Abeilles?

EUDOXE. Je sçais combien on a vanté ces
cellules, combien on a admiré ces exagones ;
mais je sçais aussi que cette admiration & ces
éloges prouvent trop en faveur de l'industrie
raisonnée des Abeilles, & dès-lors ne prouvent
rien ; il est clair qu'en prenant au pied de la lettre cette exactitude, cet esprit de géométrie qu'on
accorde aux Abeilles dans la construction de
leurs alvéoles, on leur accorde une raison de
beaucoup supérieure à la nôtre, puisqu'elles
font dès les premiers momens de leur naissance des ouvrages que nous ne pourrions exécuter qu'après plusieurs siécles de tâtonnemens
hazardés & de tentatives infructueuses. Vous
comprenez sans peine qu'il y auroit de l'extravagance à les décorer de cet illustre privilége
à notre exclusion ; il faut donc nécessairement
en revenir à un autre principe distingué de
l'intelligence & de la réflexion. Ce ne sera
certainement pas à l'instinct qu'on leur a nouvellement accordé, qui ne signifie absolument
rien du tout, à moins qu'on ne le confonde
avec la raison même ou le méchanisme. Or,
il me paroit que toute cette sublime géométrie, tous ces alvéoles si industrieux peuvent
être le résultat du méchanisme & des loix du
mouvement établies par le créateur. Qu'on

mette enfemble dans le même lieu dix mille automates ou dix mille machines purement artificielles, animées d'une force vive, & toutes déterminées par la reffemblance parfaite de leur forme extérieure & intérieure, & par la conformité de leurs mouvemens à faire chacune la même chofe dans ce même lieu, il en réfultera néceffairement un ouvrage régulier. Les rapports d'égalité, de fimilitude, de fituation s'y trouveront, puifqu'ils dépendent de ceux de mouvement que nous fuppofons égaux & conformes; les rapports de pofition femblable, d'étendue, de figure s'y trouveront auffi, puifque nous fuppofons l'efpace donné & circonfcrit. Accordons maintenant à ces automates le plus petit dégré de fentiment, celui feulement qui eft néceffaire pour tendre à fa propre confervation, éviter les chofes nuifibles, fe porter vers les chofes convenables, &c. l'ouvrage fera non-feulement régulier, proportionné, fitué, femblable, égal, mais il aura encore l'air de la fymétrie, de la folidité, de la commodité, &c. au plus haut point de perfection, parce qu'en le formant, chacun de ces dix mille automates a cherché néceffairement à s'arranger de la maniere la plus commode pour lui, & qu'il a en même tems été forcé d'agir de la maniere la moins incommode aux autres. Je dirai même quelque chofe de plus décifif encore, c'eft que cette figure des cellules, toute géométri-

que, toute réguliere qu'elle nous paroit, &
qu'elle est en effet dans la spéculation, n'est
ici qu'un résultat méchanique & assez imparfait, qui se trouve souvent dans la nature, &
que l'on remarque même dans ses productions
les plus brutes & les plus grossieres. Les cris-
taux & plusieurs autres pierres, quelques sels,
&c. prennent constamment cette figure dans
leur formation. Qu'on observe les petites écail-
les de la peau d'une roussette, on verra qu'elles sont exagones, parce que chaque écaille
croissant en même tems se fait obstacle, &
tend à occuper le plus d'espace qu'il est possible dans un espace donné & assigné. On
voit ces mêmes exagones dans le second estomach des animaux ruminans, on les trouve
dans les graines, dans leurs capsules, dans
certaines fleurs, &c. Remplissez un vase de
poix ou plûtôt de quelqu'autre graine cylindrique. Fermez-le exactement après y avoir
versé autant d'eau qu'il en faut pour remplir
les intervalles qui restent entre ces grains.
Faites bouillir cette eau. Tous ces poix ou tous
ces cylindres deviendront des colomnes à six
pans. Vous en voyez clairement la raison,
qui est purement méchanique. Chaque graine,
dont la figure est cylindrique, tend par son
renflement à occuper le plus d'espace possible
dans un espace circonscrit. Elles deviennent
donc toutes nécessairement exagones par la
compression réciproque. Chaque Abeille cher-

che à occuper de même le plus d'espace possible dans un espace donné, il est donc nécessaire aussi, puisque le corps des Abeilles
est cylindrique, que leurs cellules soient exagones par la même raison des obstacles réciproques.

ARISTE. Si les Abeilles sont accusées d'a-
voir beaucoup d'esprit, ce ne sera certainement pas votre faute ; vous ne donnez à ces
prétendus chefs-d'œuvres d'industrie & d'intelligence qu'une valeur très-commune & très-
ordinaire. Pour ne pas vous arrêter plus long-
tems sur une matiere que nous avons suffisamment discuté, je vais essayer de deviner la
destination de toutes ces cellules. Les unes
servent de dépôt pour conserver le miel ; les
autres sont le logement des œufs & des vers,
& les troisiémes sont la demeure & le lieu de
repos des Abeilles.

EUDOXE. Ce n'est pas ici une matiere de
raisonnement, & qui soit simplement du res-
sort du bon sens, comme l'industrie des bêtes,
sur laquelle votre philosophie vous a fourni
des ressources abondantes ; c'est un article qui
ne se décide que par les observations & l'expérience ; ainsi il ne seroit pas étonnant que
vos conjectures ne fussent pas parfaitement
heureuses.

ARISTE. Vous voulez me dire en bon fran-
çois & bien poliment, que je me suis trompé.
J'en suis tout consolé, pourvû que vous cor-
rigiez mes erreurs.

Eudoxe. Vos erreurs ne font ni bien groffieres ni bien dangereufes, elles font même
pardonnables dans le cas préfent. Vous pou-
viez donner, comme vous avez fait, à ces
cellules trois deftinations différentes, & cependant retrancher une des trois que vous
avez affigné. Les cellules font réellement deftinées 1°. à renfermer la provifion de miel
pour l'hyver; celles-là font plus profondes
que les autres & elles font fermées par un
petit couvercle qu'on appelle cataraéte. 2°. A
loger les œufs & les vers des Abeilles; &
comme ces œufs & ces vers font de groffeur
proportionnée aux Mouches qui en doivent
éclore, les Abeilles font des alvéoles de différentes grandeurs pour les contenir. Les plus
petits font pour les vers qui doivent fe changer en Abeilles ouvrieres. Ceux qui contiennent les vers des faux-bourdons font plus
grands; mais ceux qui font deftinés à fervir
de logement aux vers qui doivent fe transformer en Abeilles-meres font entiérement différens des autres. Si les Abeilles n'y font pas
briller leur adreffe par la gentilleffe, la fymétrie & la régularité de l'ouvrage, elles y fi-
gnalent leur magnificence par la profufion de
la cire & par la dépenfe qu'elles en font. Ces
alvéoles font arrondis & oblongs. Le bout
du haut qui eft toujours fermé eft plus gros
que celui du bas qui eft toujours ouvert. Ces
cellules paroiffent être groffiérement conftrui-

tes. Leurs parois font fort épaiffes. Une feule de ces cellules peut péfer autant que cent cinquante cellules ordinaires. Le lieu qu'elles occupent femble être pris au hazard. Les unes font pofées au milieu d'un gâteau fur d'autres cellules exagones, d'autres font fufpendues aux bords des gâteaux. Communément on les détruit après que les femelles en font forties.

Ariste. Je ne puis m'empêcher de faire une réflexion fur ces cellules royales, qui paroit confirmer ce que vous m'avez dit de la conftruction purement méchanique des cellules ordinaires. Si la géométrie & la belle architecture des Abeilles ne fe trouvent pas dans la conftruction de ces grands alvéoles, c'eft qu'elles les bâtiffent dans un efpace libre & non circonfcrit, c'eft-à-dire, en dehors ou aux bords des gâteaux; il n'eft donc pas étonnant qu'ils n'ayent pas les mêmes rapports fymétriques d'égalité & de reffemblance avec les autres, parce que l'Abeille qui les conftruit n'éprouve point d'obftacles de la part de fa voifine qui bornent fon ouvrage, & qui la forçent à fe renfermer dans un efpace donné; en un mot, il n'y a point de compreffion réciproque de la part des autres cellules & des autres ouvrieres. Elle a, fi j'ofe ainfi m'exprimer, fes coudées franches. De là cette grandeur & cette magnificence des cellules royales dont on a fait tant d'honneur aux Abeilles. Il paroît même que ce n'eft ici qu'un ouvrage de fantaifie & de furérogation auquel on ne fe livre qu'après que toutes les Abeilles ont achevé les cellules ordinaires.

EUDOXE. Votre réflexion mériteroit pour le moins un remerciment de ma part, mais je le fupprimerai dans l'efpérance que les occafions de le placer avec d'autres ne me manqueront pas par la fuite. 3°. Les cellules fervent à mettre la cire brute qui doit être employée ou à nourrir les Abeilles & le couvain, ou à conftruire les alvéoles après qu'elle aura été digérée.

ARISTE. Vous prendrois-je en défaut, Eudoxe? dans votre énumération n'avez-vous pas oublié une quatriéme efpéce de logettes pour le repos & le fommeil des ouvrieres?

EUDOXE. Ce n'eft point oubli de ma part, parce que réellement les Abeilles ne prennent point leur repos dans aucune cellule.

ARISTE. Où les placerez-vous donc pendant la nuit? elles ne couchent point à la porte de leur Ruche; il faut donc qu'elles foient dans les rues ou dans les cellules.

EUDOXE. Elles prennent leur repos d'une maniere finguliere. Elles s'accrochent les unes aux autres par les pattes, & fe fufpendent en forme de guirlande, ou bien grouppées & pendantes aux bords des gâteaux. Pendant l'été elles fe difperfent en petits pelotons dans toute la Ruche; mais pendant l'hyver elles fe rassemblent dans le quartier le plus chaud qui est ordinairement sur le devant de la Ruche.

ARISTE. Il est facile de conjecturer pourquoi pendant l'été elles se dispersent dans la Ruche; c'est pour procurer une chaleur égale qui puisse faire éclore le couvain.

EUDOXE. C'est moins en faveur du couvain qu'elles prennent cette précaution, que pour ne pas s'étouffer les unes les autres en se serrant de trop près; mais puisque nous en sommes au couvain, prenons l'autre gâteau qui le renferme. Vous voyez qu'il n'est pas facile d'en faire la distinction, ce n'est qu'en les rompant qu'on peut les différencier : il arrive même que bien des personnes se trompent en prenant cette précaution.

ARISTE. Avant que d'aller plus loin , dites-moi ce qu'on doit penser de l'opinion de Virgile & de plusieurs auteurs modernes qui croyent que le couvain est cette matiere précieuse que les Abeilles rapportent des champs entre leurs jambes, & qu'elles vont ramasser sur les étamines des fleurs. Les Abeilles iroient-elles chercher & prendre leurs enfans dans la campagne ?

EUDOXE. L'opinion de Virgile & de ceux qui l'ont aveuglément copié, ne mérite pas une plus sérieuse réfutation que le conte de votre nourrice qui vous disoit autrefois que les enfans naissent sous les choux & qu'on les y trouve tout formés. Je ne vois qu'une diffé-

rence entre ces deux fables, c'est que l'une
est pardonnable parce qu'elle n'est donnée que
comme telle & en badinant, au lieu que l'autre n'est qu'une absurdité sérieuse qui desho-
nore la raison. Vous vous rappellez sans doute
ce que nous avons dit, d'après les observations les plus incontestables, sur la ponte de
la reine. Ainsi on doit entendre par couvain,
cette multitude d'œufs que la mere-Abeille
place dans les alvéoles. Ce couvain éclot quelquefois plûtôt, quelquefois plûtard; c'est le
tems & la saison qui en décident. Celui qui
est formé en automne se conserve jusqu'au
printems suivant, parce que la chaleur de la
Ruche n'est pas assez forte pendant l'hyver pour
le conduire à sa perfection. Les autres couvains viennent ensuite pendant l'été, & c'est
toujours la chaleur de la Ruche qui les fait
éclore. Je vous ai déja dit que souvent cette
chaleur surpasse en dégrés celle de nos étés
les plus chauds; on l'a reconnu par le moyen
d'un thermométre qu'on a introduit dans la
Ruche.

ARISTE. Je me souviens parfaitement de
vous avoir entendu dire tout cela pour me
prouver que les faux-bourdons ne sont point
dans la Ruche pour couver les œufs ou pour
les faire éclore par la chaleur qu'ils y excitent.
Les faux-bourdons, me disiez-vous, sont tous
exterminés avant le mois de Septembre, &
on n'en voit plus paroître qu'avec les premiers

effaims, ils n'ont donc contribué en rien à
la naiffance de ce nouveau peuple, puifqu'ils
n'étoient pas avant lui, puifqu'ils en font eux-
mêmes partie. Mais combien de tems faut-il
à ces œufs pour éclore ?

Eudoxe. Dans les tems chauds & favorables il ne faut à l'œuf que deux ou trois jours
pour éclore. Au bout de ce terme l'œuf fe
change en un petit ver blanchâtre un peu long
& fans pattes, ayant la tête affez femblabe à
celle d'un ver à foye. Après fa naiffance il fe
détache d'un fond de l'alvéole pour en occuper la capacité.

Ariste. Il eft à préfumer qu'il ne manque pas de nourriture.

Eudoxe. Ne foyez point inquiet, les Abeilles y ont pourvû. Le vers eft pofé de façon
qu'en fe tournant il trouve une forte de gelée ou de bouillie au fond de fon alvéole, qui
lui fert de nourriture.

Ariste. Cette attention eft tendre & délicate ; mais fa provifion eft-elle fuffifante &
bien proportionnée au tems qu'il doit paffer
dans cette fituation ?

Eudoxe. Les Abeilles n'abandonnent pas
les vers dans cet état d'impuiffance. On les
voit vifiter plufieurs fois le jour les alvéoles
qui renferment ces embrions. Elles y entrent
la tête la premiere & y reftent quelque tems.
On n'a jamais pû voir ce qu'elles y faifoient,
mais on fuppofe qu'elles renouvellent la bouil-

lie dont le vers se nourrit. La qualité & la quantité de la nourriture sont proportionnées à l'âge des vers. Lorsqu'ils sont jeunes, c'est une bouillie blanchâtre, insipide comme de la colle de farine. Dans un âge plus avancé, c'est une gelée jaunâtre, quelquefois de couleur verte qui a un goût de sucre ou de miel. Enfin, lorsqu'ils ont leur accroissement elle a un goût de sucre mêlé d'acide.

ARISTE. Peut-être que cette variété de goûts qu'on a remarqué dans les bouillies qui nourrissent les vers, vient moins de la complaisance des Abeilles qui ne les changent peut-être pas, que des différentes circonstances du tems qui peuvent donner des goûts différens à ces bouillies par la fermentation. Dans les commencemens la bouillie doit être plus insipide, parce qu'elle n'a pas encore fermenté, & à la fin elle doit être plus relevée & plus acide, parce qu'elle aura été changée par la fermentation & la cuisson.

EUDOXE. Quoiqu'il en soit, chacun des vers n'a que la quantité de nourriture qui lui est nécessaire, excepté ceux qui doivent se changer en reines; il reste toujours du superflu dans les alvéoles de ceux-ci.

ARISTE. Rien de plus juste que les souverains soient traités avec magnificence & profusion. Ce qui seroit une vaine superfluité dans le particulier, rentre dans l'ordre du nécessaire par rapport à leur état.

Eudoxe. Il y a grande apparence que vous faites un peu trop d'honneur aux Abeilles en leur prêtant des sentimens si nobles & si raisonnables. La grandeur de l'alvéole qui surpasse de beaucoup celle des cellules ordinaires, pourroit bien être l'unique raison de cette profusion que vous attribuez à leur amour & à leur respect pour la personne en place.

Ariste. C'est-à-dire qu'il en sera de cette magnificence comme des provisions surabondantes des mulots dont vous m'avez parlé. La capacité du lieu décide seule de la quantité des munitions. Heureusement que les cellules des vers communs sont fort étroites, elles contiendroient peut-être aussi des provisions qui seroient perdues. Mais le vers demeure-t'il long-tems dans cet état de stupidité & d'anéantissement.

Eudoxe. Quoiqu'il paroisse sans action, il n'a jamais cessé de vivre. Il prend son accroissement en moins de cinq à six jours selon les saisons, parce qu'il convertit en sa propre substance toute la nourriture qu'il prend, & qu'il ne rend aucun excrément. Lorsqu'il est parvenu à ce point, les Abeilles ouvrieres ferment son alvéole avec de la cire, & on ne lui fournit plus de nourriture. Il tapisse alors l'intérieur de sa cellule avec une toile de soye qu'il tire de son corps au moyen d'une filiere pareille à celle des vers à soye qu'il a au-dessous de la bouche ; cette toile est tissue de

fils qui sont très-proches les uns des autres,
& qui se croisent. Elle est appliquée exactement contre les parois de l'alvéole. Cette opération consommée le vermisseau quitte sa peau
de ver, & à la place de premier vêtement on
lui en voit un beaucoup plus fin & plus délicat; & c'est ainsi qu'il se change en ce qu'on
appelle nymphe. Cette nouvelle nymphe est
blanche dans les premiers jours; ensuite ses
yeux deviennent rougeâtres; des poils grisâtres
paroissent sur son corps & sur son corcelet.
Quand toutes les parties de la nymphe ont
acquis par une transpiration insensible, la
consistance qui convient aux parties d'une
Mouche, alors l'Abeille est en état de paroître au jour. Elle commence par se défaire de
l'enveloppe mince, de cette espéce de voile
blanc & transparant qui tenoit toutes ses parties
extérieures emmaillotées, dans le tems qu'elle
étoit nymphe. Enfin, après environ quinze jours,
quelquefois plus, quelquefois moins, selon la
disposition de la saison & du tems, c'est une
Mouche bien formée qui fait des efforts pour
percer avec ses dents, & abbattre cette cloison
de cire dont les Abeilles avoient muré l'entrée
de sa cellule.

ARISTE. Les efforts de la jeune Abeille ne
doivent pas être bien grands; le mur n'est
pas assez solide pour faire une grande résistance. Au surplus, les Abeilles qui jusqu'à présent en ont eu tant de soin, ne l'abandonneront

pas dans cette derniere opération qui ne leur doit certainement pas beaucoup coûter de peine.

Eudoxe. Cette opération est plus difficile & plus laborieuse que vous ne pensez. Elle surpasse même les forces de plusieurs de ces jeunes Abeilles, sur-tout dans des tems froids. Il y en a qui périssent après avoir passé la tête hors de l'enveloppe sans pouvoir se dégager. Ces Abeilles ouvrieres que vous supposez si compâtissantes, & qui ont pris tant de soin pour nourrir le ver, ne donnent aucun secours à ces petites Abeilles lorsqu'elles sont dans leurs enveloppes, & qu'il s'agit de percer le mur qui condamne l'ouverture de leur cellule ; elles leur laissent le soin de se tirer d'embarras. Malheur à celles qui ne peuvent pas triompher des obstacles qui se présentent, elles périssent misérablement sans que personne s'intéresse à leur sort & leur tende une main secourable.

Ariste. Voilà pour moi une preuve de plus de leur peu de raison & de leur imbécillité. Y a-t'il rien de plus bizarre, de plus capricieux, de plus déraisonnable, de plus inconséquent en un mot qu'une pareille conduite ? Il n'y a qu'un instant qu'elles prodiguoient leurs soins & leurs attentions à des vers informes qui n'avoient aucune marque, aucun caractere qui annonçât l'Abeille, & elles abandonnent cruellement ces mêmes vers dans le moment critique qui va les rendre citoyens du même état, elles ne regardent leur perte qu'avec froideur & qu'avec indifférence. Je ferois presque tenté de croire qu'elles ne les connoissent point, qu'elles ne les ont jamais connu, & que ces visites qu'on attribue à leur tendresse n'avoient point d'autre but que de remplir la cellule à l'ordinaire, & de la fermer ensuite sans aucun rapport au ver qu'elle renfermoit.

EUDOXE. Vous êtes en colere contre les Abeilles, Ariste; vous ne seriez peut-être pas encore disposé à juger favorablement de ce qu'elles font par rapport à celles qui ont échappé au danger. Dès que ces jeunes Abeilles sont sorties de leur prison, les ouvrieres accourent avec empressement pour leur rendre tous les services dont elles peuvent avoir besoin. Elles leur donnent du miel, les léchent avec leur trompe, & les essuyent exactement; car ces petites Abeilles sont toutes mouillées lorsqu'elles sortent de leur enveloppe.

ARISTE. Cette complaisance n'est peut-être l'effet que de leur gourmandise & de leur sensualité. L'humidité répandue sur le corps des jeunes Abeilles est peut-être miellée & d'une qualité qui flatte le goût des anciennes.

EUDOXE. Votre mauvaise humeur vous fait pousser un peu loin les conjectures. Quoiqu'il en soit, graces à la chaleur de la Ruche & aux attentions des vieilles Abeilles, les jeunes se séchent en peu de tems, elles déployent

leurs aîles qui étoient colées contre leur corps,
elles marchent pendant quelque tems fur les
gâteaux ; elles defcendent au bas de la Ruche,
elles vont à l'entrée pour jouir de l'air & de
la chaleur ; enfin elles prennent leur effort,
elles fortent au dehors, elles s'envolent, elles
vont apprendre à butiner avec les autres, à
dépouiller les fleurs de leurs pouffieres & de
leur miel. On dit même que dès le premier
jour quelques-unes fans maître, fans inftruction préalable, fans autre apprentiffage que
d'avoir vû les autres travailler pendant quelques momens, rapportent dans la Ruche du
miel & de la cire, & que dès ce jour là elles
fçavent tout ce qu'elles fçauront jamais, elles
fçavent tout le fin du métier, elles en fçavent
autant que les plus vieilles & les plus anciennes. Si cela eft, la réflexion & l'intelligence
n'ont pas beaucoup de part à leurs travaux &
à leur induftrie, puifqu'il leur en coûte fi peu
pour être confommées dans l'art de faire ces
prodiges que nous admirons.

ARISTE. Comment a-t'on pû difcerner
fans équivoque les différens âges des Mouches, celles qui étoient de la derniere ponte,
& celles de l'année précédente ? ont-elles des
marques diftinctives ?

EUDOXE. Il eft très-facile de diftinguer les
Abeilles de l'année courante & celles de l'année précédente. Les premieres font brunes &
ont des poils blancs, & les autres des poils
roux,

roux, & des anneaux moins bruns & plus clairs.
Parmi celles qui se mettent à la suite d'un
essaim, on en remarque de ces deux couleurs
& de toutes les nuances moyennes qui sont
entre deux. On reconnoit encore leur âge par
l'état des aîles qui sont saines & entieres dans
leur jeunesse, & qui dans un âge plus avancé
se frangent & se déchiquetent à force de
servir.

ARISTE. Ce nouveau peuple qui vient de
naître aussi laborieux & aussi industrieux que
le premier, doit considérablement augmenter
l'ouvrage de la Ruche. Vous m'avez dit qu'une
ponte pouvoit produire jusqu'à dix & douze
mille Abeilles. Ce renfort qui double le nombre des ouvrieres doit aussi en peu de tems
remplir la Ruche de provisions.

EUDOXE. Cette nouvelle colonie ne naît
pas dans un même jour, parce que les œufs
n'ont pas étés pondus dans le même jour.
D'ailleurs, la nourriture de cette nombreuse
jeunesse, tandis qu'elle étoit au berceau, a employé le tems des Abeilles, & a consommé les
provisions de la Ruche. Les magasins n'ont
pû se remplir pendant ce tems-là. On n'a pas
même de grands dédommagemens à attendre
de ces nouveaux venus. Ils ne rendent pas de
services fort longs & fort importans. Ils n'é-
closent que les uns après les autres; & quand ils
sont tous sortis de leur enveloppe, ils ne pensent
plus qu'à aller fonder un nouvel établissement.

N

ARISTE. D'où vient cet empreſſement à quitter un ſéjour commode, éprouvé & déja pourvû de bonnes munitions, pour aller tenter un établiſſement expoſé à bien des périls, à bien des traverſes, & qui tout au moins leur coûtera des peines & des ſoins qu'ils pourroient s'épargner ? eſt-ce l'amour de leur liberté qui les domine ? eſt-ce l'eſprit d'indépendance qui les conduit ? eſt-ce l'inconſtance qui les agite & qui les ſéduit ?

EUDOXE. Leur empreſſement à abandonner l'ancienne Ruche n'eſt point l'effet de leur légéreté ou de l'eſprit d'indépendance ni d'aucune vûe réfléchie & raiſonnée. L'impoſſibilité ſeule de reſter enſemble, force les Abeilles à prendre ce parti. Leur grand nombre joint à la chaleur de la ſaiſon produit une chaleur inſupportable dans la Ruche qui les oblige de ſe ſéparer. Si vous placez pendant l'été un certain nombre de perſonnes dans une chambre, elles ſupporteront cette chaleur ſans être incommodées. Doublez ce nombre, elles ſuffoqueront, elles ſeront obligées de changer d'air & de ſortir.

ARISTE. Ce n'eſt donc que dans le tems des chaleurs de l'été que les Abeilles ſont obligées de ſe ſéparer. Je crois cependant vous avoir entendu dire que nous avions un bon nombre d'eſſaims dans le mois de Mai.

EUDOXE. Elles n'attendent pas le tems de la canicule ni des plus brûlantes chaleurs de l'été. Le fort de la ponte est au printems. Or la naissance d'un essaim qui remplit la Ruche, jointe à la chaleur du mois de Mai, suffit pour les obliger à une séparation. Des tems froids & pluvieux, des printems rigoureux retardent souvent leur départ. Les différentes positions, aussi bien que la variété des climats, produisent encore des changemens. Dans cette province comme dans celles qui gardent un milieu entre les deux extrémités, nous avons des essaims depuis le milieu du mois de Mai jusques presqu'à la fin du mois de Juin. Dans des climats plus chauds les essaims sont plus précoces; dans des climats plus froids ils sont plus tardifs. J'ai fait la visite de mes Ruches, j'espere que demain j'aurai un essaim : j'en attends encore quelques autres dans sept à huit jours.

ARISTE. A quels signes reconnoissez-vous que cette bonne fortune va vous arriver?

EUDOXE. Il y a des signes qui indiquent qu'une Ruche essaimera dans quelques jours; il y en a d'autres qui annoncent plus sûrement & plus prochainement un essaim. 1°. Lorsqu'on voit des faux-bourdons & qu'ils font du bruit devant les Ruches & qu'ils sortent sur les deux ou trois heures après midi, c'est une marque que cette Ruche essaimera dans quelques jours. Vous en sçavez déja la raison. Les faux-bourdons ayant été tous massacrés avant l'automne, leur retour annonce une nouvelle ponte, un nouveau peuple, en un mot, un essaim. 2°. On peut encore espérer un essaim dans deux ou trois jours, lorsqu'en levant la Ruche on voit des Abeilles sur la table, ou que la Ruche paroit si pleine de Mouches qu'une partie se tient en tas & qu'elles sont amoncelées les unes sur les autres. 3°. Lorsqu'on entend dès le soir un bourdonnement & des sons clairs & aigus, on peut se préparer à ramasser un essaim dès le lendemain. Mais le signe le moins équivoque & qui annonce un essaim pour le jour même, c'est lorsqu'on voit les Mouches d'une Ruche oisives quoique le tems semble les inviter au travail. Elles ne vont qu'en petit nombre aux champs ce jour-là, elles partent plus matin, elles reviennent de meilleure heure, & elles demeurent chargées de leur récolte contre la Ruche. Enfin lorsque le bourdonnement qu'on a entendu la veille & qui augmente toujours jusqu'à l'heure du départ cesse tout d'un coup, & qu'un profond silence succéde à ce grand tumulte, on peut être assuré que l'essaim va prendre son essort, & dès que les premieres Abeilles seront sorties, les autres suivront en foule, & seront toutes en l'air dans un instant.

ARISTE. A quelle heure du jour faut-il que votre jardinier se trouve ici pour veiller sur vos essaims & pour les ramasser ?

EUDOXE. Les essaims sortent ordinairement depuis dix heures du matin jusqu'à trois heu-

res du soir. Pendant plus d'un mois entier,
c'est-à-dire, depuis la mi-Mai jusqu'après la
mi-Juin, on doit soigneusement veiller sur les
Ruches, examiner soigneusement celles qui
doivent bien-tôt essaimer, parce que les essaims
sont le profit le plus sûr & le plus important
des Ruches, & en même tems celui qui nous
échappe le plus facilement par défaut d'attention & de vigilance. On ne doit pas se repo-
ser de ce soin sur des enfans, sur des jeunes
gens volages, inconstans, étourdis, qui abandonneront vos Ruches pour courir après des
amusemens frivoles, ou qui laisseront perdre
vos essaims malgré leurs précautions qui ne
sont jamais bien sûres & bien exactes. Je ne
confie à personne la garde de mes Ruches à
moins que des affaires indispensables ne m'appellent ailleurs. Je m'en charge moi-même,
je ne dédaigne pas de ramasser un essaim, de
visiter mes Ruches, de pourvoir aux besoins
de mes Abeilles, de retrancher le superflu de
leurs provisions, &c. tout cela fait mon plaisir, mon amusement & mes délices. J'y trouve
tout à la fois un délassement honnête & un
profit légitime qui m'est d'autant moins indifférent que je crois l'avoir mieux mérité. L'ennui peut quelquefois me chasser de la ville,
mais il ne me suit jamais à la campagne, je
partage ici avec plaisir mes momens entre les
soins de l'agriculture & les charmes de la vie
économique. Ces occupations délicieuses ne

me laſſent & ne me dégoûtent jamais.

ARISTE. Il faut que la vie champêtre ait de puiſſans attraits. J'ai reconnu par l'hiſtoire que dans chaque ſiécle à remonter juſqu'à celui des Patriarches, elle a eu les plus grands panégyriſtes, les plus illuſtres ſectateurs & les plus zélés partiſans. Sans affecter des airs de ſçavant & d'érudit, il me ſeroit facile d'accumuler les exemples de tous les âges, de tous les états & de tous les tems ; mais j'ai toujours été vivement & agréablement frappé de celui de l'Empereur Diocletien. Il quitta l'empire pour goûter les douceurs de la campagne & d'une vie privée, & lorſque dans la néceſſité des affaires publiques on vint le preſſer de reprendre les rennes du gouvernement, il répondit à ceux qui l'en prioient : *Vous ne me donneriez pas un pareil conſeil, ſi vous aviez vû le bel ordre des arbres que j'ai moi-même plantés, & les beaux melons que j'ai ſemés.* Je crois que vos Ruches & votre jardin ont à peu-près pour vous les mêmes charmes, & je me ſens très-diſpoſé à joindre mes plaiſirs aux vôtres ſi vous y voulez conſentir. Je veux vous ſuivre dans toutes les opérations qui concernent le gouvernement des Abeilles.

EUDOXE. Je vous conſeille non-ſeulement de me ſuivre de l'œil dans mes opérations, mais encore de mettre vous-même la main à l'œuvre, parce que dans la ſuite ſi vous ne voulez pas prendre ce soin, il faut au moins que vous soyez en état de conduire & de diriger ceux que vous chargerez de la garde de vos Abeilles.

ARISTE. Je me ferai gloire de commencer sous vous mon apprentissage, & de suivre toutes vos instructions. Vous avez un bon nombre d'essaims à espérer qui nous donneront de l'occupation. Si chaque Ruche vous en donne deux, vous allez faire une abondante récolte.

EUDOXE. La multitude des essaims n'est pas précisément ce qu'on doit le plus ambitionner. Une certaine quantité de bons & de forts vous fera plus de profit qu'un grand nombre de petits & de foibles dont on ne tire pas ordinairement bon parti dans l'ancienne méthode.

ARISTE. J'entends cependant assez souvent ceux qui gouvernent des Abeilles jetter les hauts cris lorsque leurs Ruches ne leur donnent que peu d'essaims.

EUDOXE. Il est fâcheux, sans doute, avec un bon nombre de Ruches, de n'avoir que peu ou point d'essaims. Cet inconvénient résulte quelquefois de l'intempérie du printems & de l'été, qui sont dans de certaines années très-défavorables aux Abeilles par des pluyes continuelles, par des froids trop sensibles & de trop longue durée. Il résulte encore plus souvent de la façon dont on a gouverné jusqu'à présent les Abeilles, comme nous aurons

occasion de le remarquer. Mais quoique ce
soit un grand mal de n'avoir point d'essaims,
c'est souvent un très-petit avantage d'en avoir
un trop grand nombre. La raison en est évidente. Vous concevez facilement qu'une Ruche qui vous donne plus de deux essaims, ne
peut vous en donner après que de tardifs &
de foibles, & par conséquent hors d'état de
faire une provision suffisante pour passer l'hyver. Ils ne pourront pas non plus résister aux
impressions d'un grand froid. La Ruche elle-
même qui vous les fournit, s'affoiblit considérablement, & elle court les mêmes risques &
les mêmes dangers que les essaims.

ARISTE. N'auriez-vous pas quelques moyens
pour prévenir ce malheur & pour y remédier
quand il est arrivé?

EUDOXE. Il m'est plus aisé de guérir le mal
que de le prévenir. Je vous ferai voir la maniere dont je marie & je réunis plusieurs petits essaims, & c'est par-là que je guéris le
mal. J'ai quelquefois réussi à le prévenir en
empêchant mes Ruches d'essaimer trop souvent. Mon opération est toute simple. Lorsque
je vois une Ruche forte qui s'épuiseroit par
un troisiéme essaim, ou une médiocre qui se
dégarniroit trop par un second, j'ajoûte une
hausse par le bas à ma Ruche, j'en ajoûte
même successivement deux & trois si la premiere se trouve remplie en peu de tems. Par-
là je donne de l'air à mes Mouches, je les

empêche d'étouffer & souvent d'essaimer. J'avoue cependant que malgré mes précautions certaines Ruches m'ont donné des essaims que je n'attendois pas, & dont même je craignois l'arrivée.

ARISTE. Votre méthode pour empêcher les Ruches d'essaimer me fournit l'idée d'un moyen efficace de faire essaimer celles qui sont trop lentes, trop paresseuses, ou qui n'y sont nullement disposées. Puisque la trop grande chaleur fait essaimer les Ruches, & qu'en leur procurant de l'air on les empêche de donner des essaims, on pourra facilement forcer à essaimer celles qui s'obstinent à garder leurs essaims. Il ne s'agira pendant les grandes chaleurs que de découvrir la Ruche & de l'exposer aux plus brûlantes ardeurs du soleil.

EUDOXE. Cet expédient produiroit un grand mal & ne produiroit aucun bien. Il feroit fondre la cire & le miel, & ne feroit pas essaimer les Abeilles. Quelles pensez-vous que soient les causes qui empêchent les Mouches d'essaimer ? la foiblesse du peuple qui n'est pas assez nombreux, la disette de provisions, l'avortement du couvain, le défaut de reine; or vous ne suppléez à aucuns de ces accidens en découvrant la Ruche, & en l'exposant aux ardeurs du soleil. Vous réussirez peut-être à les faire sortir par un excès de chaleur, vous réussirez même à les faire partir pour toujours,

en augmentant ce dégré de chaleur jusqu'à
le rendre insupportable, mais vous ne parviendrez jamais à vous procurer un essaim. Je ne
connois qu'un moyen sûr & infaillible d'a-
voir des essaims & d'en avoir de bons, c'est
de se procurer chaque année des Ruches bien
fournies de peuple & de provisions pour les
printems suivans; c'est de ne pas laisser dé-
périr vos Abeilles faute de soins, d'attentions,
de nourriture & de remédes; en un mot, c'est
de ne mettre en hyver, pour me servir du
terme de l'art, que des Ruches de bonne espérance. Voilà un moyen efficace, à moins
qu'il ne survienne des accidens imprévûs, de
vous assurer une récolte abondante pour l'année suivante. Demain après que nous aurons
ramassé notre essaim, nous entrerons dans
tout le détail que peut exiger cette importante
matiere.

SEPTIE'ME ENTRETIEN.

Façon de ramasser les essaims. Attentions qu'il faut avoir après cette opération. Façon de marier & de joindre les essaims.

EUDOXE. JE vous trouve de bonne heure en campagne, Ariste, à quoi dois-je attribuer cette diligence & cet empressement?

ARISTE. A l'envie que j'ai de vous voir ramasser votre essaim. J'ai crains que cette importante opération ne se fît en mon absence.

EUDOXE. Il est encore trop matin pour que nous ayons à craindre de n'y pas arriver à tems. Je crois vous avoir dit que communément les Ruches n'essaiment que depuis neuf ou dix heures du matin jusqu'à trois ou quatre heures après midi. Cette régle générale a cependant quelquefois ses exceptions. On a vû des Ruches essaimer presqu'à six heures du matin, & d'autres à cinq heures du soir. La grande chaleur que la saison & une grande multitude d'Abeilles excitent dans une Ruche, peut être augmentée par un soleil d'abord brillant, & presque brûlant jusqu'au point de les forcer à prendre leur parti dans une heure insolite & extraordinaire. Je ne crois pas être exposé aujourd'hui à un événement de cette nature. Mais puisque nous nous trouvons heureusement réunis , je profiterai de la circonstance pour vous mettre au fait des différens outils qui sont nécessaires pour ramasser un essaim.

ARISTE. Si ce qu'on m'a dit est vrai, vous ne faites pas de grands préparatifs. Au moyen de quelques précautions très-simples , mais dont vous êtes jusqu'à présent le seul dépositaire , vos essaims se ramassent eux-mêmes sans le secours de personne.

EUDOXE. On ne vous en a point imposé. Voici ce que je pratiquois. Je plaçois sous la table de la Ruche que j'avois reconnu devoir bientôt essaimer, une autre Ruche vuide composée de trois hausses. Le fond de la hausse du haut de cette derniere Ruche étoit à moitié tiré. J'ôtois le tiroir de la table , & par le moyen de quelques pierres j'exhaussois & j'élevois suffisamment cette Ruche pour la rapprocher entiérement de la table & la faire exactement répondre au trou de cette même table. J'avois même soin de boucher avec du pourjet les intervalles & les jours qui pouvoient se trouver entre la hausse & la table. Ces précautions prises, je n'avois aucune inquiétude sur le sort de mon essaim. Il descendoit de lui-même dans cette demeure que je lui avois préparé. Je le laissois l'espace de six jours dans cette situation pour prendre possesſion de ſon domicile & s'y accoûtumer. Il travailloit à l'ordinaire & il attachoit ſes gâteaux contre la moitié de la planche qui couvroit la hauſſe ſupérieure. Au bout de ce tems je ſéparois avec un fil de fer la Ruche & la table. Je tranſportois mon eſſaim, après avoir recouvert & accommodé ſa Ruche à l'ordinaire, ſur la table qui lui étoit deſtinée. Voilà ce que je faiſois, & c'eſt ce que je ne fais plus. J'ai entiérement renoncé à cette méthode.

ARISTE. Il vous eſt très-permis d'y renoncer. Vous pouvez courir après vos eſſaims, riſquer même à en être dévoré ; mais je vous déclare que je m'en tiens à cette pratique ſimple & facile de les ramaſſer, & que je l'adopte avec plaiſir. Je la trouve charmante, admirable & très-propre à m'épargner des ſoins, des inquiétudes, des piqueures douloureuſes, & même des pertes infaillibles. Aucun de mes eſſaims ne m'échappera, & je ne ſerai pas obligé d'être pendant un mois & plus en ſentinelle pour veiller ſur leur départ, les fixer, les prendre, les ramaſſer, & m'expoſer ſouvent à en être cruellement piqué. En un mot, je trouve cette invention auſſi aſſortie à mes intérêts que favorable à ma pareſſe & à ma poltronnerie.

EUDOXE. J'admire la vivacité avec laquelle vous ſaiſiſſez les différens rapports d'utilité, d'agrément & de tranquillité que préſente cet

expédient, & avec quel zéle vous le prenez
sous votre protection. Il est fâcheux, & il
m'en coûte de vous le dire, que vous ne
puissiez pas vous en servir.

Ariste. Pourquoi, de grace, ne pourrois-
je pas m'en servir? vous êtes-vous réservé la
clef de cette manœuvre? & seriez-vous jaloux
de la conserver pour vous à l'exclusion de
tout autre? je ne vous croirai jamais capable
d'une passion aussi basse & aussi honteuse.

Eudoxe. Vous me rendez justice. Je n'ai
point de réserve, point de secret pour vous;
je n'en aurai même jamais pour personne
quand il s'agira de lui rendre service ou d'être
utile au public; mais il ne dépend pas de moi
de rendre cette méthode générale & univer-
selle. Elle ne m'a réussi que par rapport à
quelques espéces de Mouches qui ne sont pas
les plus communes, c'est-à-dire, les brunes
de bois dont j'avois quelques Ruches pleines.
Les autres n'ont jamais voulu se prêter à mes
vûes, & elles ont constamment suivi leur
usage ancien & ordinaire d'essaimer. J'ai
trouvé enfin la raison de cette diversité d'inclinations & de procédés dans la différence
de leur éducation. Les petites hollandoises
qui sont les plus communes sont naturalisées
parmi nous de tems immémorial. On ne leur
a jamais fourni l'occasion de renouveller &
de suivre leurs coûtumes primitives, & je ne
sçais si jamais elles ont essaimé autrement

qu'aujourd'hui. Il n'est donc pas surprenant qu'elles s'attachent invariablement à la même routine. Mais les brunes de bois ne sont transplantées parmi nous que depuis peu de tems. Elles sont accoûtumées à suivre les branches ou les troncs des arbres creux. Elles essaimoient dans les forêts sans sortir de l'arbre dans lequel elles étoient logées, & sans chercher d'autre habitation que celle qu'elles trouvoient contigue à l'ancienne ; c'est pourquoi on voit souvent cinq ou six pieds d'arbres creux remplis de cire, de miel & de Mouches. La mere & l'essaim ne sont séparés que par un endroit plus étroit que le reste du corps ou de la branche de l'arbre. Il étoit donc tout naturel qu'elles profitassent dans mes Ruches d'un azile qui avoit tant de ressemblance & tant d'analogie avec celui qu'elles trouvoient autrefois dans les bois. Comme cette espéce est plus rare parmi nous, ou que du moins elle se trouve toujours confondue avec d'autres Abeilles, j'ai été obligé de recourir aux moyens ordinaires de ramasser des essaims, ou plûtôt j'en ai inventé de nouveaux.

ARISTE. Ma joye n'a pas été de longue durée. Voilà donc toutes mes espérances évanouies, tous mes projets déconcertés, tous mes desseins renversés ; il faut donc renoncer au métier ou faire bonne provision de fermeté & de courage, m'armer de . . . .

EUDOXE. Vous serez bien dédommagé de

cette prétendue pette par le plaisir de voir
vos Abeilles voltiger en l'air. Un essaim qui
cherche à se placer est un spectacle vraiment
réjouissant. Ses inquiétudes apparentes, les
différentes marches & contremarches de cette
nouvelle colonie qui va tenter fortune, & fonder un établissement, ne peuvent qu'amuser
les spectateurs. Vous n'aurez pas même occasion de faire preuve de courage le jour que
vous ramasserez un essaim. Jamais les Abeilles
ne sont plus dociles & moins redoutables que
dans cette circonstance. Elles se soumettent à
des opérations, à des déplacemens, à des
transports, à des tracasseries même que vous
ne tenteriez pas impunément un autre jour.
Venons maintenant aux préparatifs qu'il faut
faire pour les ramasser dans mes nouvelles
Ruches. Vous avez soin de préparer de bonne
heure des Ruches de trois hausses pour n'être
point pris au dépourvû dans la saison des
essaims. Lorsque vous vous appercevez que le
nouveau peuple sort tout d'un coup avec im-
pétuosité & grand bruit de la mere-Ruche,
il faut vous armer d'un arrosoir de fer-blanc
troué, dans lequel il y a une éponge qu'on y
a introduit par un des bouts qui s'ouvre &
se ferme avec un crampon, *planche* 3. *fig.* 3.
& *figure* 4. *où on le voit par le bout.* Cet arrosoir a huit pouces de long sur six ou sept pouces de circonférence. Vous le trempez dans
l'eau, & vous en jettez sur l'essaim pour l'obliger

ger à se rabbaisser & à se rassembler sur quelque arbre.

ARISTE. Quoi ! vous ne donnez point d'aubade à vos essaims avec des poëles & des chaudrons ? vous êtes bien ennemi de leurs plaisirs. J'ai crû que vous me confieriez la direction du concert de vos Abeilles. Je n'aurois rien oublié pour faire preuve de talens, & pour célébrer leur sortie par un charivari bien cadencé.

EUDOXE. Réservez vos talens pour quelqu'autre occasion où ils puissent paroître avec plus d'éclat & plus d'utilité ; ils seroient ici très-déplacés & très-superflus. L'usage de frapper sur des poëles & des chaudrons pour fixer les essaims quoique très-ancien, n'en est peut-être pas plus raisonnable. On a crû, sans doute, que ce charivari pouvoit les arrêter, parce que les Abeilles craignent beaucoup le tonnerre ou plûtôt la pluye dont il est presque toujours accompagné ou immédiatement suivi. Mais je ne pense pas qu'elles puissent se méprendre ici jusqu'au point de confondre le son des chaudrons avec le bruit du tonnerre. Faites tel tintamarre que vous voudrez dans un jour bien serain, vous ne les verrez point abandonner l'ouvrage qu'elles font en campagne pour retourner à leur habitation. Il est donc beaucoup plus sûr de leur jetter de l'eau qui imite parfaitement la pluye qu'elles redoutent si fort. D'autres leur jettent

des poignées de fable, de gravier ou de terre
pulvérifée qui en retombant fur elles leur paroiffent être des goûtes de pluyes. Mais je
n'ai rien trouvé de plus efficace & de moins
équivoque que de me fervir de l'arrofoir.

A R I S T E. Ne vaudroit-il pas mieux les abandonner à elles-mêmes & à la prudence de leurs
maréchaux des logis ? car je m'imagine qu'elles n'en manquent pas, & que des Mouches
qu'on fuppofe fi induftrieufes, fi prévoyantes
& fi intelligentes, n'abandonnent pas leur domicile fans s'être préalablement affurées une
retraite & un azile.

E U D O X E. Ceux qui fe font plû à nous raconter des merveilles de ces Mouches, ont
prétendu fçavoir qu'avant que l'effaim s'expofe
à fortir de la Ruche, quelques-unes de celles
qui doivent le compofer, vont reconnoître
l'endroit où il leur conviendra de s'établir. Ils
ont donné à la nouvelle reine des maréchaux
des logis qui vont à la découverte, & qui,
fur l'infpection des lieux, déterminent celui
où la colonie doit fe fixer. Mais vous allez
trouver ici une preuve complette du peu d'ha-
bileté de ces prétendus efpions, & de la fim-
plicité des Abeilles qui leur ont confié cette
commiffion ; car rien n'eft moins propre à
faire honneur au génie de ces Mouches que
le choix du lieu dans lequel elles vont fe placer. C'eft ordinairement autour d'une branche
d'arbre qu'elles fe fixent, où expofées aux

vents, à la pluye, au froid & à toute l'intempérie des saisons, elles ne pourroient subsister. Il est vrai que si on n'avoit pas soin de les rabbaisser, elles s'éléveroient considérablement en l'air en sortant de leurs Ruches, elles passeroient les limites du jardin dans lequel elles étoient, & souvent elles iroient plus loin que ne les pourroient suivre les yeux de ceux qui les auroient vû partir, quelquefois même si loin, que les recherches qu'on feroit pour les retrouver, deviendroient inutiles ; mais le lieu qu'elles choisiroient alors ne seroit ni plus commode ni moins exposé à toutes les injures de l'air.

ARISTE. Le lieu qu'elles ont d'abord choisi en sortant n'est peut-être qu'un entrepôt en attendant qu'on ait fait une visite plus exacte des endroits circonvoisins. Si cela est, vous n'en pouvez rien conclure contre leur prudence & leur sagacité.

EUDOXE. Il est facile de vous démontrer que l'endroit où elles se placent d'abord est regardé comme un établissement à demeure. Si on n'en retire les Abeilles qu'au bout de cinq à six heures, on y trouve déja quelque petit gâteau de cire qu'elles y ont fait. Elles s'y regardoient donc comme fixées & établies pour toujours. Je conviens qu'elles n'attendroient peut-être pas plusieurs jours à quitter ce lieu-là d'elles-mêmes ; mais ce ne seroit qu'après avoir appris que la place n'étoit pas

tenable , parce qu'elles y auroient souffert ,
soit trop de chaleur, soit trop de froid, ou
qu'elles y auroient été trop tourmentées par
le vent, la pluye & le mauvais tems; & alors
elles iroient encore se placer aussi mal qu'auparavant, ou elles se disperseroient totalement.
Ce fait me paroit prouver invinciblement que
c'est à tort qu'on leur a attribué tant de prudence, de génie & de prévoyance ; il doit
même en contrebalancer un autre sur lequel
on insiste beaucoup pour en conclure que les
Abeilles, par la force de leur génie, percent
dans les sombres obscurités de l'avenir. Ce
fait est encore un de ceux qui appartiennent
à la sortie des essaims dont nous traitons actuellement. Le voici. Il n'y a point de signe
qui indique plus sûrement qu'il y en a un qui
se dispose à prendre l'essort, que lorsque le
matin à des heures où le soleil brille & où
le tems est favorable au travail, les Abeilles
sortent en petit nombre d'une Ruche dont
elles sortoient en grande quantité les jours
précédens , & qu'elles y rapportent peu de
provisions. Ne paroit-il pas évident , ajoûte-
t'on, que dès le matin toutes les habitantes
de cette Ruche, ou presque toutes sont instruites d'un projet qui ne sera exécuté que
vers midi ou quelques heures après; car pourquoi ces Mouches qui travailloient la veille
avec activité, cessent-elles dès le matin de
faire de l'ouvrage dans une habitation qu'el-

les abandonneront vers midi , fi ce n'eft parce qu'elles fçavent qu'elles la doivent abandonner ? mais je vous le demande à mon
tour , Arifte , pourquoi ces Mouches, qui dès
le matin ont prévû avec certitude le voyage
que leur reine alloit leur faire entreprendre ,
manquent-elles de chercher une habitation
commode , ou au moins d'en choifir une qui
ne foit pas expofée à tant d'inconvéniens ?
pourquoi leur prudence les abandonne-t'elle
tout d'un coup ? n'auroient-elles de l'efprit
que dans l'intérieur de leur Ruche ? le grand
air feroit-il capable de le diffiper & de l'éva-
porer ou de leur faire tourner la tête ? pourquoi encore cette connoiffance de leur fortie
prochaine qu'on leur accorde n'eft-elle pas
commune à toutes les Mouches de la Ruche ?
on convient que quelques-unes fortent ce jour-
là & vont en campagne comme fi elles ignoroient entiérement ce qui doit arriver. Y en
a-t'il parmi elles d'un génie plus clairvoyant ,
plus perçant , plus profond que les autres ?
ou bien y en a-t'il quelques-unes foupçonnées
d'indifcrétion, qui ne méritent pas qu'on leur
confie le fecret d'un projet important qui in-
téreffe tout le corps de la nation ? en faut-il
davantage pour prouver que tout ceci dépend
d'un pur méchanifme , & que la réflexion &
la prudence n'y ont aucune part. Une reine
nouvellement éclofe ou nouvellement fécondée qui defcendra dès le matin dans le bas

de la Ruche & qui aura été apperçue par les Abeilles, suffira peut-être pour en arrêter le plus grand nombre autour d'elle. Si elle prend son essort parce que la chaleur de la Ruche devient insupportable, une partie de cette Ruche se mettra à sa suite, ou cette reine suivra elle-même celles que cette trop grande chaleur aura obligé de sortir. Mais ne nous engageons plus dans une matiere sur laquelle nous ne nous sommes déja que trop étendus. Retournons à ce qui est de pratique pour les essaims.

ARISTE. Puisque vous n'êtes pas aujourd'hui de bonne humeur pour disputer, tenons nous-en à la pratique. Je me contenterai de vous faire les questions qui pourront le plus contribuer à mon instruction. L'essaim étant fixé sur quelque branches d'arbres, comment le ramasser avec vos Ruches?

EUDOXE. Vous avez soin de frotter la Ruche préparée avec des feuilles de grosses féves. Quelques-uns employent de la crême & du miel, d'autres des herbes odoriférantes. Tout cela peut réussir, mais les feuilles de féves ont une odeur que les Abeilles m'ont toujours paru préférer à toute autre. Si votre essaim s'est placé à hauteur d'homme, vous vous contentez de ceindre votre Ruche de la courroye ordinaire. Vous la tenez d'une main & de l'autre vous secouez rudement la branche avec un crochet de fer si vous ne pouvez la saisir avec la main. Il faut sur-tout avoir l'attention de faire entrer le bout de votre essaim le plus avant qu'il vous est possible dans l'intérieur de la Ruche. Si votre essaim est élevé, pour lors vous mettez votre Ruche armée de sa courroye dans une machine de fer que j'ai inventé & que j'appelle bascule. C'est un quarré de fer assez grand pour contenir mes Ruches qui y sont soutenues par deux fils de fer en croix par-dessous. Cette machine fait la bascule. Dûssiez-vous rire de ma comparaison, je ne puis mieux vous la représenter qu'en vous disant qu'elle ressemble à un falot qu'on porte emmanché dans un bâton. *Planch.* 2. *fig.* 2. *fig.* 5. *& fig.* 1. *qui la représente garnie de sa Ruche.* Vous mettez dans le manche de la bascule un bâton proportionné à la hauteur de l'essaim, & pour cela vous en avez deux ou trois de différente grandeur pour tous les événemens. Cette bascule est sur-tout utile & commode en ce que vous présentez toujours en haut la baille ou la bouche de votre Ruche, ce qui vous donne l'aisance de faire entrer aussi avant que vous le désirez l'essaim que vous ramassez, tandis qu'une autre personne donne à la branche de l'arbre deux ou trois secousses vives & fortes pour en détacher promptement l'essaim.

ARISTE. Vous ne seriez donc pas d'avis, comme le conseillent des auteurs de réputation, de faire couper ou scier proprement la branche à laquelle votre essaim se seroit attaché.

EUDOXE. Je me garderai bien de me servir d'un expédient qui ne feroit propre qu'à deshonorer & à dégrader en peu de tems un bon nombre d'arbres précieux, fur-tout quand on a beaucoup de Ruches, & qui d'ailleurs n'eft pas praticable dans bien des circonftances. Si l'effaim etoit fort élevé, il vous feroit très-difficile de couper la branche qu'il a choifi; il feroit même à craindre qu'il n'eut pris la fuite avant que vous n'euffiez fait tous les préparatifs néceffaires, car fouvent il ne faut qu'un coup de foleil un peu trop vif pour le faire décamper. Il pourroit encore arriver qu'en coupant ou en fciant la branche vous le forceriez à s'enfuir par les ébranlemens & les commotions que vous lui feriez effuyer. Il eft donc beaucoup plus aifé, plus fûr & moins difpendieux de fe fervir de la bafcule qui n'expofe à aucun inconvénient, & qui remédie à tous ceux qu'entraînoit néceffairement l'ancienne méthode. Nous voici proche de la Ruche que nous avons reconnu hier devoir effaimer.

ARISTE. J'entends dans cette Ruche un bourdonnement plus fort encore que celui que nous entendîmes hier. Il me paroît que ce peuple eft dans un grand mouvement, & qu'il fe prépare à l'exécution de quelque grand projet.

EUDOXE. Ce bruit extraordinaire que vous entendez ira toujours en augmentant jufqu'au moment du départ. Nous ferons bien-tôt témoins & fpectateurs de l'événement.

ARISTE. Je n'entends plus rien. Peut-être

que la colonie reçoit les derniers ordres, &
que la nouvelle reine harangue la troupe qui
va se mettre sous sa conduite... voilà l'essaim
en l'air. Je cours à l'arrosoir.

EUDOXE. N'épargnez pas l'eau .... Vous
avez parfaitement réussi ; vos coups d'essais
sont des coups de maître. Notre essaim est
placé assez commodément pour pouvoir être
ramassé sans peine & sans embarras. Un bâton de moyenne grandeur nous suffira.

ARISTE. Puisque vous n'êtes pas absolument mécontent de moi & de mon service,
je me charge de secouer la branche de l'arbre
avec le crochet.

EUDOXE. Ne faites rien que je ne vous
avertisse, parce qu'il faut que je fasse entrer
l'essaim dans la Ruche le plus avant qu'il sera
possible. Secouez vivement... ne négligeons
pas de ramasser ces petits pelotons qui sont
aux environs. Il pourroit arriver, quoique ce
cas soit très rare, qu'une petite masse de Mouches qui est quelquefois séparée du gros de
la troupe, renfermeroit la reine sans laquelle
tous nos mouvemens seroient inutiles.

ARISTE. Je crois que nous n'avons rien
fait qui vaille. Je vois encore un bon nombre
de Mouches qui s'obstinent à retourner à la
branche que nous avons secoué.

EUDOXE. Cela ne doit pas vous inquiéter :
nous trouverons le moyen de vaincre leur opiniâtreté. Prenez, si vous le voulez bien, ce

tampon de linge fumant, mettez-le au bout d'un bâton, enfumez tous les endroits où les Abeilles ont été, & vous ne les y verrez plus revenir, elles viendront bien-tôt se rejoindre au gros de la troupe que je tiens dans cette Ruche. Des herbes de mauvaise odeur ou d'odeur peu agréable aux Abeilles, telle que celle de sureau & de rhue, produiroient le même effet ; mais il ne seroit pas si facile d'en frotter une branche élevée que de l'enfumer avec un tampon de linge qui les fait infailliblement décamper. Je vais porter ma Ruche à l'ombre. Remarquez que je la renverse sur un van le plus promptement & le plus doucement qu'il m'est possible. Il n'est plus question à présent que de faire une tente à mes nouvelles habitantes. Je me sers pour cela d'une nappe étendue sur des piquets fichés en terre.

ARISTE. Ces attentions ne font-elles pas de surérogation ? n'êtes-vous pas actuellement assuré que votre essaim ne veut plus abandonner l'azile que vous lui avez présenté ?

EUDOXE. Un coup de soleil trop brillant & trop ardent seroit seul capable de le faire déserter. Il iroit se placer dans un autre endroit où il seroit difficile de le trouver, & peut-être qu'il m'échapperoit pour toujours, c'est pourquoi j'ai grand soin de garantir mes essaims des ardeurs du soleil en leur faisant une tente avec une nappe. Au défaut d'une nappe qu'on n'a pas toujours prête, on peut tout simplement les couvrir de divers branchages chargés de feuilles.

ARISTE. La grande chaleur est-elle l'unique cause qui fasse déserter des essaims qui sont déja logés ?

EUDOXE. Les essaims nouvellement ramassés abandonnent quelquefois leur Ruche, parce que la reine ne se sera pas trouvée dans le massif de Mouches que vous avez fait tomber dans la Ruche ; ou bien parce qu'ils ne trouveront pas leur habitation commode & agréable, soit à raison de sa mauvaise odeur, soit à raison de sa petitesse ou même de sa trop grande capacité. Dans tous ces cas ils sortent de leur Ruche, vont s'attacher de nouveau à d'autres arbres, ou même ils prennent le parti de s'en aller si loin qu'on ne peut ni les suivre ni les retrouver, ou, enfin, ils rentrent dans leur Ruche natale.

ARISTE. Combien de tems laisserez-vous votre essaim sous cette tente ?

EUDOXE. Mon usage particulier est de ne l'y laisser qu'un quart d'heure ou une demi-heure ; je le transporte ensuite doucement sur la table qui lui est destinée.

ARISTE. Cette pratique vous est véritablement propre & particuliere ; car tous ceux qui ont traité du gouvernement des Abeilles, insistent très-fortement sur la nécessité de laisser les essaims dans l'endroit où on les a d'abord mis jusqu'à ce que le soleil soit couché ou prêt de se coucher. Les raisons sur lesquelles ils se fondent me paroissent naturelles & plausibles. Le transport n'est pas si facile dans un tems de chaleur que lorsque la fraîcheur de la nuit a appaisé ou engourdi les Abeilles. On ne risque pas non plus de voir l'essaim prendre une seconde fois son essort, ce que la chaleur qu'il essuyera sur la table, doit presque toujours opérer.

EUDOXE. Je me suis crû autorisé à m'écarter de l'usage ordinaire par un inconvénient auquel j'ai souvent été exposé. Lorsque je laissois mon essaim sur le van jusqu'au soir, tous les autres essaims qui sortoient dans le même jour, ne manquoient pas d'aller se joindre à celui qui étoit à l'ombre, de sorte que dans une année j'ai eu jusqu'à quatre essaims réunis en un jour dans la même Ruche. Quand on a un bon nombre de Ruches il n'est pas rare d'avoir plusieurs essaims dans le même jour, & il n'est rien moins que gracieux de les voir tous confondus ensemble. Il est très-difficile de les séparer & de les partager en différentes Ruches, & si on les laisse ensemble, sur-tout quand ils sont forts, on fait une perte réelle & quelquefois très-considérable. L'embarras de transporter un essaim sur sa table une demi-heure après qu'il a été ramassé, est encore moins grand que de le détacher de la branche & de le porter ensuite à l'ombre. Si les Abeilles se plaisent dans la Ruche qu'on leur a préfenté , elles ne l'abandonneront pas. Si on craint que la trop grande chaleur que l'effaim effuyera fur fa table ne le faffe déferter , on peut facilement lui procurer de l'ombre & le mettre à l'abri des ardeurs du foleil. Au refte je ne prétends affujettir perfonne à mes idées particulieres , & je ne m'oppoferai point à ce que vous laiffiez vos effaims fous leurs tentes jufqu'après le foleil couché. Mais avant que de penfer à transporter notre effaim, nous avons d'autres opérations plus preffantes & plus indifpenfables. Il faut commencer par vifiter la Ruche qui vient d'effaimer.

A R I S T E. Voilà une précaution finguliere , & je n'aurois jamais penfé qu'on dût la prendre le jour qu'une Ruche vient d'effaimer. Je vous avouerai même que je ne me fens pas trop difpofé à rendre une vifite qui doit être fort dangereufe.

E U D O X E. Vous conviendrez bien-tôt de l'importance de cette vifite. Si vous craignez l'aiguillon, muniffez-vous de ce camail où il y a un mafque de gaze ; armez encore vos mains de ces gands qui font prefque à l'épreuve de ces dards que vous redoutez fi fort.

A R I S T E. Tout cet attirail ne fera pas beaucoup d'honneur à mon courage, mais, comme dit M. de la Fontaine, *mieux vaut goujat debout qu'empéreur enterré.* Je réferve ma valeur & mon héroïfme pour des occafions plus glorieufes & plus utiles à ma patrie. D'ailleurs , étant sans inquiétude, je vous suivrai avec plus d'attention, & je retiendrai plus facilement le détail de vos opérations.

EUDOXE. Puisque vous voulez travailler avec moi, passez derriere la Ruche qui vient d'essaimer, ôtez-lui son surtout & vous la pancherez un peu de votre côté, afin que je puisse en examiner l'intérieur.... Changeons de place, venez la voir & l'examiner à votre tour.

ARISTE. Je vois encore un grand nombre d'Abeilles qui couvrent l'ouvrage de cette Ruche. Je ne l'aurois jamais soupçonné d'être encore aussi peuplée après avoir renvoyé un essaim aussi fort que celui que nous venons de ramasser.

EUDOXE. Nous sommes présentement dans le fort de la ponte, ainsi la perte qu'a fait cette Ruche n'a pas dû beaucoup l'affoiblir ; elle sera bien-tôt réparée. Je vais lui mettre une hausse par-dessous. Nous entrerons ensuite tranquillement dans le détail de tout ce qui a rapport aux essaims & aux Ruches qui essaiment.

ARISTE. Avez-vous lieu de craindre que cette Ruche ne vous donne un second essaim, & voudriez-vous déja vous précautionner contre cet affoiblissement en donnant de l'air aux Abeilles, & en leur fournissant un nouveau magasin pour déposer leurs provisions ?

EUDOXE. Forte comme elle est, je ne serois pas trop fâché qu'elle essaimât une seconde fois. Ce n'eſt donc pas préciſément pour prévenir un nouvel eſſaim que je lui donne cette hauſſe. Je vous ai déja dit que par cette précaution j'ai quelquefois réuſſi à empêcher une Ruche d'eſſaimer une ſeconde ou une troſiéme fois ; ce qui le plus ſouvent ne vous procure que des avortons & des meres-Ruches très-affoiblies elles-mêmes par les trop grandes pertes qu'elles ont eſſuyé. Mais je vous avoue ingénuement que cet expédient n'a pas un effet certain & infaillible. Quelquefois contre mon attente & contre mes intérêts, ces mêmes Ruches auſquelles j'avois ajoûté une hauſſe, m'ont donné des eſſaims dont je n'aurois pas fait grand profit ſi je ne les avois marié avec d'autres. Quoiqu'il en ſoit, la hauſſe que je viens de placer ne peut produire aucun mauvais effet. Si elle n'empêche pas la Ruche d'eſſaimer, les Abeilles s'en ſerviront pour travailler en cire neuve. Au bout de quinze jours je la poſerai ſur la tête de la Ruche, & je réunirai à un autre eſſaim celui qu'elle me donnera s'il me paroit trop foible & trop languiſſant.

ARISTE. Mettez-vous généralement & ſans exception une hauſſe vuide ſous chaque Ruche qui vient d'eſſaimer ?

EUDOXE. Si je ne trouve dans une Ruche qui vient d'eſſaimer qu'un petit nombre d'Abeilles ou même une forte garniſon de faux-bourdons, ce qui n'eſt pas rare, ſur-tout quand il est question d'une Ruche qui étoit foible à la fin de l'hyver, ou qui a déja essaimé plusieurs fois, je ne lui donne point de hausse; il n'en résulteroit aucun avantage. Les Abeilles ne sont pas assez nombreuses pour la remplir, elles ne le sont pas même assez pour se précautionner contre la disette & la pauvreté. Mais alors pour obvier à l'entier épuisement & à la perte totale de cette Ruche, je me sers d'un autre expédient. Je prends l'essaim que je viens de ramasser, je le mets à la place de la mere-Ruche, & par le moyen d'un soufflet ordinaire je force les meres-Mouches à regagner la Ruche de l'essaim pour ne former avec lui qu'un seul & même peuple comme elles faisoient un moment auparavant.

ARISTE. Cette opération me fait naître différentes difficultés. Pourquoi vous servezvous du soufflet préférablement au tampon de linge fumant, & pourquoi n'obligez-vous pas plûtôt l'essaim à se réfugier dans la mere-Ruche ? la chose me paroit beaucoup plus naturelle.

EUDOXE. La fumée du linge donneroit une odeur forte & durable aux Abeilles que je force à déménager : cette odeur les feroit donc bien-tôt reconnoître par les autres, c'està-dire par celles qui composent l'essaim. Cellesci les regarderoient infailliblement comme des étrangeres, & elles les recevroient réellement comme telles en les égorgeant sans miséricorde.

séricorde. Venons à votre seconde difficulté. Je ne dois point faire passer l'essaim dans la mere - Ruche, parce que, quand même je réussirois à le faire déloger, je serois encore exposé à le voir s'échapper & s'expatrier une seconde fois de sa Ruche natale. Mais, ce qui est encore plus décisif, c'est que, quoique le plus fort & le plus nombreux, il éprouveroit une résistance de la part des Mouches de la mere - Ruche, qui occasionneroit un combat sanglant & funeste aux deux partis.

ARISTE. Malgré vos intentions pacifiques, je ne vois pas trop bien comment vous pourrez éviter la guerre. L'essaim se trouvant en possession de son domicile, doit massacrer impitoyablement les anciennes Abeilles qui viennent le partager avec lui.

EUDOXE. Je sçais que l'essaim pourra faire main-basse sur la reine de la mere-Ruche, parce qu'ordinairement on n'en souffre qu'une seule dans une Ruche ; mais il y auroit bien plus de carnage, si l'essaim étoit l'aggresseur. La supériorité de ses forces le mettroit en état d'attaquer avec avantage les vieilles Abeilles ; & d'un autre côté, ces Mouches étant au milieu de leurs provisions, se défendroient le plus long-tems & le plus vigoureusement qu'il leur seroit possible. Remarquez, Ariste, que des Abeilles qui ont quelques provisions, sacrifient tout pour s'en assurer la conservation ; étant, comme on dit, sur leur pallier, elles se sentent fortes, & elles traitent en ennemis tous ceux qui se présentent pour pénétrer dans leur Ruche, parce qu'elles les regardent comme des ravisseurs & des brigands. Mais un essaim nouvellement logé, n'est ni si fier, ni si attaché à sa Ruche, parce qu'elle est encore dépourvûe de tout ; il ne risque rien à partager sa maison avec d'autres, parce qu'il n'a rien à perdre. Il ne doit donc pas former une grande opposition à l'arrivée de quelques étrangeres qui viennent se joindre à lui, surtout quand elles n'ont rien qui les fasse reconnoître.

Ariste. Aux bonnes raisons que vous venez de donner je crois qu'on pourroit encore ajoûter qu'il vaut mieux que la reine de la mere-Ruche périsse que celle de l'essaim qui est plus jeune, & qui doit, par conséquent, donner de meilleures espérances. Mais avant d'aller plus loin dites-moi pourquoi vous placez au bout de quinze jours sur la tête de la Ruche la hausse que vous lui aviez ajoûté par le bas. Ne vaudroit-il pas mieux la laisser toujours à la même place ou la mettre d'abord dans le haut ?

Eudoxe. Je la laisse pendant quinze jours dans le bas pour donner le tems aux Abeilles de la fournir de cire neuve. Au bout de ce tems je la place dans le haut, parce qu'il est d'expérience que les Abeilles garnissent toujours de miel le haut de la Ruche.

ARISTE. Vous ne faites peut-être pas attention que par ce déplacement vous perdez le
couvain qui aura été déposé dans cette nouvelle hauſſe comme dans toutes les autres.

EUDOXE. Si la reine y a pondu des œufs
ils écloront également dans le haut de la
Ruche ; les Abeilles les ſoigneront également,
& elles ne rempliront de miel que les cellules
qui ſont deſtinées à le recevoir. Mais avant
que de tranſporter cette nouvelle hauſſe dans
le haut, j'ai ſoin d'examiner ſi la Ruche eſt
trop graſſe ; & ſi je la trouve telle je détache
la hauſſe qui étoit ſur la tête de la Ruche, &
je mets à ſa place celle qui avoit été ajoûtée
par le bas.

ARISTE. Ne perdons point de vûe notre
eſſaim & tout ce qui peut le concerner. Je
ſçais déja que votre uſage particulier eſt de
placer vos eſſaims ſur les tables qui leur ſont
préparées un quart d'heure ou une demi-heure
après qu'ils ont été ramaſſés ; je ſçais encore
que vous avez ſoin de leur choiſir un emplacement le plus éloigné qu'il vous eſt poſſible
de leur mere-Ruche ; mais exigent-ils encore
après cela quelques attentions particulieres ?
celui que nous venons de ramaſſer eſt fort &
robuſte. Je crois qu'il peſe bien neuf ou dix
livres ; ainſi, il peut bien ſe paſſer de nous
& de nos ſoins, & il ſeroit plus qu'inutile de
nous mêler de ſes affaires.

EUDOXE. Les eſſaims de neuf ou dix livres

sont des phénoménes qu'on ne voit que très-rarement, & ils ne sont pas toujours les meilleurs. Ils ont quelquefois un nombre prodigieux de bourdons qu'ils ne peuvent pas détruire, & qui sont cause de leur perte & de leur dépérissement. Les meilleurs essaims sont de six livres, les bons de cinq, & les médiocres de quatre, & les mauvais de tout poids inférieur à celui-là. Ne pensez cependant pas que leur force nous dispense de tout soin, de toute vigilance & de toute attention. On leur en doit dès les premiers jours qui les intéressent spécialement & qui nous intéressent par contre-coup. On leur en doit encore trois semaines & un mois après leur sortie.

ARISTE. Je n'ai pas vû cependant qu'on ait pris jusqu'à présent d'autres précautions que de les placer à demeure, & de les abandonner après cela à leur industrie naturelle & à leur amour pour le travail.

EUDOXE. Leur ardeur pour le travail seroit très-infructueuse & leurs talens très-inutiles s'ils ne pouvoient pas les mettre en usage. Or, c'est ce qui arrive infailliblement lorsque les jours qui suivent immédiatement leur transmigration, sont mauvais, froids, pluvieux & incommodes. Etant alors sans aucune provision ils sont nécessairement exposés à périr de faim & de misere. Il est donc essentiel dans ces momens critiques de leur fournir des vivres jusqu'à ce que le tems leur permette de

pourvoir par eux-mêmes à leur subsistance.
Voilà pour les premiers jours de leur demeure
dans leur nouvelle Ruche. Mais trois semaines
& même quinze jours après il faut les visiter
pour leur donner une nouvelle hausse en cas
qu'ils ayent rempli leur Ruche.

ARISTE. Est-ce pour les empêcher d'essaimer eux-mêmes dans l'année?

EUDOXE. Il leur arrive rarement d'essaimer
dans l'année de leur sortie. Ce n'est donc pas
pour les empêcher d'essaimer que j'ajoûte une
nouvelle hausse au bas de leur Ruche, c'est
uniquement pour les faire travailler, & pour
les empêcher de se livrer à l'indolence & à
l'oisiveté. Si la saison est favorable ils sont
souvent en état de remplir avant la fin de
l'automne deux & même trois hausses que
j'ajoûterai aux anciennes.

ARISTE. Si vos essaims ne travaillent pas,
on ne pourra certainement pas vous imputer
leur paresse & leur inaction. Mais, dites-moi,
je vous prie, quel parti prenez-vous quand
plusieurs essaims se présentent le même jour,
& se trouvent en l'air à la même heure?

EUDOXE. Si ce sont des premiers essaims,
qui sont ordinairement plus forts & qui mé-
riteroient d'être logés séparément, je fais mon
possible pour les empêcher de se joindre & de
se réunir sur la même branche; mais, si malgré
mes peines & des arrosemens abondans ils se
mêlent & se confondent les uns avec les au-

tres, je les place dans une seule & même Ruche.

ARISTE. Ne vous seroit-il pas possible & même plus avantageux de les séparer & de les mettre dans des Ruches différentes ?

EUDOXE. Je sçais qu'on parvient quelquefois à les partager dans différentes Ruches en partageant à peu-près le massif des Abeilles par moirié ; mais ce partage ne réussit que fort rarement. Il faut d'abord supposer que vous parviendrez à donner une reine à chaque Ruche & à chaque essaim , sans quoi toutes vos peines seroient perdues, parce que jamais vous ne fixerez dans une Ruche des Abeilles qui n'ont point de mere à leur tête. Or, il est très-difficile dans un amas confus de Mouches, qui ne permet pas de rien distinguer, de faire cette distribution de reines, & d'en donner une à chaque essaim. Vous risquez beaucoup moins en les réunissant tous ensemble pour en former une bonne Ruche, que de les partager pour en perdre peut-être la plus grande partie. D'ailleurs, vous êtes assuré qu'ils auront facilement la paix ensemble, & vous ne les verrez presque jamais chercher à se détruire mutuellement.

ARISTE. Quelque bonne intelligence que vous supposiez devoir régner entre eux par la suite, il est toujours très-vraisemblable qu'elle sera achetée aux dépens de la vie des reines surabondantes qui se trouveront dans la Ruche.

EUDOXE. Il arrive quelquefois , quoique

rarement, que des essaims réunis ensemble le jour de leur sortie, s'accordent entre eux jusqu'au point de ne commettre aucun acte d'hostilité, & de ne faire aucune exécution sanglante. Ils se partagent la Ruche, ils conservent chacun leur reine, bâtissent chacun de leur côté, & pour ainsi dire, dos à dos, en tirant une ligne de séparation qui divise l'ouvrage & les ouvrieres. Ce sont alors deux familles, qui, quoique séparées d'intérêt, conservent entre elles une union, une paix, une concorde que rien n'est capable d'altérer. Mais quoiqu'il soit rare de voir deux peuples habiter paisiblement la même Ruche, il n'y a que peu ou point d'inconvénient à perdre une ou plusieurs des reines qui conduisoient les essaims, & il est toujours plus avantageux de marier les essaims de bonne heure, & dès les premiers jours de leur sortie. Il ne vous sera pas difficile d'en deviner la raison.

ARISTE. Vous me l'avez donné vous même il n'y a qu'un instant. Un essaim qui est déja fixé dans son domicile & qui l'a pourvû de quelques provisions, a plus de peine & plus de répugnance à recevoir un nouvel hôte qu'un autre essaim qui arrive ou qui n'est que depuis peu de tems dans sa Ruche. Le premier regarde un étranger qu'on veut lui associer plûtôt comme un ennemi qui vient envahir ses richesses, que comme un compagnon de fortune qui vient partager avec lui ses travaux.

Mais comment faites-vous ces mariages & ces réunions, soit les premiers jours, soit dans des tems postérieurs, & quand croyez-vous ces alliances nécessaires?

EUDOXE. Pour répondre à votre premiere question, je vais vous expliquer la maniere dont je couple & je marie mes essaims. Lorsqu'il s'en présente un que je veux réunir à un autre qui est déja dans sa Ruche, je reçois le nouveau venu dans une Ruche de paille qui n'a point de croisée ni de bâtons en travers, afin que l'essaim ne puisse pas s'attacher & s'accrocher à ces appuis. Le soir & toujours le plus tard qu'il est possible, je prends une personne avec moi qui leve la Ruche de bois. Je tiens en même-tems la Ruche de paille par la poignée, je la frappe violemment sur la table où étoit l'autre Ruche. Je détache toutes les Abeilles par des secousses réitérées, & on les couvre aussi-tôt avec la Ruche de bois, en prenant la précaution de placer quatre petites pierres pour appuyer & élever la Ruche qui écraseroit sans cela les Mouches qui sont répandues sur la table. Je force ensuite les Abeilles dispersées à regagner la Ruche par quelques coups de soufflet, ou bien j'enfume les Abeilles des deux Ruches, je les engourdis par une fumée qui ne peut pas leur nuire. Elles passent la nuit ensemble sans bruit, sans tumulte & sans querelle. Le lendemain elles sont, pour ainsi dire, appri-

voisées & familiarisées ensemble ; & tout le
mal qu'il en résultera, ce sera de trouver le
matin ou les jours suivans une des deux reines
morte & transportée hors de la Ruche. En
préférant la nuit au jour pour faire cette opération vous voyez que j'y trouve mon compte
& celui de mes fermieres. Je ne suis presque
point exposé aux coups d'aiguillon à raison
de la fraîcheur de la nuit & de l'engourdissement des Abeilles. Elles ne sont point exposées elles-mêmes à s'effaroucher, à s'irriter,
à se disperser & à se perdre. Ayant d'ailleurs
vêcu une nuit ensemble elles se regardent le
lendemain comme citoyennes du même état,
& elles réunissent leurs travaux & leurs efforts
pour concourir à frais communs au bien de
la république.

ARISTE. Ces alliances me paroissent bien
entendues & bien ménagées, mais elles ne
sont praticables qu'autant que vous employez
une Ruche de paille, ce qui ne vous est pas
possible dans tous les tems, par exemple, lorsque vous voulez marier deux essaims dans le
mois d'Octobre, comme vous m'avez dit que
vous le tentiez quelquefois.

EUDOXE. Quoiqu'il soit plus aisé de détacher les Abeilles les premiers jours de leur
habitation dans une Ruche, parce qu'elles ne
sont pas encore bien cramponées, & qu'elles
ne peuvent pas se cacher dans les gâteaux,
cependant je les marie sans beaucoup de diffi-

culté avec mes Ruches de bois dans tous les cas
où je juge cette opération nécessaire. Je suis
la même méthode, je prends les mêmes précautions, & en y employant un peu plus de tems
je suis également assuré du succès. Cette opération est même en quelque façon plus facile
avec mes Ruches au mois d'Octobre. Quand j'en
ai deux que je veux réunir, je me contente de
leur ôter à chacune une hausse par le bas. Je
leve ensuite les planches de celle sur laquelle je
veux poser l'autre. Après l'avoir posé, je les enfume toutes deux en leur donnant deux coups
du tampon fumant pour les empêcher de s'égorger mutuellement. Me voilà tout naturellement
parvenu à la seconde question que vous m'avez
faite, qui regarde les circonstances dans lesquelles ces mariages sont utiles ou indispensables. Quand une Ruche quoique peuplée
& robuste a donné deux essaims, il est rare
que le troisiéme & les suivans soient assez
forts pour mériter un logement séparé ; alors
je marie & je réunis deux & même trois essaims de cette qualité, quoiqu'ils arrivent successivement & même dans des tems assez éloignés les uns des autres. De même quand une
Ruche ordinaire a donné un bon essaim, je
n'augure pas bien de ceux qu'elle pourroit
encore donner par la suite, je prends donc
le parti de les réunir à d'autres de la même
espéce. Enfin, les essaims trop tardifs qui
viennent dans le mois de Juillet ne pourroient

pas, s'ils étoient seuls, faire des provisions suffisantes pour passer l'hyver ; je les joins à d'autres qui sont déja établis & qui sont occupés à travailler. Il est donc important de suivre constamment & persévéramment vos Abeilles dans cette saison, de tenir un compte exact de vos Ruches, de connoître leurs forces & leur situation, de distinguer les différens essaims qu'elles vous ont donnés, & de marquer ceux qui ne sont logés que dans l'attente de quelques autres que vous espérez, afin de pouvoir vous régler sur toutes ces connoissances, & prendre en conséquence les arrangemens convenables. J'aurai soin, en vous apprenant la maniere de gouverner les Abeilles dans tous les mois de l'année, de vous spécifier & de vous désigner avec précision les tems & les occasions dans lesquelles ces réunions sont nécessaires, même entre des Ruches qui sont à l'entrée de l'hyver, ou qui ont déja échappé à ses rigueurs. Les premiers essaims sont communément ceux qui ont le moins besoin d'être réunis à d'autres.

ARISTE. Les premiers essaims doivent toujours être les meilleurs, parce qu'ils ont tout le tems de se fortifier, de se pourvoir & de se précautionner contre l'avenir.

EUDOXE. Je conviens que toutes choses d'ailleurs égales, un essaim du mois de Mai vaudra mieux qu'un essaim du mois de Juin, parce qu'il aura plus de tems pour ramasser des vivres. Ses provisions seront même de meilleure qualité à cause de la fraîcheur des fleurs & de la facilité qu'auront les Abeilles de recueillir ce qui leur convient. Il peut cependant arriver & il arrive même dans de certaines années, qu'un essaim du mois de Mai sera inférieur à un autre du mois de Juin, parce que le premier aura essuyé pendant des semaines entieres des tems froids & fâcheux, qui non-seulement l'auront empêché de faire la recolte ordinaire, mais qui auront peut-être considérablement diminué le nombre des Abeilles qui le composoient.

ARISTE. Cette mortalité d'Abeilles ne me paroît pas beaucoup à craindre dans le mois de Mai qui n'est pas assez froid & assez rigoureux pour les faire périr dans leur Ruche.

EUDOXE. Il est vrai que le froid ne les feroit peut-être pas périr dans leur Ruche; (ce que je ne voudrois cependant pas garantir, à cause que la Ruche étant dénuée de toute provision, se trouve trop spacieuse pour pouvoir être réchauffée;) mais ces jeunes Abeilles étant sans provisions, risqueront une sortie prématurée par un moment de beau tems dont elles voudront profiter. Affoiblies par la disette & engourdies par le froid qu'elles ont souffert dans leur Ruche, elles ne résisteront pas à un tems encore plus froid qui les surprendra en campagne, & qui succédera quelquefois immédiatement à cet intervalle lucide qui les avoit engagé à sortir. Elles essuyeront donc des pertes qui les affoibliront jusqu'au point de ne plus former qu'une très-mauvaise Ruche. L'essaim du mois de Juin ayant eu un tems très-favorable le mettra à profit, & formera une Ruche de bonne espérance pour l'année suivante. Le beau tems est donc essentiel aux essaims dans les premiers jours dans leur habitation dans une nouvelle Ruche. S'il est favorable, l'essaim fait souvent plus de cire dans les quinze premiers jours qu'il n'en fait dans tout le reste de l'année. Les Abeilles dans ces commencemens d'établissement travaillent avec une activité admirable & une ardeur infatigable. Quelquefois en moins de vingt-quatre heures elles font des gâteaux de plus de vingt pouces de long sur sept à huit de large. On a vû quelquefois des Ruches plus d'à moitié remplies de cire en quatre à cinq jours.

ARISTE. Si cela est, il y a un moyen fort facile de tirer un grand profit des Abeilles, & de les forcer à nous fournir beaucoup de cire en peu de tems. Il n'y aura qu'à les faire déloger tous les quinze jours. Par cet expédient une seule Ruche à qui vous aurez fait faire six ou sept changemens de demeure dans l'espace de quatre mois, vous donnera plus de cire que six autres ne vous en donnent ordinairement.

EUDOXE. Vous ne réussiriez par là qu'à faire périr en peu de tems toutes vos Ruches

les mieux peuplées. En voici la raison. Pour
que vos Abeilles puissent travailler & fournir
à la récolte des provisions, il faut que le
nombre des ouvrieres qui périssent journellement, soit remplacé par d'autres auxquelles
la mere donne naissance ; or, si vous ôtiez si
fréquemment à une Ruche tous ses gâteaux
de cire, vous ôteriez en même-tems les œufs
& le couvain qui doivent l'entretenir aussi
peuplée qu'elle l'est, & même la rendre plus
peuplée. Il faut donc bien se garder de les
faire changer de Ruche par l'appas d'un plus
grand gain ; vous détruiriez bien-tôt entiérement la Ruche la mieux fournie & la plus
vigoureuse. Il faut se contenter de leur donner des hausses, qui en leur fournissant une
nouvelle place à remplir, ne font aucun tort
aux œufs & au couvain. Puisque nous en
sommes sur leur ardeur pour le travail, nous
pourrons, à notre premiere entrevûe, nous
entretenir de leurs travaux dans le dehors, &
sur-tout de la récolte de la cire dont vous
souhaitez si fort de voir la quantité augmentée.

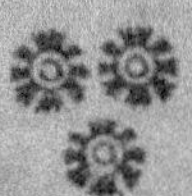

HUITIE'ME ENTRETIEN.

Travaux des Abeilles dans le dehors. Récolte de la Propolis. Origine & récolte de la cire.

ARISTE. SÉrions - nous aujourd'hui plus diligens & plus éveillés que les Abeilles ? je crois que nous nous sommes mis en campagne avant qu'aucune d'entre elles ait songé à sortir de sa Ruche.

EUDOXE. Vous faites peu d'honneur à leur ardeur pour le travail. Je suis persuadé qu'elles nous ont prévenu, & qu'elles ont déja fait plusieurs voyages utiles & avantageux à leur république. Dans de certains tems leurs travaux sont continuels & non interrompus. Dans les mois d'Avril & de Mai dès le grand matin, presque dès l'aurore elles sont en campagne. Il n'y a point alors de tems à perdre. C'est la saison la plus favorable à leur récolte, parce que c'est dans ces mois que les fleurs sont plus tendres & plus faciles à dépouiller. Il est vrai que lorsqu'il fait plus chaud, dans les mois de Juin, Juillet, &c. c'est sur-tout le matin jusques vers les dix heures qu'elles font leur grande moisson. Elles rentrent dans leur Ruche pour y passer le milieu du jour.

ARISTE. Ressembleroient - elles aux habi-

rans de certains climats plus chauds que le
nôtre, de l'Italie, par exemple, qui font pé-
riodiquement chaque jour la méridienne pendant les grandes chaleurs qu'ils ne peuvent
supporter ? ou bien feroient-elles par besoin
ce que font parmi nous des hommes trop
voluptueux qui se livrent à un sommeil anti-
cipé pendant le milieu du jour ?

EUDOXE. Il n'est pas probable qu'elles
craignent les chaleurs pour elles-mêmes ; ce
n'est pas même qu'elles ne trouvassent sur les
fleurs des plantes, lorsque la chaleur du soleil
se fait le plus sentir, autant de poussieres
qu'elles y en trouvent plus matin ; ces poussieres doivent même être plus aisées à détacher
lorsqu'il fait plus chaud ; c'est plûtôt parce
qu'il est plus difficile de pelotonner, de lier
ensemble, & de réunir en une même masse
les poussieres des fleurs. Elles sont plus propres à faire corps les unes avec les autres,
quand elles sont encore humectées par la rosée de la nuit, ou par la liqueur qu'elles y
ont laissé transpirer. Aussi celles qui rencontrent
des plantes aquatiques qui sont toujours humides travaillent-elles à toute heure. Il y a même
des tems critiques où elles tâchent de surmonter
tout obstacle ; c'est lorsqu'un essaim est nouvellement fixé dans une Ruche. Il faut alors nécessairement construire des gâteaux. Pour cela elles
travaillent continuellement ; elles iroient jusqu'à une lieue pour avoir une pelotte de cire.

ARISTE.

ARISTE. Je n'ai pas de peine à croire qu'elles travaillent sans relâche & sans interruption dans un commencement d'établissement. La nécessité est la mere de l'industrie. Il s'agit alors du logement & de la nourriture. Il faut garnir une maison qui est également dépourvûe de provisions & de magasins pour les renfermer. En un mot, il faut construire des gâteaux, & les remplir de miel.

EUDOXE. A ces deux grandes occupations vous pouvez en joindre une troisiéme qui est même la premiere dans l'ordre des tems, parce qu'elle remplit les premiers momens des Abeilles qui arrivent dans une Ruche, c'est la recolte de la propolis.

ARISTE. Je me souviens de vous avoir déja entendu parler de cette propolis, mais vous ne m'en avez dit que très-peu de chose.

EUDOXE. Ce que j'ai à vous en dire aujourd'hui ne sera pas non plus fort étendu, mais ce peu suffira pour vous la faire connoître & vous en apprendre l'usage & l'utilité. Cette propolis est une résine ou gomme tenace & gluante de couleur brune ou noirâtre, quelquefois même d'un brun rougeâtre. On ne sçait pas encore bien précisément sur quelles plantes les Abeilles la ramassent. On croit communément que c'est sur les peupliers, sur les bouleaux, sur les saules, les ifs & les sapins. Celle qu'on trouve dans les différentes Ruches offre des variétés par rap-

port à la couleur & à l'odeur. Elle répand
aſſez ſouvent une odeur agréable quand elle
eſt échauffée ; il n'eſt pas même extraordinaire
d'en trouver qui a une odeur aromatique qui
ne ſçauroit manquer de plaire , & il y en a
qui ſembleroit mériter d'être miſe au rang des
parfums. Les Abeilles ne lui donnent point
de préparation , & elles l'employent telle qu'elles l'ont trouvée. Elles étendent cette réſine
avec leurs jambes , & elles s'en ſervent pour
boucher & condamner tous les trous & toutes
les ouvertures de leur demeure. Elles ſe pré-
cautionnent par ce moyen contre le froid ,
l'humidité & les vents-coulis. Elles parviennent même à ſe défendre des inſectes qui
pourroient pénétrer par les crevaſſes & les fentes de la Ruche.

ARISTE. Cette réſine , qui eſt probablement molle , puiſque les Abeilles l'étendent
avec leurs jambes , ne doit pas former un
obſtacle bien difficile à vaincre , à des ennemis
avides de butin , & pourvûs de bons inſtrumens.

EUDOXE. Quoique cette gomme ſoit molle ,
& qu'elle s'étende aiſément , elle prend cependant de jour en jour plus de conſiſtance , devient beaucoup plus dure que la cire , &
acquiert enfin aſſez de ténacité pour réſiſter
aux premiers efforts de certains ennemis du
dehors. Elle eſt au reſte ſi gluante & ſi tenace ,
que les Abeilles ne la ramaſſent & ne s'en

dépouillent qu'avec beaucoup de peine ; & c'est pour en débarrasser celles qui l'apportent de la campagne, que les Abeilles du dedans tiraillent la pourvoyeuse dans tous les sens & avec tant de violence, que vous compâtissez à la situation de celle qu'elles détroussent, à qui on diroit qu'elles vont arracher les membres & les entrailles. Ce n'est gueres que dans les premiers tems où elles sont établies dans une Ruche, qu'elles vont à la recolte de cette matiere qu'elles employent à mastiquer, ou lorsque dans la suite il se fait quelque trou dans leur domicile. On dit qu'elles choisissent pour cette occupation le soir préférablement au matin, & qu'elles employent la propolis la nuit comme le jour. Venons à la recolte de la cire, cette matiere aussi intéressante pour nous que pour les Abeilles.

ARISTE. J'ai déja quelques légeres connoissances sur la cire. J'en attends de vous de plus claires & de plus étendues.

EUDOXE. Il y a deux sortes de cire. La cire brute, qu'on devroit plûtôt appeller matiere à cire, & la cire proprement dite & préparée. La cire brute est précisément cette poussiere colorée qui s'attache aux doigts de ceux qui pressent les filets qui sont au fond des calices des fleurs ; ou pour me servir des termes usités, c'est la poussiere que les Abeilles ramassent sur les étamines des fleurs. Rien n'est plus ordinaire que de voir une Abeille fur une fleur, & de lui voir le corps tout poudré d'une pouffiere qu'elle ne peut avoir prife que fur cette fleur : les obfervations même les plus groffieres peuvent apprendre quelles font les parties de la fleur qui ont pû couvrir ainfi l'Abeille de pouffiere. Des obfervations encore affez aifées à faire, & qui ont été faites mille fois, démontrent que cette même poudre dont on a vû une Abeille couverte, eft la matiere à cire. Sans avoir jamais étudié les fleurs en phyficien, on a vû cent & cent fois dans celle d'un lys des filets jaunes, dans celle d'une tulipe des filets bruns ; & on fçait que les premiers laiffent fur les doigts une poudre jaune, & les autres une poudre brune. En langage de botanifte, ces filets font des étamines, & leurs poudres les pouffieres des étamines.

ARISTE. Mon embarras eft de fçavoir comment l'Abeille peut ramaffer les pouffieres qui font répandues fur les filets des fleurs.

EUDOXE. Une Abeille qui entre dans une fleur bien épanouie, & dont les étamines font chargées de pouffieres qui y tiennent peu, ne fçauroit manquer de faire frotter diverfes parties de fon corps contre ces pouffieres ; & loin d'en éviter le voifinage & le frottement, elle le cherche apparemment ; c'eft alors que les poils dont elle eft hériffée, lui font d'un grand ufage. Les pouffieres qui glifferoient & qui tomberoient aifément, fi elles ne tou-

choient que des parties auſſi liſſes qu'une
écaille luiſante, ſont arrêtées dans ces forêts de
poils, dont le corcelet, les jambes & pluſieurs endroits du corps de l'Abeille ſont chargés. Chaque poil vû au microſcope, reſſem-
ble à une tige de plante, à qui des feuilles
ſont attachées de deux côtés oppoſés, du
haut en bas. Une portion d'une écaille de la
Mouche, garnie de poils, ſemble au microſcope un gaſon bien fourni de jolies mouſſes.
Ces poils ſont pour les Abeilles, ce que les
toiſons ſont pour ceux qui ramaſſent les
paillettes d'or des rivieres. L'Abeille devient
toute poudrée, aſſez ordinairement d'une
poudre jaune, quelquefois d'une poudre rouge,
& d'autres fois d'une poudre d'un blanc jaunâtre, & cela ſelon que ſont colorées les
pouſſieres des étamines de la fleur dans
laquelle elle a fait ſa recolte. Vous en voyez
ſouvent qui lorſqu'elles retournent à leur
Ruche, ont les poils ſi chargés d'une poudre
colorée, qu'elles en ſont méconnoiſſables.
Dans le tems que les fleurs des arbres ſont
encore peu développées & ne fourniſſent pas
à une recolte aiſée & abondante, l'Abeille
tâte avec ſes dents la capſule dans laquelle
ces pouſſieres ſont renfermées. Si elle la trouve
bien conditionnée & bien préparée, elle la
preſſe avec ſes deux dents comme avec une
pince. Elle oblige par cette preſſion la capſule
à s'ouvrir & à lui donner les pouſſieres qui

n'en étoient pas encore sorties. Elle prend alors ces pouſſieres avec ſes deux premieres jambes, elles les donne enſuite aux deux ſuivantes qui les portent aux deux dernieres. Lorſque l'Abeille n'a pas été obligée de preſſer les capſules pour faire ſortir les pouſſieres qui y ſont renfermées, & qu'elle a fait ſa recolte en couvrant ſes poils de ces pouſſieres précieuſes, elle les ramaſſe ſur ſon corps en fort peu de tems. Je vous ai dit que l'avant derniere partie de chacune de ſes jambes eſt faite en broſſe. Elle paſſe ſur ſon corps les unes ou les autres de ces broſſes, & toutes ordinairement les unes après les autres. Les broſſes retiennent un peu humides les pouſſieres qu'elles ont enlevées. L'Abeille les raſſemble enſuite & les réunit en deux petits tas. L'auteur de la nature qui a pourvû à tout, a ménagé une cavité dans la face extérieure de la troiſiéme des parties de chaque jambe de la derniere paire. Cette cavité eſt bordée de gros poils, au moyen deſquels elle eſt une eſpéce de corbeille propre à conſerver ce qui lui eſt confié. C'eſt dans cette cavité que les jambes de la ſeconde paire portent les étamines, qu'elles y en font un petit tas, une maſſe ſolide, en les preſſant les unes contre les autres. L'Abeille paſſe d'une fleur à une autre pour y continuer ſa recolte, pour groſſir les deux petits amas de cire brute; elle parvient à rendre celui de chacune de ſes deux jambes, égal à un grain de poivre & d'une figure un peu plus applatie. Assez chargée de ces deux petites pelotes, elle part alors & les porte à la Ruche. Quelquefois elle les avale avant de rentrer, mais le plus souvent elle les rapporte à la Ruche, & les remet à d'autres ouvrieres qui les avalent pour les préparer. Enfin, la cire brute est aussi déposée dans les alvéoles. L'Abeille qui arrive chargée entre dans une cellule, détache avec l'extrémité de ses jambes du milieu les deux petites pelottes qui tiennent aux jambes du derriere, & les fait tomber au fond de l'alvéole. Si cette Mouche quitte alors l'alvéole, il en vient une autre qui met les deux pelottes en une seule masse qu'elle étend au fond de la cellule qui se trouve peu à peu remplie de cire brute. Voilà tout ce qui regarde la cire brute.

ARISTE. J'ai été charmé de vous voir rapprocher toutes ces manipulations & toutes ces différentes opérations de l'Abeille, rélatives à la recolte de la cire. Une seule chose me fait peine, c'est que vous supposez comme une vérité incontestable que ces poussieres des fleurs exigent & supposent une grande préparation pour devenir de la vraye cire. Cela auroit besoin d'être prouvé. Y auroit-il de la témérité & de l'extravagance à supposer que les Abeilles trouvent sur les plantes la cire toute faite, comme elles y trouvent de la gomme & de la résine, ou tout au moins

qu'elles ne se mettent pas beaucoup en frais
pour convertir cette matiere en cire veritable ?

EUDOXE. Il me sera facile de vous démontrer d'abord que ces boules de cire que les
Abeilles ont ramassé, ne sont pas actuellement
de la cire , & qu'elles ne sont que la matiere
propre à la faire. M. de Reaumur a fait une
infinité d'expériences très - convaincantes sur
cette matiere à cire que vous pourrez aisément
répéter. Je me contenterai de vous en indiquer quelques-unes des plus faciles. Puisque
vous n'êtes pas assez aguéri pour oser prendre avec la main , ni peut-être pour saisir
avec une pince, des Abeilles qui rentrent dans
leur Ruche, chargées de leurs deux pelottes ,
vous n'avez qu'à tenir à la main un petit bâton frotté de glu. Dès qu'une Abeille se sera
posée sur le devant de la Ruche ou qu'elle
y marchera, vous vous en rendez aussi-tôt
maître si vous la touchez avec le petit bâton.
Vous lui ôterez ses deux boules , si elle les a
encore , & si elle les a laissé tomber sur le
devant de la Ruche, ce qui arrive assez souvent en pareil cas , vous les y ramasserez.
Quand vous vous serez fourni ainsi d'un bon
nombre de pelottes de cire brute , il vous
sera facile de faire les expériences propres à
montrer qu'elles ne sont point encore de la
cire. Essayez d'abord avec vos doigts de pétrir & d'amollir ces petites pelottes , & sur-
tout de les réduire en une lame platte. Vous

parviendrez à les froisser, à les broyer, mais jamais vous ne parviendrez à en faire de la cire ou quelque chose d'approchant, vous ne réussirez pas même à les ramollir. Le microscope vous montrera encore après tous vos efforts que les grains qui composent la petite masse ont conservé leur nature & leur figure. Mettez une petite pelotte dans une cuilliere d'argent que vous poserez sur de la cendre chaude ou un charbon un peu ardent. Si la petite boule étoit de cire, dans un instant elle deviendroit coulante, au lieu que la petite boule de cire brute ne change point de figure; elle jette de la fumée, elle se dessèche & se réduit en charbon. Cette matiere éprouvée à l'eau comme éprouvée au feu vous paroîtra encore différente de la cire. Si on en jette dans l'eau, même de celle qui aura été bien desséchée & bien dépouillée de toute humidité, elle tombera & restera au fond, au lieu que de la cire remonteroit & resteroit à la surface. Enfin, la couleur des rayons démontre sensiblement que la matiere à cire demande une préparation. Ils font tous d'une blancheur éclatante en sortant des mains de nos ouvrieres; ils devroient cependant participer aux différentes couleurs des poussieres des fleurs, si ces poussieres étoient de la vraye cire.

ARISTE. Je vous dispense de toute autre preuve. Il est incontestable que la cire brute

exige une préparation. Mais quelle est cette
préparation? est-elle si difficile & si propre
aux Abeilles que nous ne puissions pas la donner nous-mêmes? Je vais vous faire part d'un
projet qui me passe par la tête dont vous porterez tel jugement que vous voudrez. Rien
de plus intéressant pour nous que la cire &
l'abondance de la cire. Ce seroit donc rendre
un service réel au public que de trouver les
moyens de convertir les poussieres des fleurs en
vraye cire sans le secours des Abeilles; or la chose
ne me paroît pas impossible. J'ai . . . .

EUDOXE. Pour remplir votre projet il faut
deux choses. Premiérement ramasser les poussieres des fleurs indépendamment des Abeilles,
secondement changer encore sans elles ces
poussieres en véritable cire. Pour avoir part
à la bonne œuvre que vous projettez, je veux
la partager avec vous. Je vais vous indiquer
les moyens qu'on pourroit employer pour ramasser la grande quantité de poussieres que
les Abeilles laissent sur les étamines des fleurs;
vous me fournirez ensuite la recette de la préparation qu'il leur faudra donner pour en faire
de la cire. Ne trouveroit-on pas moyen de
mettre les enfans de la campagne en état de
faire cette recolte? la culture du safran est
chere, & on n'est point effrayé par la peine
de couper les filets de ses fleurs. En l'Isle de
Candie, on fait la recolte du ladanum avec
des fouets de cuir, des lanieres dont on fouette

dans la saison convenable, & pendant la plus grande chaleur du jour, les arbrisseaux qui fournissent cette gomme résineuse. Il seroit peut-être moins long qu'on ne se l'imagine de ramasser beaucoup de poussieres d'étamines, avec de gros pinceaux ou même avec des peaux qu'on feroit passer sur les fleurs dont une prairie est émaillée; ou sur celles d'un champ de bled noir : il y a des arbres & des arbustes qui pourroient en fournir beaucoup. On entrevoit donc des moyens de parvenir à faire à peu de frais, des recoltes de poussieres d'étamines; au moins ne semble-t'il pas qu'on dût en désespérer. Il ne s'agira que de trouver les moyens de convertir ces poussieres en cire, & c'est ce dont vous êtes chargé & que vous allez exécuter sur le champ.

ARISTE. Quoique vous paroissiez regarder ma tâche comme la plus difficile, je crois qu'il y a un moyen assez simple de convertir la cire brute en véritable. Je me fonde sur les produits de deux expériences que j'ai lû dans les éphémérides des curieux de la nature. M. Daniel Major y apprend ce qui lui est arrivé pendant qu'il faisoit piler des roses à cent feuilles pour en composer de la conserve. Après que les feuilles eurent été pilées dans un mortier de pierre avec un pilon de bois, on trouva un petit morceau de cire blanche du poids de deux à trois grains, attaché au pilon. Il croit qu'on ne peut soupçonner que la cire vînt d'ailleurs que des rofes, parce que le mortier & le pilon avoient été bien nettoyés. Il ajoûte que ce fait lui eft encore arrivé une autre fois, & qu'il fut remarqué par un étudiant qui piloit les rofes. Vous devez maintenant avouer que mes expédiens & mes moyens font pour le moins auffi fimples & auffi faciles que les vôtres. Un mortier, un pilon & des feuilles de fleurs ne font pas des chofes difficiles à trouver.

EUDOXE. S'il étoit bien certain que cette cire n'eût pas été mife toute faite dans le mortier par quelque accident, s'il étoit bien certain qu'elle fe fût formée fous les coups de pilon, il paroîtroit que le fuc des feuilles de rofes auroit transformé en cire les pouffieres des étamines de ces fleurs, pendant qu'elles étoient broyées par les coups de pilon. Cette expérience eft fimple, je l'ai faite, & M. de Reaumur l'a faite avant moi. J'ai pilé huit à dix pelottes de cire brute avec des feuilles de rofes ; mais les pelottes ne font point devenues pour cela de véritable cire. On a multiplié les expériences à l'infini, on a employé l'eau, l'efprit de vin, l'efprit de térébenthine, on n'a rien négligé pour parvenir à convertir la cire brute en cire naturelle ; tout a échoué, tout a été inutile. On s'eft dégoûté enfin de pourfuivre les expériences infructueufes, dès qu'on a connu qu'il ne fuffifoit pas aux Abeilles de pétrir la cire brute entre leurs jambes après l'avoir humectée de quelque liqueur. C'est dans le corps même des Abeilles que la cire brute doit être travaillée ; c'est-là qu'est le laboratoire qui prépare les poussieres des fleurs, & qui leur donne le dégré de cuisson nécessaire pour les transformer en vraye cire. Or, dès qu'on sçait le lieu où se fait cette opération, on est bien autorisé à croire qu'il ne nous est pas plus aisé de parvenir à faire de vraye cire avec les étamines des fleurs, qu'il nous l'est de faire du chyle ou du sang avec les différentes substances, soit animales, soit végétales, avec lesquelles notre estomach & nos intestins en font journellement. Si vous étiez tenté de douter que c'est dans leur estomach que les Abeilles façonnent la cire, je n'aurois qu'à recourir à l'essaim que nous avons ramassé hier. Avant le soir, quoiqu'aucune Abeille n'eût encore pris son essort, il y avoit déja de l'ouvrage fait, un rayon commencé, de la vraye cire employée. Cette cire étoit ou dans les jambes des Abeilles ou dans leur estomach. Elles ne pouvoient pas avoir leurs jambes garnies des dépouilles des fleurs, puisque, comme nous avons remarqué, elles ne sortent presque point, le jour qu'elles doivent essaimer, pour aller aux champs.

ARISTE. Nous avons en même-tems remarqué que des Abeilles qui viennent du dehors, se joignent à l'essaim qui va chercher fortune. Ces Abeilles ont pû rapporter de la cire brute dans leurs jàmbes. Que fçait-on même fi les Abeilles qui font forties de la Ruche ne fe font pas pourvûes & nanties de cette provifion pour leur voyage ?

Eudoxe. Cette précaution feroit un peu trop réfléchie pour qu'on puiffe férieufement leur en faire honneur. Celles qui font venues du dehors & qui fe font réunies à l'effaim, n'étoient pas en affez grand nombre, & n'avoient certainement pas affez de cire brute pour former l'étendue du rayon qu'elles conf-truifent quelquefois en moins de quatre ou cinq heures. Mais pour vous ôter tout fcru-pule, faites déloger brufquement, & dès le grand matin toutes les Abeilles d'une Ruche. Faites-les paffer dans une nouvelle. Si elles s'y fixent, vous verrez dès le foir du même jour qu'elles auront déja formé ou commencé un rayon de cire. Vous ne pouvez appliquer ici aucune de vos réflexions. Vous ne fuppo-ferez pas qu'elles fe font prémunies contre un accident auffi imprévû que celui qu'elles ont effuyé. Vous ne direz pas non plus qu'elles ont reçu dans le paffage d'une Ruche à l'autre le fecours & la réunion de quelques compa-gnes qui euffent été à la recolte dans le de-hors. La cire qu'elles ont employé étoit donc dans leur intérieur & dans leur eftomach.

Ariste. Si vous ne les vifitez que le foir, votre preuve ne me paroît pas bien forte &

bien concluante. N'auront-elles pas pû sortir pendant la journée pour aller chercher de la cire en campagne ?

EUDOXE. Je suppose que pas une d'entre elles n'est sortie pendant toute la journée, comme cela est arrivé, & comme cela arrivera toujours lorsqu'il pleuvera pendant toute la journée. Malgré cela vous trouverez dès le soir du même jour des gâteaux de cire commencés, quelquefois même déja fort avancés. Pour achever de vous convaincre, prenez une Abeille, ouvrez-la avec précaution ; vous trouverez dans son estomach ces poussieres des fleurs dont les unes seront déja changées & altérées, & les autres auront conservé leur figure & presque toutes leurs qualités. D'ailleurs des observateurs aussi patiens qu'habiles & attentifs leur ont vû partager & avaler la provision des pelottes qu'une autre Abeille venoit d'apporter du dehors. Rappellez-vous encore ce que je vous ai dit en parlant de la construction de leurs alvéoles, qu'on leur a vû dégorger une matiere mousseuse semblable à de la bouillie blanche qu'elles employoient sensiblement, & qui par son emploi augmentoit visiblement l'ouvrage.

ARISTE. En voilà plus qu'il n'en faut pour convaincre le plus opiniâtre & le plus incrédule. Mais je vous ai entendu avancer quelque chose de plus fort & de plus incroyable encore. Vous m'avez dit autrefois que les

Abeilles se nourrissent de cire comme de miel ; vous seroit-il possible de m'en donner de bonnes preuves ?

EUDOXE. Il y a long-tems qu'on a pensé que les Abeilles ne vivoient pas seulement de miel, qu'elles mangeoient encore la cire brute. Ce sentiment a été presque généralement reçû par ceux qui ont eu beaucoup de ces Mouches dans la vûe de profiter du fruit de leurs travaux. Aussi dans divers pays , comme la Hollande , la Flandre, le Brabant , &c. la cire brute est-elle appellée le pain des Abeilles. On n'y regarde le miel que comme une boisson qui est encore plus propre à détremper la nourriture des Abeilles qu'à les soutenir par elle-même. Je pourrois encore avec raison m'autoriser de l'opinion de plusieurs illustres naturalistes, qui croyent que le mêlange de ces deux matieres est nécessaire pour que les digestions des Abeilles soient bonnes & louables. Ils ajoûtent que ces insectes sont attaqués d'une maladie qu'on appelle dévoyement, lorsqu'elles sont obligées de vivre uniquement de miel, & qu'elles ont épuisé toute leur provision de cire brute. Cela paroît d'autant plus vraisemblable que le meilleur reméde qu'on ait employé jusqu'à présent contre cette terrible maladie, c'est de leur présenter un gâteau tiré d'une autre Ruche dont les alvéoles soient garnis de cire brute , parce que c'est cet aliment dont la disette a causé la maladie. Tout

cela

cela donne à cette opinion un grand dégré de vraisemblance & de probabilité.

ARISTE. Vous n'allez donc pas plus loin que la vraisemblance & la probabilité. Souffrirez-vous que je vous ravisse la gloire d'avoir découvert une démonstration qui fait toucher au doigt & à l'œil, que non-seulement les Abeilles mangent de la cire brute, mais encore qu'elles en sont de terribles mangeuses, & qu'elles en font une consommation de plus de cent livres par an ?

EUDOXE. Non-seulement je le souffrirai, mais je vous remercierai encore de très-bon cœur d'une découverte aussi curieuse si vous voulez la partager avec moi en me la communiquant.

ARISTE. Je vous la dois, pour ainsi dire, à titre de restitution. C'est un vol que je vous ai fait en feuilletant les mémoires que vous lisez. Je me suis attaché à la bien retenir ; je vais vous la donner presque telle que je l'ai lû. Je la soumets ensuite à votre examen & à votre critique. On a d'abord calculé combien dans une bonne Ruche, par exemple, de dix-huit mille Abeilles, ces Mouches faisoient de voyages à la campagne pendant une journée pour en rapporter de la cire brute. Le nombre des voyages a donné celui des pelottes de cire, & le nombre des pelottes celui de leur poids total, duquel déduisant ce qu'elles employent à faire de la vraye cire, le

R

refte a dû être regardé comme la quantité confommée pour la nourriture. Par des expériences réïtérées, on s'eft affuré que dans une Ruche compofée de dix-huit mille Abeilles, elles faifoient chacune quatre ou cinq voyages par jour.

EUDOXE. Je voudrois d'abord fçavoir comment on a pû faire cette expérience ; car il eft bien difficile de compter les voyages d'un peuple nombreux, vif & fémillant, qui fort & qui rentre à chaque inftant.

ARISTE. Pour parvenir à connoître le nombre de leurs voyages, au lieu de compter le nombre de celles qui fortent, on a compté le nombre de celles qui rentrent dans la Ruche, ce qui eft plus facile & revient au même. On a donc compté à différentes heures du jour & dans différentes Ruches plus ou moins peuplées, le nombre de celles qui rentroient pendant un certain nombre de minutes. Le nombre n'étoit pas toujours exactement le même. On a vû rentrer dans telle Ruche cent Mouches par minute, tantôt plus, tantôt moins, de forte qu'on a été autorifé à prendre ce nombre de cent pour un terme moyen. Il y a foixante minutes dans une heure. Si donc cent Mouches fortent pendant chaque minute, il en fort fix mille par heure. Les Abeilles fortent quelquefois dans les grands jours dès les quatre heures du matin jufqu'à fept ou huit heures du foir, ce qui fait quinze ou feize heures. Mais comme il y a des momens où ces forties ne font pas fi vives & fi fréquentes que dans d'autres, on n'a compté le nombre des forties que pendant quatorze heures ; or, fi fix mille Mouches fortent toutes les heures, il en doit fortir quatrevingt - quatre mille pendant quatorze heures. Cependant la Ruche fur laquelle on a fait ce calcul n'étoit compofée que de dix-huit mille Abeilles, par conféquent le nombre de quatrevingt - quatre mille qui étoient rentrées, n'a pu être rempli qu'en fuppofant que chaque Abeille étoit au moins fortie quatre fois dans la journée, & quelques-unes cinq fois pour aller à la provifion. Voilà donc quatrevingt-quatre mille voyages qui rapportent quatrevingt - quatre mille pelottes de cire. On pourroit doubler le nombre des pelottes, puifque chaque Abeille en porte deux ; mais pour ne pas s'expofer au reproche de l'excès, on a mieux aimé réduire le tout à moitié. Les pelottes de cire pefées avec exactitude, on a reconnu qu'il en falloit huit pour faire le poids d'un grain. En divifant quatrevingt-quatre mille par huit, on a donc le poids des grains de cire brute qui font apportées dans une journée dans l'intérieur de la Ruche. Ce poids eft de dix mille cinq cens grains. Or, la livre n'eft compofée que de neuf mille deux cens feize grains ; ainfi la recolte de cire brute faite dans une feule journée péfe plus d'une livre. Il y a dans une année plufieurs jours d'une auffi grande recolte. Il y en a fouvent quinze à feize de fuite, foit vers la mi-Mai, foit vers le commencement de Juin. Enfin dans les jours moins favorables, les Abeilles ne laiffent pas de rapporter encore de la cire brute dans la Ruche. Pendant fept à huit mois confécutifs que les Abeilles fortent, elles doivent ramaffer plus de cent livres de cette matiere, & peut-être beaucoup plus. Cependant fi on tire au bout d'une année la cire d'une Ruche femblable, on n'y trouvera peut-être pas deux livres de vraye cire. D'où il fuit que les Abeilles ne convertiffent en vraye cire qu'une affez petite portion de la cire brute, que la plus grande partie de cette cire fert à les nourrir, & que le refte fort de leur corps fur la forme d'excrémens.

EUDOXE. Cette démonftration eft affurément très-ingénieufe, & ne peut que faire beaucoup d'honneur à l'efprit humain qui eft parvenu à foumettre au calcul des matieres qui en paroiffoient fi peu fufceptibles. Elle me paroît fi belle que je me ferois fcrupule d'y toucher, & de tenter de l'affoiblir par quelque réflexion bonne ou mauvaife.

ARISTE. Tout fcrupule à part, qu'en penfez-vous? point de grace, point de ménagement. Si vous la trouvez foible & peu concluante, faites-en voir les défauts.

EUDOXE. Je vous avouerai franchement
que cette démonstration quoique très-spiri-
tuelle ne contenteroit peut-être pas pleinement quelqu'un plus difficultueux que moi.
Premiérement, il y a beaucoup à rabattre du
nombre de quinze ou seize heures pendant
lesquelles on suppose qu'elles travaillent dans
une journée quelque belle & quelque longue
qu'elle puisse être. Il n'y a que trois mois dans
l'année, c'est-à-dire, Juin, Juillet & Août
pendant lesquels elles puissent sortir depuis
quatre heures du matin jusqu'à sept ou huit
heures du soir. Or, il est constant, & les
auteurs même de votre démonstration avoue-
ront que pendant ces trois mois les Abeilles
ne ramassent de la cire que jusqu'à dix heures du matin, qu'elles passent le tems de la
grande chaleur dans leur Ruche, que si on
en voit quelques-unes revenir avec des pelottes, le nombre en est très-petit en comparaison de celui des Mouches qui n'en rapportent point. En un mot, pendant les grands
jours elles ne travaillent presque que le matin
à la recolte de la cire, à moins qu'il ne s'a-
gisse d'un nouvel établissement, qui n'est pas
le cas de la démonstration. Pendant les mois
de Mai & de Juin leurs voyages ne peuvent
pas non plus les enrichir d'une grande quantité de cire brute destinée à leur nourriture.
C'est dans ces mois qu'elles bâtissent en cire
neuve, & qu'elles sont occupées à fournir la

Ruche de provisions, à nourrir le couvain, &
à pourvoir à la subsistance du nouveau peuple
qui éclot chaque jour. Pendant les mois
d'Août, de Septembre & d'Octobre, à moins
qu'on ne les fasse changer de canton, elles
ne trouvent pas communément de grandes
moissons à faire sur les fleurs. Tout ce qu'elles
peuvent faire c'est de gagner leur vie, & d'augmenter un peu leurs provisions pour l'hyver.
Remarquez encore que pendant la plûpart de
ces mois, c'est-à-dire, pendant les mois d'A-
vril, Mai, Septembre & Octobre les mati-
nées & les soirées sont communément trop
froides pour ces insectes délicats, & ne leur
permettent pas de sortir de bon matin & de
travailler jusqu'à la nuit. Secondement, sur
quel principe destine-t'on uniquement les quatre ou cinq voyages qu'elles font par jour à
la recolte de la cire brute ? ne feroient-elles
donc aucun voyage pour ramasser du miel ?
cependant la provision du miel leur tient aussi
à cœur que celle de la cire, c'est même celle
qui augmente le plus visiblement le poids
d'une Ruche. Dans le tems que le suc des
fleurs est épanché sur les feuilles on voit les
Abeilles uniquement occupées à ramasser le
miel, & les Ruches dans ce tems sont au
bout d'un jour beaucoup plus pesantes qu'elles
ne l'étoient le jour précédent. Troisièmement,
quand on accorderoit que les Abeilles d'une
Ruche ramassent cent livres de cire brute par

an, en pourroit-on conclure qu'elles en font une grande dépenfe pour leur nourriture? cent livres de cire brute ne fuffifent peut-être pas pour faire quatre livres de véritable cire. Sçait-on combien de vraye cire elles peuvent extraire d'une grande quantité de matiere à cire? d'ailleurs il eft d'expérience que la fortune fe mêle affez fouvent de leurs affaires, que tantôt elles font heureufes, tantôt malheureufes. Elles ne trouvent pas toujours ce qu'elles cherchent, & elles font fouvent obligées de faire des voyages fort éloignés, & dans ce cas elles ne peuvent pas à beaucoup près fortir un fi grand nombre de fois dans une journée. Enfin, fi pendant fix mois de leurs grandes forties, elles ramaffent une fi grande quantité de cire brute pour leur nourriture, la Ruche devroit être beaucoup plus pefante au bout de deux beaux mois de récolte, puifqu'elle auroit vingt-cinq livres de cire de plus. Or, fi on déduit le miel, les Mouches & la cire en gâteaux, on ne trouvera jamais une Ruche de cette péfanteur. On fuppofera peut-être qu'elles font friandes de cire brute, & qu'elles la dépenfent journellement. Mais cette fuppofition n'eft-elle pas purement gratuite. Je les crois dans tous les tems plus friandes de miel que de cire brute. Si vous leur offrez, même en été, du miel & de la cire brute, elles fe jetteront fur le miel, elles n'en laifferont pas une feule goute,

& elles vous abandonneront la cire brute qu'elles ne daigneront pas seulement regarder.

Ariste. Cette démonstration ne doit pas être examinée à la grande rigueur. Elle prouve seulement son objet d'une maniere assez plausible. On n'a pas prétendu la donner comme une démonstration mathématique. Vous voyez qu'en bornant le nombre des pelottes à une par voyage, on a diminué de beaucoup le nombre des livres qu'on auroit pû compter. Cela peut faire une compensation de ce que vous pourriez déduire sur le nombre des heures & des jours de recolte. Je ne serois pas surpris qu'elles fissent une plus grande dépense de cire brute en été qu'en hyver. Dans les tems de travaux & de fatigues elles ont plus besoin d'une nourriture solide que dans un tems d'oisiveté & d'inaction. Dès-lors il ne doit pas être étonnant que leurs Ruches ne soient pas beaucoup plus pesantes à raison de sa provision de la ciré brute qu'elles consomment journellement : le miel qu'elles recueillent ne suffiroit peut-être pas tout seul pour leur subsistance, parce qu'il en faut une grande quantité pour les faux-bourdons qui ne prennent point d'autre nourriture.

Eudoxe. Nous regarderons donc comme une chose très-vraisemblable que les Abeilles se servent de cire brute pour leur nourriture, mais il est très-certain qu'elles la façonnent dans leur estomach, & que la cire brute a be-

foin d'une préparation. Tout cela nous conduit
à conclure une chofe que je vous ai dit autrefois fans la prouver, que les Abeilles ont
deux eftomachs, l'un dans lequel elles préparent la cire & l'autre qui renferme le miel.
Ces deux eftomachs font très-diftingués l'un
de l'autre. Pour fe convaincre de cette diftinction vous n'avez qu'à faire la diffection
d'une Abeille, & vous en verrez aifément la
différence. Nous nous fommes aujourd'hui
fuffifamment étendus fur la cire pour la connoître & pour remplir le tems ordinaire de
nos féances, demain nous nous entretiendrons
de l'origine & de la recolte du miel; nous
y joindrons l'aiguillon & les piqueures des
Abeilles que vous craignez pour le moins autant que vous aimez leurs provifions.

NEUVIEME ENTRETIEN.

Origine & recolte du miel. Piqueures des Abeilles. Combats des Abeilles.

ARISTE. NOus allons donc nous entretenir aujourd'hui de cette rosée céleste, de ce nectar, de cette ambrosie que les Abeilles recherchent avec tant d'ardeur & tant d'empressement.

EUDOXE. Ces termes & ces expressions ont plus de pompe & d'emphase que de corps & de réalité. Le miel est une provision aussi délicate en elle-même que précieuse pour les Abeilles, mais il n'est point une rosée céleste, un présent du ciel en ce sens que ce soit un écoulement de l'air. Le miel est un suc qui provient des plantes & des fleurs.

ARISTE. Faites-vous attention, Eudoxe, que vous combattez ici une opinion très-accréditée & presque généralement reçue par tout le monde. Je crains pour le coup que vous n'ayez à faire à trop forte partie. Vos ennemis sont en trop grand nombre, & leurs prétentions appuyées sur trop de faits & d'expériences, pour que vous puissiez vous flatter de gagner votre procès.

EUDOXE. Vous me faites presque peur. Voyons donc en quoi je suis si singulier,

ſi déraiſonnable & ſi fort aſſuré de ma con-
damnation.

ARISTE. Voici ce que j'ai toujours entendu
dire ſur l'origine du miel, non-ſeulement par
le peuple, mais encore par des perſonnes dont
vous reſpecteriez l'autorité, les lumieres &
les déciſions. Le miel eſt un écoulement de
l'air ou une eſpéce de roſée gluante qui tombe du ciel ſur la fin de l'été, un peu devant
& pendant la canicule. Cette roſée s'arrête
ſur les fleurs & ſur les plantes. Les feuilles
qui ſont dentelées, cannelées & raboteuſes
comme les feuilles de prunier & de chêne,
d'orme & de tilleul, en retiennent beaucoup
d'avantage & d'une maniere bien plus ſenſible, mais le ſoleil venant à paroître la coa-
gule & l'épaiſſit ; au lieu que la miellée qui
tombe ſur les fleurs les pénetre & s'y conſerve beaucoup mieux & plus long-tems. Cette
miellée tombe quelquefois en ſi grande abondance que les payſans la recueillent dans les
forêts ſur les feuilles de quelques arbres, principalement du chêne & de l'érable. Ces feuilles
en ſont toutes luiſantes & toutes éclatantes.
Cette roſée céleſte eſt quelquefois blanche
comme de la manne de calabre, & prend la
forme d'une larme. Il eſt encore d'expérience
que les épis de bled rougiſſent & ſont en
grand danger dans le tems des fortes miellées.
L'abondance de cette roſée eſt ſouvent nuiſi-
ble aux Abeilles, parce qu'elle les rend pe-

santes, pareffeufes, & leur fait négliger la recolte des poullieres des fleurs pour en compofer de la cire & en garnir leur Ruche. Voilà
ce qu'une expérience générale & univerfelle,
ce que des obfervations qui remontent jufqu'aux premiers âges nous ont appris fur l'o-
rigine du miel. Avez-vous quelque chofe à
oppofer à tant de faits & à tant de témoignages?

Eudoxe. Voilà ce que le peuple a raconté
jufqu'à préfent fur l'origine du miel ; mais
voici ce que des obfervations très-fures faites
par les meilleurs auteurs nous en ont appris.
On a conftamment remarqué que rien n'eft
plus contraire au miel que la pluye & la rofée. Lorfqu'elles fe mêlent dans la liqueur
que les Abeilles vont chercher dans les calices
des fleurs elles la corrompent, & le miel qui
en eft compofé eft d'une qualité bien inférieure à celui qui n'a point fouffert ce mêlange & cette mixtion. Le miel eft un fuc
de la terre qui fortant par la tranfpiration
des plantes & des fleurs, s'amaffe au fond des
calices ou fur les feuilles, & s'y épaiffit enfuite ;
ou fi vous voulez, c'eft une féve digérée &
affinée dans les caneaux des plantes, un écoulement qui s'échappe & qui tranfude par leurs
pores & s'épaiffit fur les fleurs.

Ariste. Vous y allez d'un ton bien affir-
matif. N'y a-t'il rien à rabattre de cette dé-
cifion, ou tout au moins n'y auroit-il pas

moyen de concilier les deux opinions, & de
ménager entre elles une espéce d'accommodement ?

EUDOXE. La fonction de médiateur est
difficile & épineuse, je ne me flatte pas de
la remplir au gré des deux parties. Essayons
cependant de les rapprocher & de les amener
à une espéce d'accommodement. On peut &
on doit accorder aux partisans de la miellée
que dans de certains tems on remarque sur
les feuilles des arbres un écoulement sensible
& un épanchement considérable d'une liqueur
qui s'épaissit au soleil, que les Abeilles recueillent avec soin, qu'elles enlevent avec empressement. Il est encore vrai que certaines plantes, certains arbres par préférence retiennent
plus visiblement cette liqueur épanchée & répandue sur leurs feuilles. On leur permettra
encore volontiers de donner le nom de miellée
à cette liqueur épanchée, parce que le nom
qu'on lui donnera est fort indifférent & ne
peut pas faire la matiere d'un procès ; mais
ils doivent convenir à leur tour que cette liqueur ne provient que du suc & de la séve
de la plante qui dans des tems de chaleurs
éprouve peut-être une plus grande fermentation qui la fait monter sur les feuilles, & qui
la rend sensible le matin avant que le soleil
l'ait desséché ou endurci. En un mot, ils
doivent avouer que la rosée par elle-même
n'est qu'une vapeur humide qui peut augmen-

ter le volume & la quantité de la liqueur
miellée en se confondant avec elle , mais
qu'elle n'a aucune ressemblance , aucune analogie avec le véritable miel.

ARISTE. Voilà un bon début d'accommodement. Pour le consommer & le conduire
à sa perfection , il faudroit encore répondre
aux observations des défenseurs de la miellée.
D'où vient cette abondance de miellée dans
de certains jours & sur de certaines feuilles ?
d'où vient qu'elle n'est pas si abondante sur
les fleurs que sur les feuilles de quelques arbres ? d'où vient enfin que cette miellée est
si nuisible & si préjudiciable aux épis de bled
dans de certaines années ?

EUDOXE. Si cet épanchement de liqueur
miellée paroît quelquefois beaucoup plus abon-
dant , c'est qu'il s'est mêlé avec la rosée ou
une petite pluye. Quoique ce mélange ôte au
miel une grande partie de ses bonnes qualités , il conserve cependant un goût sucré &
savoureux , qui approche encore beaucoup de
celui du miel pur & naturel. C'est dans ces
circonstances que les paysans léchent avec tant
de plaisir les feuilles qui l'ont conservé. C'est
encore alors que les Abeilles sont si empressées
à recueillir cette liqueur , parce qu'il leur est
beaucoup plus aisé d'en ramasser une bonne
provision en très-peu de tems ; mais ce qui
prouve que ce miel n'est pas naturel & qu'il
a été altéré , c'est l'engourdissement, la paresse,

& quelquefois le dévoyement dont les Abeilles font attaquées après cette recolte, maladies
qui font caufées par l'altération d'une liqueur
qui ne peut pas être aufli faine & aufli falu-
taire que celle qu'elles trouvent dans le fond
des calices des fleurs, la rofée n'ayant pas
pû pénétrer avec tant de facilité & d'abondance dans les fleurs que fur des feuilles qui
font à découvert & expofées à toutes les im-
preflions du dehors. De certaines feuilles plus
raboteufes & plus dentelées ou moins expofées aux premiers rayons du foleil, doivent
retenir une plus grande quantité de cette liqueur que d'autres qui étant liffes & unies la
laifferont écouler ou emporter par la rofée.
La nielle que quelques-uns appellent miélat
n'eft point l'effet de la prétendue miellée.
Elle fe déclare après une pluye extrémement
menue & fuivie d'un foleil brûlant, ou elle
paroît encore après quelques brouillards épais
& malfaifans dans le milieu de l'été. Les goû-
teletes de cette pluye ou de ce brouillard s'ar-
rêtant fur les épis de bled lorfqu'ils font en
lait & hors de fleurs, les gâtent & les brûlent, fur-tout quand le foleil paroît & vient
à darder fur ces plantes. Ces goûtelettes deviennent alors autant de petits verres ardens,
qui brûlent, creufent & noirciffent le tuyau
en autant de points. Tout cela, vous le voyez,
n'a aucun rapport avec la miellée, fur le compte
de laquelle on ne peut pas mettre ce malheur
fans une injuftice criante.

Ariste. Je suis content & satisfait. Je signerai quand vous voudrez le traité de paix pour ma part & portion.

Eudoxe. Puisque vous êtes de si bonne composition, je vais continuer à vous apprendre, d'après de bonnes observations, la façon dont les Abeilles recueillent le miel. Lorsqu'une Abeille entre dans une fleur qui, près de son fond, a de ces glandes ou réservoirs destinés à contenir une liqueur miellée, & qui en ont été bien remplis, elle peut trouver de cette liqueur épanchée sur différentes parties de la fleur, c'est-à-dire, qu'elle peut y trouver celle qui a transpiré au travers des membranes des cellules dans lesquelles elle étoit renfermée. Le fond d'une fleur peut ainsi être enduit d'une espéce de miel ou de sucre, comme les feuilles de ces arbres dont nous venons de parler. La trompe, dont je vous ai déja fait une autrefois une courte description, est l'instrument avec lequel l'Abeille recueille cette liqueur. On n'est pas long-tems à voir avec quelle activité & quelle adresse elle en fait usage ; si on observe la Mouche qui, après s'être posée sur une fleur bien épanouie, a avancé vers l'intérieur, bientôt on peut appercevoir qu'elle allonge le bout de sa trompe, qu'elle l'applique contre les feuilles de la fleur, tout près de leur origine. Alors le bout de la trompe est dans une action continuelle, il se donne successi-

vement

vement une infinité de mouvemens différens ; il se racourcit, il se rallonge ensuite : il se contourne, il se courbe pour s'appliquer sur toutes les parties. Pour connoître sûrement à quoi tendent tant de mouvemens si prompts & si variés, & quel effet ils produisent, enfermez quelques Abeilles dans un tube de verre dans lequel vous ayez mis par-ci par-là quelques gouttes de miel. En pareil cas elles oublieront presque sur le champ qu'elles sont prisonnieres. Vous ne tarderez pas à en voir d'aussi près qu'il est possible, qui succeront ou plûtôt qui lapperont le miel ; en peu de tems elles auront nettoyé le tube avec leur trompe. Cet instrument doit être regardé comme une seconde langue velue par le moyen de laquelle l'Abeille force la liqueur à entrer dans son gosier, & à passer ensuite dans son estomach.

ARISTE. Les Abeilles trouvent-elles toujours cette liqueur préparée & prête à être ramassée ?

EUDOXE. Il est vraisemblable que quand elles ne trouvent pas une provision suffisante de miel épanché, elles employent leurs dents, comme elles s'en servent lorsque les sommets des étamines tiennent encore renfermées les poussieres qu'elles cherchent. Elles peuvent bien alors avec leurs dents ouvrir les vessies qui ont la liqueur miellée. Elles sçavent s'en servir quand il s'agit de hacher du papier qui couvre du miel ; pourquoi ne s'en serviroient-elles pas quand il s'agit de déchirer des vesfies pleines de miel ou d'une liqueur propre à devenir miel.

Ariste. Cette liqueur n'est donc pas du miel tout formé ? a-t'elle besoin de quelque préparation ?

Eudoxe. Les Abeilles ne donnent point d'autre préparation au miel, que de le cuire, le façonner & l'épurer dans leur estomach. Il se perfectionne sans doute dans ce laboratoire; au moins en sort-il plus épais & plus condensé qu'il ne l'étoit avant qu'elles le ramassassent. Lorsque leur estomach en est bien rempli elles rentrent avec cette provision dans leur Ruche. Pour lors ou elles en font part à celles qui sont restées pour les travaux du dedans, ou elles vont le dégorger dans les cellules qui sont destinées à cet usage. Il a acquis assez d'épaisseur & de consistance pour se soutenir sans s'écouler dans les alvéoles, quoiqu'ils représentent un pot couché & incliné sur le côté. Remarquez encore qu'il y a sur le miel qui remplit un alvéole une derniere couche qui se fait distinguer de tout le reste. Elle semble être ce que de la crême est sur du lait, & elle sert à retenir tout le miel. Cette crême n'est peut-être qu'une croute de miel ou une couche plus épaisse qui se forme tout naturellement au-dessus du miel, à peu-près comme il arrive au-dessus des pots de confitures. Ce qui confirme cette conjecture, c'est que cette couche a toutes les qualités & toute la faveur du miel même, excepté qu'elle a plus d'épaiſſeur & de conſiſtance. Parmi les cellules qui renferment le miel les unes ſont deſtinées à fournir celui qui eſt néceſſaire à la conſommation journaliere des Abeilles, & les autres doivent conſerver celui qui ſervira à les nourrir dans les tems où elles en iroient inutilement chercher ſur les fleurs. Celles dont le miel eſt comme à l'abandon ſont ouvertes & les autres ſont fermées. Les Abeilles les condamnent avec de petites plaques de cire qui empêchent que le miel ne s'évapore & ne devienne dur & grainé. Voilà tout ce que je ſçais ſur l'origine & la recolte du miel, cette proviſion précieuſe pour la conſervation de laquelle les Abeilles ſacrifient leur vie, & employent ſans ménagement les armes redoutables dont l'auteur de la nature les a pourvû.

ARISTE. Je ne trouve pas mauvais qu'elles ſe ſervent de leur aiguillon contre les ennemis qui vont les piller & les attaquer, mais je ne puis leur paſſer cette humeur vindicative & quérelleuſe, cette promptitude inſolente à nous piquer & à nous lancer leurs aiguillons. Quelqu'un moins ſenſible que moi leur pardonneroit peut-être quelques égratignures ſans conſéquence, mais avec elles le jeu paſſe le badinage; on prétend que l'homme le plus robuſte ſuccomberoit ſous un certain nombre de coups d'aiguillons bien aſſaiſonnés & bien diſtribués.

Eudoxe. Je suis persuadé qu'une forte dose de venin distribué dans les différentes parties du corps pourroit causer des irritations, des inflammations qui améneroient une fiévre violente, & peut-être la mort. La douleur de quelques piquûres bien conditionnées est quelquefois si vive, qu'elle porte à la tête, que la tête en est étonnée. Il n'y a point de pays, point de canton même qui ne puisse fournir l'exemple d'un cheval ou de quelqu'autre gros animal, qui ayant été inconsidérément renverser une Ruche, a été assailli par toutes les Abeilles qui l'ont fait expirer en très-peu de tems. L'ours même, quoiqu'en dise Pline & quelques-autres après lui, n'iroit pas impunément se frotter le museau contre des Ruches pour exciter les Abeilles à le piquer & à le dégraisser. Il pourroit y perdre quelque chose de plus que son embonpoint. Il n'y a cependant rien de semblable à craindre pour ceux qui gouvernent & qui sçavent gouverner les Abeilles. Cet aiguillon qui nous pique quelquefois ne leur a pas été précisément donné pour nous piquer. Elles ont des ennemis contre lesquels il faut qu'elles puissent se défendre. Il y a plus, elles doivent encore être armées contre les faux-bourdons de leur Ruche. Les Abeilles vivent avec eux pendant quelque tems en parfaite intelligence, elles se comportent avec eux, comme se doivent comporter ensemble des enfans d'une même famille ; mais, comme je vous l'ai déja dit, des jours arrivent où ces mêmes Abeilles font aux mâles la guerre la plus meurtriere. Elles les tuent impitoyablement, elles en font un carnage affreux. Quoique moins grosses que les bourdons elles ont un grand avantage fur eux ; elles ont un aiguillon & les mâles n'en ont point. Ce n'est donc pas contre nous précisément qu'elles ont étés pourvûes d'un aiguillon. Aussi n'est-il par rapport à nous qu'une arme défensive ; il est rare que les Abeilles s'en servent contre quelqu'un qui ne les inquiéte pas. Elles se familiarisent avec nous pour peu qu'on s'attache à les apprivoi-ser par de fréquentes visites. C'est pourquoi en les soignant, il faut les laisser voltiger librement, & quand on est obligé de les re-muer le faire avec douceur & avec tranquil-lité. C'est le vrai moyen de ne pas les irriter & de ne point s'attirer de disgrace.

ARISTE. Avec toutes ces précautions on est encore souvent exposé à en être piqué. En cas de malheur ne connoissez-vous pas quelque reméde efficace, quelque beaume souverain pour guérir le mal ?

EUDOXE. Si je voulois faire le charlatan, je vous fournirois une boutique entiere de remédes dont je pourrois garentir l'efficacité d'après une multitude d'expériences qui en ont assuré la vertu & le mérite. Mais je vous avoue ingénuement que je n'en connois aucun sur lequel on puisse compter avec une entiere confiance. Les uns vous conseilleront l'huile d'olive, d'autres celle d'amandes douces. J'ai éprouvé beaucoup de jus de différentes plantes qui nous ont été indiquées par différens auteurs. J'ai employée l'urine, qui est beaucoup vantée ; je me suis servi du vinaigre & je n'en ai pas trouvé un seul qu'on puisse préférer à un autre. Il faut avouer qu'il n'y en a presque aucun de tous ceux-là qui ne soulage dans le moment, qui ne retarde même l'enflure, mais il n'y en a point qui vous guérisse entiérement. L'eau fraîche seule suffit pour diminuer ou appaiser la douleur. Le persil pilé m'a semblé avoir mieux réussi que tout ce que j'ai employé ; mais la douleur revient encore après, & j'ai si peu d'opinion de ce reméde que je ne daigne presque pas y avoir recours. Si on ne peut guérir le mal, on peut au moins en empêcher le progrès & le rendre moins durable. Il ne s'agit que d'ôter l'aiguillon de la playe dans laquelle il a été laissé. Vous sçavez que quand une Abeille irritée a lancé son aiguillon dans notre chair, si on la presse de partir, elle l'y laisse avec toutes ses dépendances. La blessure qu'elle a voulu faire lui coûte plus cher que ne coûteroit à un homme le coup de pied qui lui feroit perdre la cuisse. La blessure qu'elle s'est faite à elle-même est une terrible & mortelle blessure, à laquelle elle ne sçauroit furvivre long-tems. Je vous dirai quelque chofe de plus furprenant encore, c'eft que cet aiguillon quoique arraché & entiérement féparé du ventre de l'Abeille, femble encore animé du défir de la vanger. Au moins comme s'il l'étoit, il travaille à rendre plus profonde la bleffure qu'il a faite. Sa bafe continue à fe donner des mouvemens, elle s'incline alternativement dans des fens contraires pour s'enfoncer de plus en plus. Il eft donc important, auffi-tôt après la piquûre, d'arracher l'aiguillon pour l'empêcher de fuivre & de continuer les mouvemens vindicatifs que l'Abeille lui a communiqué ; élargiffez enfuite la playe, donnez-lui de l'air, nettoyez la bleffure avec de l'eau fraîche ; c'eft le moyen le plus fûr de prévenir les fuites de la piquûre.

ARISTE. La raifon de cette pratique eft toute fimple. En ôtant la caufe du mal, vous en prévenez infailliblement l'effet.

EUDOXE. Je crois vous avoir déja dit en parlant des différentes parties de l'Abeille, que la piquûre n'eft pas précifément la caufe du mal ; c'eft le venin que l'aiguillon introduit dans la chair, qui caufe l'enflure & la douleur. Auffi eft-il prudent après que vous avez retiré l'aiguillon de preffer la partie bleffée pour en faire fortir cette eau brulante & cauftique, qui rend fi douloureufes des bleffures qui autrement feroient à peine fenties. L'eau fraîche après cette précaution sera très-utile, elle achevera de nettoyer la blessure, ou elle tempérera l'activité du poison.

ARISTE. Comment a-t'on pû reconnoître que la douleur étoit moins l'effet de la piquûre que du venin qui avoit été déposé & introduit par l'aiguillon ?

EUDOXE. Il y a un moyen fort simple de s'en convaincre que je pourrois actuellement employer sur vous, si je ne connoissois votre extrême sensibilité à l'aiguillon.

ARISTE. Je ne pense pas que cette poltronnerie me soit propre & particuliere. Il n'y a personne selon toutes les apparences à qui la piquûre d'une Abeille ne fasse quelque mal. Je ne crois pas les autres plus braves & plus vaillans que moi en pareil cas, ou ils en font mal à propos le personnage.

EUDOXE. Il y a tel homme qui peut jusqu'à un certain point braver les insultes des Abeilles. Vous verrez quelquefois à la campagne des gens en chemise, le visage découvert, les mains nues, remuer les Abeilles, les inquiéter, couper des gâteaux dans l'intérieur de leur Ruche, quoiqu'ils sçachent qu'ils seront piqués plus d'une fois. Ces piquûres extrêmement douloureuses pour les autres hommes, sont si peu de chose pour eux, qu'elles ne leur paroissent pas valoir la peine qu'ils se gênent la main & qu'ils l'embarrassent d'un gant. Cette sensibilité est plus ou moins grande à proportion que le venin trouve dans le fang & dans le tempéramment des difpofitions plus ou moins propres à produire fon effet.

ARISTE. Je ne fçais fi cette grande fenfi-bilité aux piquûres des Abeilles indique une bonne qualité dans le fang & dans le tem-péramment, mais je fçais au moins qu'elles ne me piquent pas fans me caufer beaucoup de douleur. J'ai déja éprouvé l'aiguillon de vos Mouches, mais d'une maniere fi doulou-reufe que je n'ai pas eu le tems d'examiner fi la douleur étoit véritablement l'effet du venin.

EUDOXE. Puifque vous n'êtes pas difpofé à laiffer faire l'expérience fur vous, je vais vous dire la maniere dont je l'ai faite fur moi-même. Avec une épingle très-fine je me fuis fait une piquûre à un doigt. Avant que de me la faire, j'avois eu foin de me munir d'une Abeille ouvriere. Dès que je me fus piqué, je preffai le ventre de la Mouche, j'obligeai l'aiguillon de fe montrer, & je pris une petite goutte de la liqueur qui s'étoit raf-femblée à fon bout, avec la pointe de mon épingle. Alors je fis entrer cette pointe dans la bleffure préparée où je ne la tins qu'un inftant. C'en fut affez pour qu'elle y laifât du venin. Il n'y fut pas plûtôt introduit que je fentis une douleur femblable à celle qu'on fent après avoir été piqué par une Mouche à

miel. Au reste la douleur sera plus ou moins
aigue à proportion de la dose & de la quantité de venin qu'on introduira dans la playe;
l'Abeille elle-même ne fournira plus de cette
liqueur empoisonnée après qu'on l'aura obligé de piquer un certain nombre de fois. Si
vous avez assez de courage pour vous faire
piquer deux ou trois fois successivement par
la même Abeille, vous vous appercevrez sans
peine que la troisiéme piqûre sera beaucoup
moins douloureuse que la seconde & celle ci
que la premiere. À la quatriéme piqûre
l'Abeille aura épuisé toute sa provision de
venin. Les différentes saisons produisent encore
une grande différence dans la douleur qui
résulte des piqûres des Abeilles. En été
elles sont beaucoup plus sensibles peut-être
parce que la liqueur est plus spiritueuse, plus
exaltée, & que les Abeilles en sont mieux
pourvûes & plus en état de la faire couler.
En hyver au contraire & dans des tems froids
elles ne sont pas à beaucoup près si à craindre, parce que la Mouche n'est ni assez fournie de venin, ni assez forte pour l'introduire
dans la playe.

ARISTE. Ce sera au moins une consolation
pour moi de pouvoir les approcher impunément dans de certains tems, les manier & les
retourner sans rien craindre de leur part. Heureusement pour elles & pour nous qu'elles
ne tournent pas cette arme fatale contre les

autres Abeilles. Etant très-coleres d'une part &
très-délicates de l'autre, l'espéce seroit bien-
tôt détruite & anéantie.

EUDOXE. Il s'éléve des quérelles entre elles
plus souvent que vous ne pensez.

ARISTE. Vous m'avez déja prévenu sur des
combats qui se donnent dans le tems qu'un
essaim va se loger dans une Ruche déja habi-
tée ; mais ces cas ne sont pas assez communs
pour éteindre toute l'espéce des Abeilles. Il
en est de ces batailles comme des guerres qui
éclaircissent les hommes, mais qui ne les
détruisent pas. Il ne s'agit que des Abeilles
d'une même Ruche. S'il y avoit dans chaque Ruche des actions particulieres qui fûssent
meurtrieres, nous ne verrions pas une Abeille
au bout d'une année.

EUDOXE. Outre ces batailles générales dont
nous parlerons par la suite, il y en a encore
de particulieres entre les Abeilles d'une même Ruche. Vous en voyez quelquefois une
qui tombe sur une autre qui vole, ou qui va
se jetter sur une autre qui étoit en repos &
qui ne pensoit pas à elle. De quelque maniere
que le combat ait commencé, dès qu'elles sont
jointes, elles tombent bien-tôt à terre. Posées ou plûtôt couchées sur terre, elles font
l'une contre l'autre tout ce que pourroient
faire deux adroits & courageux lutteurs. Elles
cherchent réciproquement à se piquer. Leurs
corps sont si bien cuirassés qu'il est difficile

à l'une & à l'autre de trouver un endroit où elle puisse faire pénétrer son aiguillon dans le corps de son adversaire. C'en est bien-tôt fait de celle qui a été piquée ; la victorieuse la laisse bien-tôt expirante sur la poussiere. Quelquefois elles se séparent & s'envolent sans s'être fait aucun mal.

ARISTE. Ces duels particuliers parmi des Mouches si sages & si prudentes, sont probablement ordonnés par l'autorité publique, & fondés sur de bonnes raisons. Ces Mouches qu'on attaque à l'improviste & sans dire gare, sont peut-être des têtes proscrites & condamnées, ou des sujets inutiles & à charge dont elles croyent avoir le droit de se défaire pour le bien général de la nation. Je crains cependant toujours que ces combats singuliers ne soient assez fréquens pour dépeupler une Ruche en peu de tems.

EUDOXE. Il est inutile de nous amuser à vouloir deviner la politique des Abeilles. Nous sçavons déja qu'elles n'en ont point de réelle & de raisonnable. Ce ne sont point des vûes réfléchies qui dirigent leurs actions, qui éclairent leurs démarches. Tout en elles, comme dans les autres animaux, est l'effet d'un pur méchanisme & des loix que le créateur a établi. Ne craignez pas au reste que ces actions particulieres dépeuplent jamais vos Ruches. Elles ne sont pas assez fréquentes & assez générales pour diminuer sensiblement le nombre

de vos Abeilles , & d'ailleurs elles ne font
pas fouvent meurtrieres pour les combattantes.
Seules à feules les Abeilles ne parviennent que
difficilement à fe percer de leur aiguillon. Si
dans un tems de pillage ou d'invafion elles
expédient un bon nombre d'ennemis , c'eſt
parce qu'elles fe prêtent main - forte , &
qu'elles fe réuniſſent pluſieurs contre un feul.
Nous fommes nous - mêmes les plus grands
ennemis des Abeilles. La façon barbare dont
les hommes s'approprient leurs proviſions en
détruit plus que tous les autres accidens réunis enfemble. En vous faiſant voir l'injuſtice
& les inconvéniens de cette cruelle méthode , je vous enſeignerai dans notre premier
entretien la vraye maniere de recueillir la
cire , & de renouveller les Ruches en cas de
néceſſité.

DIXIE'ME ENTRETIEN.

Façon de recueillir la cire & le miel, sans faire périr les Abeilles. Maniere de renouveller les vieilles Ruches.

ARISTE. VOus n'êtes pas le seul, Eudoxe, qui vous plaigniez de la destruction des Abeilles. J'ai remarqué que les auteurs les plus zélés pour le bien du public se sont vivement récriés contre la cruauté des destructeurs de ces insectes précieux. On en fait les portraits les plus affreux, on nous les représente comme des hommes sanguinaires, ennemis de l'humanité & de la société ; on implore contr'eux le secours & la rigueur des loix, on les cite devant tous les tribunaux. On rappelle avec complaisance une loi d'un grand Duc de Toscane qui défend sous des peines rigoureuses & corporelles de faire périr violemment les Abeilles. On forme des vœux pour que cette sage ordonnance soit renouvellée de nos jours & maintenue partout avec vigueur. J'aurois fort mauvaise grace de rire ou de paroître indifférent à tant de plaintes & de murmures. Je ne veux pas me singulariser, je me réunis à vous & à cette multitude de plaignans, & je joins bien volontiers ma requête à la leur & à la vôtre.

EUDOXE. Nous fommes bien flattés de cette conquête & de ce renfort. Mais pourroit-on fçavoir les motifs qui vous engagent à vous joindre à nous. Je m'imagine que ce n'eft pas feulement pour vous trouver en bonne compagnie, ou parce que vous avez été touché & attendri des cris que vous avez entendu. Vous avez fans doute quelque bonne raifon indépendante de toutes ces petites confidérations.

ARISTE. Faut-il de meilleure raifon que l'injuftice criante qu'il y a à faire mourir les Abeilles? quel droit en effet avons-nous fur leur vie & fur leurs provifions? ce domaine fouverain & defpotique que nous exerçons fur elles comme fur tous les autres animaux n'eft-il pas une ufurpation manifefte & évidente?

EUDOXE. Pour condamner une injuftice il n'en faut pas commettre une autre encore plus grande. Faites jouir les Abeilles de leurs priviléges, j'y confens de bon cœur, mais ne nous dépouillez pas de nos droits & de nos prérogatives. Les plaintes qu'on a formé contre les deftructeurs des Abeilles font juftes & légitimes, elles font bien fondées, elles méritent d'être écoutées, mais notre empire fur les animaux n'en eft ni moins certain ni moins inconteftable. Je n'entreprendrai pas de vous prouver ici cette vérité dans toute fon étendue; vous trouverez dans plufieurs bons au-

teurs des titres très-avérés, des preuves très-
solides de notre domaine sur les animaux
qu'une vaine philosophie voudroit aujourd'hui
nous contester. Je me contenterai de quelques réflexions aussi courtes que simples &
convaincantes. Ce droit de l'homme est fondé
sur la place qu'il occupe dans l'univers. Il y
est le représentant, l'image & le lieutenant
de la divinité. Pourvû de raison & d'intelligence, il est dès-lors à juste titre constitué
le maître & le roi de toute la terre. C'est
cette raison qui lui apprend sa supériorité
sur tous les animaux, que tout ce qu'ils ont
est pour lui, qu'ils lui sont inférieurs & su-
bordonnés en tout ; qu'ils sont même ses véritables esclaves, & qu'il peut disposer de leur
vie, de leurs richesses & de leurs services. Il
est donc leur maître parce qu'il représente
l'être suprême, & parce qu'il a plus qu'eux la
lumiere de la pensée, la raison & la réflexion.
Ces idées si honorables pour l'homme décou-
lent d'une part très-naturellement de la préé-
minence de son être & de sa ressemblance
avec le souverain maître de toutes choses, &
de l'autre elles sont très-conformes à l'expérience qui soumet réellement tout à l'homme, expérience qui est une marque évidente
du pouvoir, & la confirmation toujours nouvelle du droit que nos premiers peres ont
transmis à leur postérité. L'empire que l'homme exerce aujourd'hui sur les animaux a été

exercé

exercé dans tous les tems, aucune révolution n'a pû le détruire. Tous font effectivement foumis à fon ufage. Les uns charment
fes oreilles par la douceur de leur chant, &
les autres fes yeux par la beauté de leur figure. Ceux-ci pleins de force, de patience
& d'adreffe le foulagent dans fes travaux;
ceux-là careffans, dociles & fidéles l'amufent,
fe dreffent comme il lui plaît, & veillent à
fa garde. Les uns lui préfentent leur toifon
pour le vêtir. Les autres lui filent de riches
étoffes. Les uns lui préparent la cire qui doit
l'éclairer. Les autres lui donnent des ruiffeaux
de lait qui peuvent le nourrir. Tous concourent à l'envi à fournir à fes befoins ou à fes
plaifirs; il eft même leur centre, & leur fin, &
ils ne font vifiblement créés que pour lui.
Dépouillez l'homme de fon empire fur les animaux, dès-lors vous ne verrez plus que dé-
fordre & qu'inutilité. Ces animaux féroces,
fauvages, traîtres & carnaciers qui le craignent, qui l'évitent & qui le fuyent comme
s'ils le refpectoient, qui attendent les téné-
bres de la nuit pour quitter le fond des bois
& des déferts, vont fe multiplier déformais
impunément; ils ne craindront plus de le
troubler dans fes occupations, ils viendront
l'attaquer avec audace, & ils triompheront par
leur multitude de tous les obftacles qu'il pourra
oppofer à leur invafion. Les animaux domef-
tiques & familiers, qui font ceux qui multi-

T

plient le plus, ne ferviront plus à rien qu'à nous incommoder, parce que perfonne n'ofera plus mettre en ufage leurs bonnes qualités. Le cheval & le bœuf qui font fi propres à partager nos travaux, nous laifferont fans fecours & fans reffource : ils n'auront plus que la peine d'aller chercher leur nourriture dans la prairie. La brebis fera accablée fous le poids de fa laine & de la malpropreté. La vache fera incommodée par la quantité de fon lait. Je ne fais qu'ébaucher le tableau, vous le voyez. L'homme eft donc le feul qui puiffe remettre l'ordre parmi les animaux, le feul qui puiffe tirer parti de leurs fervices & de leurs provifions, par le domaine qu'il exerce fur eux.

ARISTE. Tout cela démontre fenfiblement que l'homme a fçû par la force fe foumettre un bon nombre d'animaux, & difpofer par la violence de leur vie comme de leurs fervices. Cette force & cette violence font peut-être le principal titre de fa fouveraineté & de fon domaine. Ce qui paroît le prouver c'eft que fon domaine ne s'étend réellement que fur un certain nombre d'animaux. Combien y en a-t'il en effet qui fçavent fe fouftraire à fa puiffance par la rapidité de leur vol, par la légéreté de leur courfe, par l'obfcurité de leur retraite ? combien d'autres efpéces lui échappent par leur feule petiteffe ? & enfin combien y en a-t'il qui bien-loin de reconnoître leur fouverain, l'attaquent à force ouverte ? quel empire exerce-t'il sur ces insectes qui semblent l'insulter par leurs piquûres, sur ces serpens dont la morsure porte le poison & la mort, & sur tant d'autres bêtes immondes, incommodes & inutiles ?

Eudoxe. L'empire de l'homme n'est pas sans doute absolu & semblable au domaine de Dieu même. Il ne peut rien sur les animaux en général, son pouvoir ne s'exerce que sur les particuliers de chaque espéce. Ce n'est pas par un simple mouvement de sa volonté, comme le souverain être, qu'il détruira, qu'il écartera ou qu'il maîtrisera les animaux qui lui sont utiles ou nuisibles ; c'est par la force jointe à l'adresse, à l'intelligence, qu'il met en usage ses droits sur les animaux. Il est leur maître parce qu'il a plus qu'eux, le principe de la réflexion & de l'intelligence, parce qu'il connoît les fins & les moyens, qu'il sçait diriger ses actions, concerter ses opérations, mesurer ses mouvemens, vaincre la force par l'esprit, & la vîtesse par l'emploi du tems, & parce qu'enfin ils ne sont faits que pour lui, & que toutes leurs bonnes qualités seroient inutiles ou même dangereuses, si l'homme ne sçavoit pas en faire usage. Aussi n'y en a-t'il aucun dans le détail & en particulier qu'il ne dompte, & qu'il ne maîtrise par sa raison & par sa dextérité. La férocité des animaux sauvages n'empêche pas la main de l'homme de les mettre sons le joug, & d'en

tirer profit quand elle en a befoin. Cette main
eft foible, il eft vrai, elle ne pourroit pas
tenir contre la dent du tigre. L'éléphant la
briferoit d'un coup de fa trompe, & fi elle
vouloit brider la tête du chameau, elle n'y
pourroit pas atteindre. C'eft pourtant cette
même main qui met en cage le tigre & le
lion, c'eft elle qui fait faire les plus longs
voyages aux éléphans, c'eft elle qui apprivoife
l'ours qui la vient baifer, c'eft elle qui attache le chameau qui plie fes genoux pour
recevoir les liens qu'on lui prépare, ou pour
prendre fur lui la charge qui lui eft deftinée.
C'eft par la force dirigée par l'intelligence
que l'homme a fait reculer les bêtes féroces,
qu'il a purgé la terre de ces animaux gigan-
tefques dont nous trouvons encore des offe-
mens énormes, c'eft par elle qu'il a détruit
ou réduit à un petit nombre ces efpéces vo-
races & nuifibles. Il a oppofé les animaux aux
animaux, & fubjuguant les uns par l'adreffe,
domptant les autres par la force ou les écar-
tant par le nombre & les attaquant tous par
des moyens raifonnés, il eft parvenu à fe
mettre en fûreté, & à établir un empire qui
n'eft borné que par les lieux inacceffibles, les
folitudes reculées, les fables brûlans, les montagnes glacées, les cavernes obfcures qui fervent de retraite au petit nombre d'animaux
indomptables. S'il en eft encore quelques-uns
qui l'incommodent & le fatiguent, c'eft qu'il

a besoin de quelques peines, de quelques amertumes mêlées à tant de plaisirs, à tant de priviléges. Si quelques-uns se révoltent ouvertement contre lui, c'est que ce sont des esclaves qui sentent leur force & que la fureur transporte. Un roi cesse-t'il de l'être, parce qu'un sujet perfide & rebelle ôse lever contre lui l'étendart de la rebellion ?

ARISTE. Notre domaine sur les animaux n'est pas au moins sans titres apparens. Nous avons un bon nombre d'années de possession, un usage non interrompu, un exercice de tems immémorial qui ont pû nous faire un droit de ce qui n'étoit dans l'origine que tyrannie & usurpation. Tenons-nous en à ce que nous trouvons établi, & ne cherchons pas à approfondir trop scrupuleusement les fondemens d'un domaine qui est tout à notre avantage.

EUDOXE. Je vois bien que dans le fond ce domaine vous gêne & vous embarrasse. Vous êtes scrupuleux, vous craignez de violer la justice & l'équité. Hé bien il faut décharger votre conscience. Dépouillons l'homme de ces titres fastueux qu'il s'est injustement arrogé, rendons aux animaux leur liberté primitive. L'homme ne pourra plus désormais sans crime, ni les gêner, ni les détruire. Cette réforme équitable une fois établie, les poissons se multiplieront à l'infini, ils viendront à l'ordinaire dans les bas-fonds pour y chercher les infectes proprès à les nourrir ; mais il n'y pourront pas même tous tenir. Les eaux venant à diminuer au retour des grandes chaleurs laisseront des amas de poissons à sec & à découvert. Leur fécondité nous sera infailliblement funeste & pestilentielle. Les hommes prendront tel parti qu'il leur plaira, ils n'ont qu'à s'éloigner des endroits infectés. Il y auroit une injustice visible à les toucher pour se mettre plus à son aise. Désormais il ne vous sera plus permis de détruire dans vos appartemens ou sur votre propre corps ces infectes & ces vermines qui vous incommodent ou qui vous désolent. Il ne faut attenter à la liberté, ni à la vie d'aucun animal. Vous seriez un franc voleur si vous vous avisiez d'ôter à la brebis sa toison, à la vache son lait, à la poule son œuf. Le lin & le cotton sont plus que suffisans pour habiller un philosophe austere. Vous trouverez abondamment dans les plantes de quoi vous nourrir & vous loger. Un tronc d'arbre vous fournira une chaussure solide & saine, ou même un bout de planche suffira pour garantir vos pieds de ce qui peut les blesser. Votre rigoureuse équité va encore produire d'autres heureux effets. Les animaux domestiques qui se multiplioient si fort dans le tems qu'on les conduisoit à la boucherie, vont actuellement couvrir la plaine & la campagne. Nous n'avons plus aucun droit de leur mettre la bride, de leur montrer la houlette, de leur impofer aucune loi. Cette heureufe liberté va les rendre maître de nos fruits & de nos moiffons. Ceux qui étoient les plus paifibles & les moins à craindre, font aujourd'hui les plus redoutables. La vache, la chêvre, la brebis, l'oifon ne veulent plus de l'herbe des champs, & tant qu'elles trouvent des épics elles prétendent avec raifon jouir des avantages de la belle faifon & des agrémens de leur indépendance. Nous ne partagerons pas même long-tems avec elles les fruits & les productions de la terre. N'ayant pas plus de pouvoir fur la liberté que fur la vie des animaux réduits aux fervices de nos bras, nous ne pouvons plus, ni leur ôter leur couverture, ni nous en donner une à leurs dépens, ni cultiver nos terres. Ces terres font autant leur patrimoine que le nôtre. Quel titre nous autoriferoit à nous les approprier ? les campagnes abandonnées fe couvrent de broffailles, l'anarchie & la confufion font de la terre un affreux féjour. Tout y eft fans régle & fans culture. On y jouit de rien en fûreté, parce que la raifon y a tout mis en commun. Vous vous réfoudrez fans peine alors pour conferver votre vie à aller paître l'herbe des champs en cas que vous en trouviez, ou pour plus grande fûreté vous courerez philofophiquement avec les pourceaux à la glandée.

Ariste. Vous me faites trembler, n'allez

pas plus loin. Laiſſons le monde comme il
eſt. Je ſuis perſuadé qu'il eſt beaucoup mieux
que ſi on en donnoit la direction à certains
philoſophes. Je craignois ſeulement que ce
titre de maître qu'on donne à l'homme ne
fût un peu trop faſtueux & trop propre à
nourrir ſon orgueil. Mais j'aime mieux avoir
à combattre une tentation de vanité qu'à me
défendre infructueuſement de la miſere la plus
profonde, & de la pauvreté la plus déplorable.

EUDOXE. On peut ſans orgueil & ſans enflure connoître ſa véritable grandeur, ſa no-
bleſſe & ſes avantages légitimes. Le domaine
de l'homme n'eſt pas un crime, ni une tyrannie, il trouve même dans ce titre la connoiſſance de ſes devoirs. S'il eſt le maître &
le centre des créatures qui l'environnent, il
eſt encore le miniſtre & l'interprète de leur
reconnoiſſance. C'eſt uniquement par ſa bouche & par les ſentimens de ſon cœur qu'elles
acquittent le tribut de louanges qu'elles doivent à celui qui les a faites pour ſa gloire.
Les animaux ne connoiſſent pas celui qui les
habille & qui les nourrit. La raiſon ſeule le
connoît. Sans elle toute la nature garde le plus
profond ſilence, ſans elle les animaux ſont
muets & ingrats. Placée entre Dieu & les créatures deſtituées d'intelligence, elle ſçait qu'en
faiſant uſage de celles-ci, elle eſt chargée envers Dieu de l'action de graces, de la louange
& de l'amour. Par la raiſon toutes les créa-

tures publient la gloire de celui de qui elles
ont reçu leur être & leur bonté. Elle est leur
voix & leur député. Ainsi le titre de maître,
loin de flatter & de nourrir l'orgueil de l'homme, lui impose les obligations les plus étroites, les devoirs les plus importans.

ARISTE. Sur quoi peuvent donc être fondées les plaintes qu'on forme depuis si long-
tems contre les destructeurs des Abeilles ? auroient-elles quelque privilége particulier que
nous devrions respecter ? puisque l'homme
jouit d'un domaine universel sur tous les animaux, peut-on lui reprocher l'exercice de ses
droits ?

EUDOXE. Quoique le domaine de l'homme
soit aussi légitime qu'étendu, il ne lui est
cependant pas permis de porter indistincte-
ment sa main sur toutes les productions de
la terre, d'abbattre, de consommer, de s'approprier ce que bon lui semble, & de ne suivre d'autre loi que celle du caprice ou de la
force. La conscience & le sentiment de l'ordre
l'avertissent qu'il y a des régles à observer.
La raison & l'expérience qui l'ont instruit qu'il
étoit sur la terre pour la posséder, lui apprennent en même-tems qu'il partage cette
seigneurie avec d'autres hommes, qu'ils y ont
tous les mêmes droits que lui, & qu'ainsi
au lieu d'user de son domaine, il peut en
abuser & l'exercer contre les intérêts, soit
de la société dont il fait partie, soit des par-

ticuliers qui la compofent. L'homme riche,
par exemple, au lieu de jouir modérément
des biens qui lui font offerts, au lieu de les
difpenfer avec équité, met toute fa gloire à
confommer, tout fon honneur à perdre en un
jour à fa table plus de biens qu'il n'en faudroit pour faire fubfifter plufieurs familles. Il
abufe également & des animaux & des hommes dont le refte demeure affamé, languit
dans la mifere, & ne travaille que pour fatisfaire à l'appétit immodéré, & à la vanité encore plus infatiable de cet homme, qui dé-
truifant les autres par la difette, fe détruit
lui-même par les excès. Voilà un abus du domaine de l'homme; je pourrois à peu de frais
vous en faire remarquer une infinité d'autres
également condamnables; mais pour en revenir à nos Abeilles, leurs deftructeurs font
blâmables en ce qu'ils font périr des infectes
précieux, utiles & même néceffaires à la
fociété, qu'on ne fçauroit trop multiplier
dans le royaume, comme par-tout ailleurs.
Cette cruelle pratique eft évidemment contraire au bien public, qui eft très-intéreffé à
la confervation & à la multiplication des
Abeilles. Ce ne font pas ici des animaux inutiles ou dangereux dont il foit néceffaire de
prévenir & d'empêcher la trop grande fécondité. Ce ne font pas non plus des infectes
dont le corps & la chair fervent de nourriture ou de reméde à l'homme après leur def-

truction. Ce ne font pas des infectes incommodes dont on ne fçauroit trop-tôt fe débar-
raffer ; ce font des infectes laborieux , bien-
faifans, induftrieux , dont on ne fçauroit trop
multiplier l'efpéce. Il y a donc une forte de
barbarie auffi contraire au bien de l'état qu'aux
intérêts de ceux qui y ont recours, de faire
périr autant de Ruches qu'il en périt chaque
année. Pour avoir le miel & la cire, on ne
fçait autre chofe dans plufieurs provinces du
royaume , que de faire périr toutes les Mouches par qui les recoltes en ont été faites
avec tant de travail & de foins. On a inventé , enfeigné & varié différens moyens pour
cette belle opération. Le plus prompt & le
plus expéditif qu'on ait trouvé , c'eft de faire
un trou en terre , d'y jetter quelques linges
fouffrés & tout allumés , de pofer auffi-tôt la
Ruche deffus & de ramener enfuite la terre
tout au tour pour empêcher la fumée & les
Abeilles de s'écarter. Voilà un beau procédé !

A R I S T E. Je ne ferois pas fi rigoureux que
vous ; je ne voudrois faire le procès à ceux
qui employent cet expédient qu'après les avoir
entendu. Peut-être ont-ils des raifons que nous
approuverions , s'ils pouvoient plaider leur
caufe devant nous. S'ils n'étouffent , par exemple , que de vieilles Abeilles de qui il n'y a
plus rien à attendre que de leur voir confommer leurs provifions pendant l'hyver , fans efpérance d'en avoir un effaim au printems fui-

vant, je ne vois pas qu'ils foient fort condamnables.

EUDOXE. Cette raifon prouveroit l'avarice
& l'ignorance de ceux qui s'en autoriferoient,
mais ne les juftifieroit pas. Un effaim n'eft
pas uniquement compofé de jeunes Abeilles,
plufieurs anciennes fe joignent à celles de
l'année ; de même il refte plufieurs de celles-
ci dans la mere-Ruche. La reine qui pond
pendant prefque toute l'année, qui donne de
nouveaux habitans après la fortie d'un effaim,
renouvelle continuellement la Ruche. On n'a
donc aucun motif de fuppofer que les Abeilles d'une Ruche quelqu'ancienne qu'elle foit,
font toutes vieilles ; il eft au contraire bien
démontré qu'elle eft en grande partie compofée de jeunes Mouches de l'année. Ceux
qui ont examiné & fuivi les Abeilles de plus
près, prétendent que les plus vieilles ne vivent
pas au-delà d'une année, & qu'une Ruche
eft un cercle continuel de vivans & de mou-
rans. On a même déja fait quelques expériences qui établiffent ce fait affez vraifemblable-
ment. Si la vieilleffe prétendue des Abeilles
étoit une raifon fuffifante de les détruire, il
faudroit donc les étouffer toutes à la fin de
chaque année. Il n'y a pas plus de raifon &
d'équité dans la pratique de ceux qui les dé-
truifent pour avoir toutes leurs provifions, &
pour les empêcher de confommer tout leur
miel pendant l'hyver. Ne vaut-il pas mieux

retrancher le superflu de ces provisions dans les différentes saisons de l'année qui le permettent, que de se priver tout d'un coup du profit qu'elles produiroient le printems suivant, par les essaims qu'elles donneroient ? ce n'est donc qu'à l'envie d'avoir quelques livres de miel de plus qu'on sacrifie tant d'ouvrieres capables par elles-mêmes d'en ramasser d'autres, & de contribuer à élever de nouvelles ouvrieres par lesquelles elles seroient remplacées quand elles viendroient à périr. Que diriez-vous d'un propriétaire qui feroit abbattre un arbre pour avoir tout le fruit dont il est chargé, ou qui feroit tuer sa chêvre pour avoir tout d'un coup tout son lait ? la meilleure raison que ces destructeurs d'Abeilles puissent alléguer, c'est l'impossibilité de renouveller les vieilles Ruches & de leur ôter leurs provisions. Il vaut beaucoup mieux s'emparer de leurs dépouilles aux dépens même de leur vie, que de les élever à pure perte & sans en tirer aucun profit, ou que de les livrer à la merci des vers & des teignes qui consommeroient toutes leurs provisions, & les forceroient enfin à abandonner leur Ruche.

ARISTE. Vos moyens de défense en faveur des destructeurs des Abeilles ne me paroissent pas plus recevables que ceux que j'avois d'abord fourni, dont vous n'avez pas paru fort content. Au lieu de détruire une Ruche pour en avoir toute la cire & tout le miel, on peut la tailler, la dégraisser, & c'est ce qu'on appelle châtrer, dans les tems convenables. Au lieu d'étouffer les Abeilles d'une Ruche trop ancienne ou déja attaquée par les vers & par la teigne, il n'y a qu'à les traverser ou les transvaser dans une autre Ruche vuide & saine. Ces moyens sont plus doux, plus conformes à nos intérêts, & ce sont ceux que conseillent tous les auteurs amis du public & des Abeilles.

EUDOXE. Ces deux moyens sont véritablement ce qu'on a imaginé de mieux pour la conservation des Abeilles dans l'ancienne méthode. Les efforts des auteurs les plus zélés & les plus favorables aux Abeilles n'ont pû aller plus loin ; mais, en rendant justice à la droiture de leurs intentions, il me sera facile de vous faire voir que ces deux pratiques sont insuffisantes, & qu'elles ne remédient à un mal que par d'autres maux aussi réels & aussi dangereux. Ne parlons d'abord que de la taille des Ruches. Pour vous en faire sentir les inconvéniens, je vais vous dire en peu de mots la maniere dont on la fait. On prend une Ruche qu'on renverse & qu'on assujettit ou en la tenant entre ses jambes, ou en la mettant dans une chaise couchée. Ensuite avec un conteau dont la lame est un peu courbe, comme celle des serpettes, on coupe & on retranche les gâteaux qu'on veut avoir. Je pourrois ici avec raison faire valoir

le danger auquel on s'expose en faisant cette
expédition militaire en plein midi, comme
le conseillent quelques-uns, à cause que la plûpart des Abeilles sont alors en campagne.
Quelque bien masqué que l'ouvrier puisse être
il sera assailli par la foule des Abeilles qui
reviendront des champs. Furieuses de voir
leur habitation renversée, leurs provisions livrées au pillage, elles s'acharneront contre
l'ennemi qu'elles trouveront occupé de ce funeste projet : elles le fatigueront, elles le
harcéleront, le dévoreront si elles peuvent,
le désoleront tout au moins, & le force-
ront à abandonner son entreprise. Combien
d'ailleurs n'en périra-t'il pas de celles qui auront lancé leur aiguillon, & qui l'auront laissé
dans les habillemens de l'ennemi commun.
Si on tente cette opération la nuit ou de bon
matin, tandis qu'elles sont encore engourdies,
qu'on augmente même cet engourdissement
par la fumée d'un linge, on risque évidemment en coupant les gâteaux de faire périr
un bon nombre d'Abeilles. Elles remplissent
alors presque toute la Ruche, comment échap-
peroient-elles aux coups meurtriers que leur
portera une main naturellement malhabile ou
qu'on ne peut conduire & éclairer comme on
le désireroit ? la reine, cette tête si précieuse,
si essentielle à la république des Abeilles, ne
se trouvera-t'elle pas malheureusement com-
prise dans le nombre de celles qui périssent

nécessairement pendant cette périlleuse manœuvre : mais indépendamment de ces inconvéniens très-grands en eux-mêmes, il y en a encore d'autres pour le moins aussi redoutables, & qu'on ne peut cependant éviter quelques précautions qu'on puisse prendre. Dans quelle saison de l'année prétend-t'on tailler les Ruches ? les uns veulent que ce soit à la fin de l'hyver, les autres au mois de juillet, ou au mois d'août ; d'autres assignent d'autres saisons selon les différentes provinces dans lesquelles on se trouve : or en quelque rems qu'on tente cette expédition, il est impossible qu'on ne fasse périr une grande quantité de couvains, c'est-à-dire, de nymphes, ou de vers qui doivent se transformer en Abeilles. Tandis qu'on tranche à la hâte dans l'intérieur d'une Ruche où tout est également ténébreux & embarrassé, on portera souvent le couteau fatal sur des gâteaux qui contiennent des œufs, ou des Mouches qui vont éclorre ; on coupera indifféremment les rayons qui doivent rester, & ceux qui peuvent être emportés, & par là on épuisera cette Ruche, & on la mettra hors d'état de se repeupler elle-même, ou de donner des essaims.

ARISTE. Ce malheur n'est peut-être pas si à craindre que vous le supposez. Pour l'éviter, il ne s'agira que d'apprendre à distinguer les cellules qui renferment le miel de celles qui servent de berceau au couvain. Cette connoissance

noissance n'est pas bien difficile à acquérir, & l'expérience seule peut la donner aux moins intelligens.

EUDOXE. Cette connoissance n'est pas aussi facile à acquérir que vous pourriez le penser. Les alvéoles qui renferment le miel sont bouchés avec un couvercle comme ceux qui contiennent le couvain, avec cette seule différence que les couvercles des cellules à miel sont plus plats que ceux des cellules à couvain. Il y a d'ailleurs des gâteaux dont les alvéoles ne sont remplis que d'un couvain moins apparent, que de très-jeunes vers. Pensez-vous que tout le monde soit en état de faire sur le champ cette importante distinction ? il y a tel homme de campagne ou même d'une autre condition, qui n'apprendra jamais à distinguer ces différentes cellules. Il y en a qui après trente ans d'usage & d'exercice font encore les mêmes fautes que la premiere année. Mais, j'y consens, supposez tous ceux qui se mêlent d'élever des Abeilles aussi intelligens que le besoin & les circonstances l'exigent, supposez-les encore assez prudens, assez réservés pour ne retrancher précisément que le superflu des Abeilles, pour leur laisser tout le reste; iront-ils chercher le meilleur miel qui est toujours dans le haut de la Ruche, & dont on ne peut s'emparer qu'en traversant toute la Ruche ou en détruisant tout un côté des gâteaux ? je serai encore

V

aſſez indulgent pour leur accorder cette prudence & cette adreſſe ſi rares & cependant ſi
néceſſaires dans une pareille opération , au
moins ne diſconviendrez-vous point qu'une
Ruche quoique taillée à l'aiſe & avec diſcré-
tion, ne faſſe périr un bon nombre de Mouches qui iront néceſſairement s'embourber
& s'empâter dans les parois de la Ruche &
dans les gâteaux qui ſeront entamés. Leurs
aîles s'attacheront à cette matiere tenace &
gluante que vous avez remué , & elles ſe
trouveront arrêtées ſans qu'elles puiſſent ſe
dépétrer & ſe débarraſſer. Il eſt même d'expérience qu'il ſuffit de couvrir leurs aîles d'un
peu de miel pour les faire périr , parce qu'on
bouche par là & qu'on condamne les organes
de leur reſpiration , ou les ſtygmates qui
ſont ſous leurs aîles & qui leur tiennent lieu
de poulmons. Vous ne ſerez donc pas ſurpris
lorſque je vous dirai que de cette multitude
de Ruches qu'on entreprend de châtrer &
de tailler, il en eſt très-peu qui réuſſiſſent &
qui réchappent. La plûpart deviennent foibles,
languiſſantes, & ſouvent elles ſont abſolument
abandonnées par les Abeilles qui en ſont dégoû-
tées ou qui ſont pillées , ſoit par des étrangeres , ſoit même par celles qui habitoient la
Ruche. Cette pratique quoique perfectionnée
par une infinité de préceptes & de documens
a paru tellement dangereuſe pour le propriétaire , pernicieuſe aux Abeilles , que dans

bien des provinces on y a entiérement renoncé. Dans la Lorraine, & à Yévre-la-Ville, près de Petiviers, Diocese & Généralité d'Orléans, où il y a une belle manufacture de cire, on ne dégraiſſe & on ne taille plus les Ruches. On a recours à une autre méthode qui conſiſte à faire changer les Abeilles de panier. On profite ainſi de tout ce qu'elles ont fait juſqu'alors, & c'eſt ce que vous avez appellez tranſvaſer ou traverſer. On fait tous les ans dans ces provinces pour dépouiller les Abeilles de leurs proviſions, ce qu'on fait ailleurs lorſque les Ruches ſont attaquées par les vers & par les teignes, ou lorſqu'elles ſont trop vieilles & trop anciennes. Voici en peu de mots le détail de cette manœuvre. Pour forcer les Abeilles à ce paſſage d'une Ruche pleine dans une Ruche vuide, on renverſe ſans deſſus deſſous la Ruche peuplée, comme lorſqu'on veut la tailler, & on la couvre auſſi-tôt de la Ruche vuide, de façon que la baſe de l'une ſoit appliquée ſur la baſe de l'autre. Comme il n'eſt preſque pas poſſible que les diamétres des deux Ruches ſoient tellement égaux qu'il n'y ait quelques vuides qui ſont autant de portes par leſquelles les Abeilles pourroient s'échapper, on bouche ſur le champ ces vuides avec quelque terre graſſe ramollie par l'eau ou avec de la bouze de vache, ou même on ſe ſert d'une longue ſerviette ou d'une petite nappe rendue étroite

par des plis redoublés. Après ces préparatifs
on frappe contre les côtés opposés de la Ruche inférieure avec deux baguettes pour forcer les Abeilles à quitter une habitation incommode, & où on ne les laisse pas tranquilles,
pour passer dans une autre qui n'est pas ébranlée par des coups continuels. Si les Abeilles,
ou même la reine ne jugent pas à propos de
s'expatrier & de déménager, ce qui ne leur
arrive que trop souvent, on agite violemment les deux Ruches avec les deux bras, &
quand on est parvenu à faire passer un bon
nombre d'Abeilles dans la Ruche vuide, on
se hâte de séparer les deux Ruches & de
porter celle qu'on vouloit remplir à la place
de celle qu'on veut vuider. On secoue ensuite
rudement la vieille Ruche sur un drap pour
en détacher & en faire tomber toutes les opi-
niâtres qui auroient conservé trop d'affection
pour leur ancienne demeure ; sauf à elles d'aller rejoindre leurs compagnes de malheur, &
de se servir d'une planche qu'on leur présente
comme d'un escalier pour regagner leur nouveau domicile. On a encore travaillé dans
bien des endroits à perfectionner cette méthode prompte & facile de s'emparer de toutes les munitions d'une Ruche. On enfume
les Abeilles comme des renards pour les obliger à sortir par un trou qu'on pratique au
haut de la Ruche, & à se réfugier dans celle
qu'on a placé au-dessus.

ARISTE. Voilà une méthode aussi douce que prompte, aussi humaine que commode, d'enlever aux Abeilles toute leur cire & tout leur miel, sans les faire périr elles-mêmes. Puisque leur vie est en sûreté je ne vois pas ce que vous pourriez condamner dans cette pratique. Il n'y a rien ici qui puisse exercer votre critique ou exciter votre mauvaise humeur.

EUDOXE. Je conviens que ce procédé est beaucoup moins barbare & moins cruel que celui des Ciriers, & de tous ceux qui étouffent sans façon les Abeilles; mais il me sera aisé de vous faire voir qu'il est à peu-près aussi mal habile, aussi mal entendu, & aussi propre à diminuer & à détruire l'espéce de ces insectes intéressans pour l'Etat. Je n'insisterai pas sur la peine souvent infructueuse qu'on a à les faire déloger, & sur-tout la reine sans laquelle toute l'opération est inutile. Je ne veux pas même faire valoir le risque qu'on court de la faire périr, si elle s'obstine à rester entre les gâteaux & qu'on soit obligé de nettoyer ces rayons avec une plume, & de faire tomber toutes les Abeilles rebelles sur le drap étendu devant la Ruche; je passe à d'autres remarques plus importantes. On ne peut tenter de traverser une Ruche que dès le commencement du printems, jusqu'à la fin de l'été, c'est-à-dire, dès le mois d'Avril jusqu'au mois d'Août. Il est évident qu'on perdroit infaillible-

ment une Ruche si on commençoit trop
tôt ou si on attendoit trop tard. Dans le premier cas on la feroit périr de froid & de disette en la dépouillant de ses provisions; dans
le second cas on l'empêcheroit de se prémunir contre les rigueurs de l'hyver, & elle pé-
riroit infailliblement avant la fin de l'automne. Or en quelque tems que vous les trans-
vasiez vous faites toujours une perte irrépara-
ble : vous sacrifiez nécessairement tout le couvain de la Ruche, & ce couvain est l'unique
ressource qu'on ait pour la soutenir, la peupler, la renouveller. Sans lui vous n'aurez
dans la Ruche que vous venez de traverser
qu'un peuple foible, languissant, appauvri &
exténué par le défaut de citoyens & habitans
qui puissent remplacer ceux qui meurent journellement. D'ailleurs, combien d'Abeilles périssent pendant l'opération ? elles ne passent
pas toutes de bonne grace dans la Ruche
qu'on leur a destiné : il y en a un grand nombre qu'on ôte de dessus les gâteaux en les
balayant avec les barbes d'une plume ; plusieurs de celles-ci se trouvent emmiellées. Les
gâteaux coupés ou brisés laissent couler du
miel qui en enduit d'autres, & le miel qui
bouche leurs stigmates, les fait périr. Enfin, beaucoup d'autres Abeilles trop irritées,
piquent les gands, les bas, les habits de celui qui les inquiéte : elles laissent leur aiguillon dans les piquûres, & il leur en coûte la

vie. Il est impossible de parer à aucun de ces inconvéniens. Aussi est-il d'expérience constante que de cent Ruches traversées avec les précautions les plus scrupuleuses, il n'y en a pas dix qui réussissent & qui se soutiennent parfaitement. Les Abeilles ne se fixent & ne s'accoutument que difficilement dans une Ruche qui n'est pas de leur choix, & qui est absolument dépourvûe de toute provision. Elles l'abandonnent sans regret, & vont souvent chercher au hazard un autre domicile qui ne soit pas exposé à de si tristes avantures. On seroit trop heureux si on en étoit quitte pour la perte de cette Ruche traversée, mais ces Mouches désolées & déconcertées vont encore porter le ravage & la désolation chez leurs voisines, elles vont effrontément les piller & les voler, & souvent par leurs brigandages elles vous causent la ruine entiere du Rucher le mieux fourni. Je n'ignore pas qu'à Yévre-la-Ville, dont je vous ai déja parlé, M. Prou-tant un de ces particuliers dont le royaume n'a pas assez, y éléve cinq à six cens Ruches qu'il ne dégraisse point & qu'il traverse en les faisant passer dans une Ruche vuide; mais remarquez que ce citoyen quoique très-zélé & très-entendu, a été obligé de choisir parmi les differentes pratiques qui sont aujourd'hui en usage, celle qui a le moins d'inconvéniens, mais il lui a été impossible de les éviter tous; il perd immanquablement le couvain de toutes les Ruches traversées, sans compter un bon nombre d'Abeilles qui périssent pendant l'opération ; si malgré ces pertes & ces malheurs il tire encore un grand profit de ses Ruches, c'est parce qu'il prend une précaution singulière que vous ne devineriez peut-être jamais. Il a attention de ne les transvaser que dans un tems où la campagne fournit abondamment aux Mouches laborieuses de quoi réparer ce qui leur a été enlevé. Si les environs d'Yévre-la-Ville ne sont pas alors assez fournis de fleurs, on les voiture sur des charettes faites exprès dans un pays où l'on sçait qu'elles ne leur manqueront pas, c'est-à-dire, tantôt dans les plaines de Beauce, tantôt dans des endroits couverts du Gatinois & tantôt en Sologne, qui sont les lieux les plus voisins ; & cela selon que la saison & l'année le demandent. Tout cela, vous le voyez, exige des soins, des attentions, des préparatifs & des dépenses qui surpassent les facultés & l'industrie du plus grand nombre. Tout cela suppose d'ailleurs un voisinage de cantons favorables qu'on ne peut que rarement se procurer. En un mot, cette méthode ingénieuse de faire voyager les Abeilles pour réparer leurs pertes ou augmenter leurs provisions ne peut-être adoptée & exécutée que par un très-petit nombre de citoyens aussi éclairés & aussi bien situés que M. Proutaut. Mais, j'ose le dire, le produit des Ruches qu'on entretient à Yévre-la-Ville, deviendroit presque immense, si en fournissant aux Abeilles des recoltes presque continuelles à faire, on les dégraissoit sans inconvénient, & si on les renouvelloit toutes les fois qu'il seroit nécessaire, sans faire périr aucune Abeille & en sauvant tout le couvain.

Ariste. Ces projets sont admirables & font honneur à votre zéle pour la multiplication des Abeilles ; mais l'important & l'essentiel seroit de les réaliser & de faire voir que l'exécution en est possible & même facile.

Eudoxe. Sans présomption je suis en état de fournir des moyens aussi simples que peu dispendieux de dégraisser les Ruches & de les renouveller sans aucune perte. Je n'ai cherché, en grande partie, une nouvelle construction de Ruches que pour éviter les suites funestes de la taille & du renouvellement des Ruches anciennes. Ma méthode une fois trouvée, il m'a été facile de prendre des arrangemens très-naturels, soit pour dégraisser mes Ruches, soit pour les renouveller. Je vous ai déja donné une idée de la maniere dont je dépouille mes Abeilles du superflu de leurs provisions ; je vais ajoûter à ce que vous en sçavez déja, les précautions qu'il faut prendre pour rendre cette opération aussi aisée qu'il est possible. On dégraisse une Ruche en coupant les têtes de cette même Ruche. Mais pour cela 1°. il faut foulever légérement avec un cifeau les petites planchettes qui bouchent les petits trous de la hauffe fupérieure que vous voulez détacher, afin que vous ayez la facilité de paffer le fil de fer fous le couvercle qui condamne la grande ouverture de cette même hauffe. 2°. Il faut pareillement donner de l'air avec le cifeau à la hauffe que vous voulez ôter en la féparant légérement de la fuivante à laquelle elle eft adhérente. Il faut mettre des petits coins entre les deux pour donner au fil de fer la liberté de paffer avec aifance quand il en fera la féparation. 3°. Il faut détacher le couvercle qui bouche la grande ouverture de la hauffe que vous allez enlever, & faire defcendre avec le linge fumant les Mouches qui pourroient fe trouver dans cette hauffe. 4°. Vous paffez doucement & en fciant entre les deux hauffes le fil de fer qui les fépare dans un inftant, *planch.* 5. *fig.* 5. 5°. L'opération faite, vous placez la planche & les planchettes fur la hauffe qui eft devenue la premiere du haut, & vous ferrez & accommodez le tout à l'ordinaire. Il n'eft pas néceffaire de vous faire obferver que je ne fuis expofé à aucun danger de la part des Abeilles, quoique je puiffe faire & que je faffe le plus fouvent cette opération en plein midi. Elles ne peuvent prefque pas s'appercevoir du partage que je fais de leurs provifions, parce que je ne déplace point la Ruche, je ne la renverſe point, je ne touche pas même à l'endroit qu'elles habitent ou qu'elles fréquentent actuellement. Elles commencent toujours leur édifice par le haut, & le continuent toujours en deſcendant. Les Abeilles ne riſquent pas non plus d'être écraſées ou emportées avec la hauſſe. Si je fais cette opération dans le milieu d'un beau jour bien ſerein, elles ne ſont pas en grand nombre dans la Ruche. Quand même je prendrois une autre heure, la fumée du linge détermineroit facilement à deſcendre dans les hauſſes inférieures celles qui ſe trouveroient dans la hauſſe que je veux détacher.

ARISTE. Cette façon de dégraiſſer les Ruches eſt évidemment auſſi ſimple que commode pour vous & pour vos cheres Abeilles. Je ne crains qu'une choſe, c'eſt que vous ne retombiez dans les inconvéniens que vous m'avez démontré être inſéparables de l'ancienne pratique, c'eſt-à-dire, que vous ne perdiez le couvain qui peut être dans cette hauſſe que vous ſéparez, & que vous ne faſſiez périr les Abeilles qui iront s'empâter dans le haut de cet ouvrage gluant que vous avez remué & partagé.

EUDOXE. Ne craignez rien ni pour le couvain ni pour les Abeilles. La hauſſe ſupérieure ne contient point de couvain : il eſt toujours placé dans le milieu ou dans le bas de la Ruche. Je ne m'empare donc que d'une hauſſe pleine de cire & de miel. Si elle étoit du nombre de celles que je place quelquefois dans le bas pour faire travailler les Abeilles en cire, & que je transporte ensuite dans le haut pour les faire remplir de miel, j'attendrois l'espace de quinze jours avant de la détacher pour donner le tems d'éclore aux œufs que la reine auroit pû lui confier, tandis qu'elle étoit dans le bas de la Ruche. Les Abeilles ne font pas non plus exposées à s'emmieller dans la hausse que je viens de recouvrir. Le fil dont je me fers pour séparer les rayons, les coupe proprement & d'une maniere très-unie, de forte qu'elles ne courent pas plus de risque de périr dans cet endroit que dans tout le reste de la Ruche.

ARISTE. Je souhaite que vous ayez été aussi heureux dans la maniere de renouveller les vieilles Ruches. C'est encore là une de mes grandes inquiétudes.

EUDOXE. Vous allez juger de la valeur de ma méthode par la simple exposition que je vous en vais faire. Pour renouveller une vieille Ruche, je forme une autre Ruche de trois hausses dont la derniere soit garnie de son fond & de ses planchettes. On a une planche percée au milieu d'un grand trou de huit pouces en quarré pour laisser librement passer les Abeilles d'une Ruche à l'autre. Cette planche déborde de trois pouces sur le devant pour donner aux Abeilles la facilité d'aborder leur Ruche, *planch.* 5. *fig.* 2. On enfume les Abeilles de la Ruche qu'on veut renouveller, on les engourdit par là & on les oblige de se réfugier dans le haut. Après ces préparatifs on renverse promptement cette même Ruche sans dessus dessous sur sa propre table, & une autre personne qui vous aide pose aussitôt de la main gauche la planche percée sur la grande ouverture de cette Ruche renversée, & de la main droite elle place la Ruche vuide sur cette planche. On condamne sur le champ avec un morceau de liége la bouche de la mere-Ruche qui servoit de passage ordinaire aux Abeilles pour les obliger à passer désormais par la bouche de la Ruche supérieure. On place ensuite un surtout qui vient appuyer sur les bords de la planche ajourée qui sépare les deux Ruches, *planch.* 5. *fig.* 1. Je laisse le tout dans cette situation l'espace de trois semaines. Au bout de ce terme je sépare les deux Ruches, en ôtant la mere-Ruche pour remettre la nouvelle à sa place ; mais avant que d'emporter l'ancienne Ruche, j'ai soin de lui ôter son fond & ses planchettes, & en me retirant de deux pas par le moyen du soufflet ordinaire, je force celles qui pourroient encore y être, à regagner la nouvelle Ruche qu'elles sont déja accoûtumées à regarder comme leur demeure ordinaire. On doit commencer cette opération le 15. ou le 20. de Mai, & séparer les deux

Ruches le 8. ou le 12. de Juin. Vous comprenez fans peine que je n'ai pas perdu une feule Abeille. Je n'entrerai point dans tout le détail des avantages & des utilités que préfente au premier coup d'œil une manœuvre auffi facile qu'elle eft importante.

ARISTE. Je voudrois qu'il me fut permis de vous donner tous les éloges que mérite une invention auffi utile & auffi intéreffante. Rien ne me paroît mieux imaginé que ce procédé, ni rien de plus propre à ménager nos intérêts en favorifant ceux des Abeilles. Mais pour vous épargner des louanges qui ne vous flatteroient pas beaucoup dans ma bouche, je vais, pour plus ample inftruction, vous faire quelques queftions aufquelles j'efpere que vous voudrez bien répondre. Pourquoi choififfez-vous le mois de Mai pour cette opération ? pourquoi laiffez-vous vos deux Ruches réunies pendant trois femaines ? pourquoi enfin ne vous fervez-vous pas du morceau de linge fumant pour forcer les Abeilles à abandonner la vieille Ruche ?

EUDOXE. Je vais fatisfaire en peu de mots à toutes vos demandes. Je choifis le mois de Mai parce que c'eft celui de la plus abondante recolte pour les Abeilles, & celui par conféquent dans lequel il leur eft plus aifé de garnir promptement leur nouvelle Ruche qu'elles regardent moins comme un domicile différent, que comme une continuation du premier.

Elles font même d'autant plus portées à fournir en peu de tems la Ruche fupérieure de
cire & de gâteaux, que c'eft le tems de la
ponte de la reine, & qu'elles font d'ailleurs
accoûtumées à porter leurs provifions dans le
haut de toute Ruche qu'elles habitent, jufqu'à
ce qu'il foit entiérement fourni. Si je laiffe
les deux Ruches réunies pendant trois femaines, c'eft pour donner au couvain le tems
d'éclore & de fe perfectionner. Les Abeilles
en travaillant dans la Ruche fupérieure pour
y former des gâteaux, n'abandonneront pas
le couvain qui eft dans l'inférieure. Je me
fers du foufflet ordinaire & non du linge fumant, parce qu'il n'eft pas queftion ici d'é-
tourdir & d'endormir un ennemi dont on
craint les forties, il ne s'agit que de faire
décamper les pareffeufes. La fumée les obli-
geroit fans doute à déménager, mais elle
leur donneroit un goût particulier qui les
expoferoit à être méconnues des autres & à
en être enfuite égorgées.

ARISTE. Il faut donc bien peu de chofe
pour perdre parmi elles le droit de bourgeoifie.

EUDOXE. L'attachement invincible qu'elles
ont à leurs provifions, & la crainte qu'elles
ont du pillage, les rendent très-précautionnées
& très-attentives fur tout ce qui entre dans
leur Ruche. Je vous ferai voir quand vous
voudrez que leurs précautions ne fçauroient
être exceffives. Le pillage eft un des grands

fleaux qu'elles ayent à craindre ; je vous en
entretiendrai à notre premiere rencontre. Nous
ajoûterons quelqu'autre matiere à notre conversation fi le tems nous permet de la prolonger.

ONZIE'ME

ONZIE'ME ENTRETIEN.

Pillage des Abeilles. Expofition des Ruches. Pofitions favorables aux Abeilles : celles qu'il faut éviter.

ARISTE. IL me tarde de vous entendre parler du pillage. Les furieux affauts, les fiéges meurtriers, les combats fanglans que les Abeilles ont à effuyer de la part des guêpes & des frelons, la belle défenfe que nos Mouches ne manquent pas de faire, font une matiere curieufe & intéreffante dont je n'ai encore vû aucune relation bien exacte & bien circonftanciée.

EUDOXE. Le pillage dont je dois vous entretenir aujourd'hui n'eft pas communément exercé par les guêpes & les frelons. Ces infectes ne font pour les Abeilles que des troupes légeres qui ne font que la petite guerre ; une guerre de furprife ; mais ils ne hazardent point de combats généraux, ils ne livrent point de batailles rangées, ils ne forment point de grandes entreprifes, ils ne font point de fiéges en forme. Il eft vrai qu'ils ne négligent rien pour s'emparer d'une Ruche pleine de miel, qu'ils réuffiffent même quelquefois à s'introduire dans des Ruches foibles, à en chaffer les véritables propriétaires, & à rava-

X

ger entiérement les magasins de miel ; mais il ne leur est pas ordinaire d'employer la force ouverte pour pénétrer dans une Ruche. Naturellement lâches & poltrons ils craignent les Ruches fournies d'une bonne garnison & n'en approchent pas. Ils ne prennent le parti de la violence que lorsqu'ils sentent leur supériorité & la foiblesse de leurs ennemis. Aussi ne vont-ils que rarement en bande, ils se contentent de se poster avantageusement aux environs d'un Rucher pour tomber sur une Abeille qui revient des champs. Tête à tête, seule à seule, une guêpe est plus forte & plus vigoureuse qu'une Abeille. Elle l'a bientôt expédiée. Elle l'éventre impitoyablement pour se saisir du miel qui est renfermé dans ses entrailles. Quelque touchant que soit ce malheur, il n'est cependant pas assez commun & assez général pour détruire une Ruche, & il ne lui fait pas à beaucoup près autant de tort que le pillage qui fait périr plus de Mouches & plus de Ruches que tous les autres ennemis des Abeilles ensemble.

Ariste. Est-ce que vous voudriez mettre le pillage sur le compte des Abeilles ? lorsque vous m'avez parlé de pillage j'ai toujours pensé qu'il s'agissoit des guêpes & des frelons. Pour ces insectes là on sçait à quoi s'en tenir. On peut les soupçonner de toute sorte de crimes sans être téméraire & sans faire aucun tort à leur réputation. Mais si l'accusation regarde les Abeilles , elle me paroît un peu plus sérieuse & plus grave , elle mérite d'être bien examinée & bien approfondie.

EUDOXE. Rien de plus vrai que les Abeilles se pillent elles-mêmes. Chez elles , comme parmi nous , elles trouvent dans leur propre espéce & dans leurs semblables , des assassins & des brigands d'autant plus à craindre qu'elles ont moins lieu de s'en défier , & qu'elles peuvent moins se précautionner contre leurs attaques & leurs invasions.

ARISTE. Vous me surprenez d'autant plus qu'il m'est impossible de deviner les causes qui déterminent les Abeilles à faire cet indigne mêtier. Parmi nous la paresse & le libertinage , l'oisiveté & la gourmandise forment des voleurs & des scélérats ; mais on ne soupçonnera jamais les Abeilles d'aucun de ces défauts. Elles sont de l'aveu de tout le monde très-actives , très-laborieuses & très-économes , & elles trouvent abondamment dans leur propre Ruche dequoi contenter la sensualité la plus rafinée. Pourquoi donc iroient-elles voler & piller leurs voisines ?

EUDOXE. Ce n'est pas communément par libertinage , ni par paresse que les Abeilles vont au pillage , c'est par besoin & par nécessité. Il est vrai que les inclinations perverses & corrompues d'une certaine espéce d'Abeilles sont quelquefois cause de ce désordre. Je vous ai déja averti que les grosses brunes

de bois font plus fujettes à caution que toutes les autres. Ainfi il faut vous en défier &
ne leur point donner place dans votre Rucher;
mais il y a plufieurs autres raifons qui forcent pour ainfi dire les plus pacifiques & les
plus laborieufes à faire ce honteux mêtier. La
mifere, la faim & la difette au commencement du printems ou d'un nouvel établiffe-
ment quand les premiers jours ont étés mauvais & ne leur ont pas permis de fortir, le
petit nombre de citoyens d'un effaim foible
& tardif, qui fe dégoûtent & qui n'ôfent entreprendre de garnir une Ruche dépourvûe de
provifions, tout cela concourt à former des
bandes de voleurs & de brigands. Auffi eft-il
d'expérience que les faux jettons ou ceux qui
font trop foibles ou qui arrivent trop tard,
& qui n'ont pas été réunis à tems à d'autres, font ceux qui caufent le plus de ravage
dans un Rucher. Il y a encore une autre fource
de ce même mal, qui a lieu dans l'ancienne
méthode, & à laquelle il n'eft prefque pas
poffible d'apporter reméde; ce font les vers,
les teignes, & les autres infectes qui pénétrent facilement dans les Ruches ordinaires,
qui s'y cantonnent, s'y multiplient, dévorent
& gâtent tout l'ouvrage d'une Ruche, de
forte que les Abeilles n'ont rien de mieux à
faire que de la leur abandonner. Ces Mouches errantes & vagabondes cherchent à vivre
aux dépens de qui il appartiendra. Si elles

font les plus fortes elles afficgeront une autre Ruche, elles en chafferont les propriétaires, elles ravageront toutes leurs provifions dans un inftant. Celles qui ont été chaffées de leur maifon iront à leur tour tenter de nouvelles avantures, ou plûtôt exercer de nouveaux brigandages, & ainfi le mal deviendra contagieux & épidémique, & vous verrez les Ruches les mieux fournies, défolées & réduites à rien par ce cruel accident. Celles qui ont étés rongées par les fouris, les mulots & autres animaux, qui ont effuyé les cruelles vifites des guêpes & des frelons, font encore fouvent obligées d'abandonner leur Ruche pour aller chercher leur fubfiftance dans d'autres Ruches plus faines ou mieux garnies. Telles font en abrégé les principales caufes du pillage, ce fleau fi redoutable & fi funefte aux Abeilles.

ARISTE. Voilà bien du pillage & du brigandage. Je m'étonne qu'il y ait encore une feule Ruche fubfiftante. Pour calmer mes inquiétudes apprenez moi-en quel tems je dois craindre le pillage, & qu'elles en font les marques & les remédes.

EUDOXE. Je différerai à répondre à votre premiere queftion jufqu'à ce que nous nous entretenions de la maniere de gouverner les Abeilles dans tous les mois de l'année. Je dois cependant vous avertir en général que le pillage eft plus à craindre deux ou trois jours après la pluye, parce qu'alors la faim

presse plus vivement celles qui ont souffert
par défaut de provisions. L'appétit est alors
si violent qu'elles saisissent les moyens les plus
courts & les plus sûrs de le contenter en
peu de tems. Je vais maintenant satisfaire par
ordre à vos autres questions. On connoît
qu'une Ruche est livrée au pillage lorsqu'on
entend un bruit plus grand qu'à l'ordinaire,
& qu'on en voit sortir les Abeilles avec plus
d'affluence & de précipitation que de coûtume. On voit ensuite des combats & des duels
à la porte de cette Ruche qui est assiégée généralement par-tout, pardevant, par derriere & par les côtés. D'autres veulent qu'on
distingue une Ruche livrée au pillage lorsqu'on voit une quantité extraordinaire de
Mouches entrer & sortir avec grand bruit,
principalement sur le midi, comme autant de
voleurs impudens qui triomphent, qui entrent
vuides, le ventre applati, & qui sortent le
ventre gros & rempli. Quoiqu'il en soit de
ce signe qui n'est peut-être qu'équivoque à
raison de la difficulté qu'il y a à reconnoître
dans le tumulte si des Abeilles ont le ventre
plein ou applati, il ne faut pas confondre
avec le pillage les ébats & les divertissemens
que de jeunes Abeilles prennent aux environs
de la Ruche avant que d'entreprendre aucun
voyage en campagne. Les Abeilles qui viennent de naître ne vont pas toutes le premier
jour butiner les fleurs; on leur permet de ba-

dîner, de s'amuſer ou de ſe fortifier pendant quelques jours avant que de les conduire à l'ouvrage. Il faut donc bien diſtinguer le pillage de ces jeux d'enfans, afin de ne point prendre de précautions inutiles ou même dangereuſes. Au reſte il eſt aiſé de diſtinguer la jeuneſſe qui cherche à paſſer ſon tems, des Abeilles étrangeres qui viennent aſſiéger une Ruche. Les jeunes Mouches ſe tiennent conſtamment devant la bouche de la Ruche, elles ont même toujours la tête tournée contre ſon entrée pour la reconnoître & ne la pas perdre de vûe, au lieu que les Mouches aſſiégeantes environnent la place de tout côté ſans garder aucune direction réglée, ni aucune poſition déterminée.

ARISTE. Puiſque les Mouches, ſoit étrangeres, ſoit du même Rucher, ſe pillent les unes les autres, n'auriez-vous pas quelque moyen de les reconnoître & de les diſtinguer? cette connoiſſance ne vous ſeroit pas entiérement inutile. Si ce ſont vos Mouches qui font le pillage, vous pourrez plus attentivement veiller ſur leurs démarches, les retenir dans leurs Ruches, ou pourvoir à leurs beſoins ſi c'eſt la miſere qui les réduit à la triſte reſſource de voler les autres.

EUDOXE. Il y a un moyen bien ſimple de reconnoître ſi ce ſont vos Abeilles ou des étrangeres qui ſont occupées du pillage. Vous n'avez qu'à jetter une poignée de fine farine

fur les Mouches qui font attroupées devant
la Ruche. Cette farine les colorera & les fera reconnoître lorfqu'elles rentreront dans leur
Ruche. Venons aux moyens d'éviter le pillage. Le fecret le plus efficace & le plus fouverain pour le prévenir, c'eft de n'avoir que
des Ruches fortes & bien fournies en peuple
& en provifions; pour cela il faut foigner
attentivement vos Abeilles dans tous les tems
critiques, fournir abondamment à leur fubfiftance, veiller exactement à leur propreté,
réunir & marier dans le tems tous les petits
effaims enfemble, enforte que vous n'ayez
point de Ruche foible, foit à l'entrée de
l'hyver, foit dans les autres faifons, dont les
Abeilles foient contraintes d'aller au pillage
pour vivre. Par cette précaution effentielle
vous n'aurez pas à craindre que les vôtres
aillent à la picorée, parce qu'elles ne manqueront de rien chez elles; vous n'aurez pas
même tant à craindre de la part des étrangeres & de celles de vos voifins, parce que
les vôtres étant vigoureufes, bien peuplées
& bien nourries, elles feront en état de fe
bien défendre & de foutenir avec avantage
les affauts qu'on leur livrera. Si cependant par
inattention ou par accident vous avez quelque
Ruche trop foible dont vous foyez en droit
de vous défier, ou pour laquelle vous ayez
à craindre, (parce qu'il arrive auffi que les
fortes qui fentent leur fupériorité vont piller

les foibles ,) ayez foin de les éloigner les unes des autres ; le voifinage leur fourniroit occafion de connoître mutuellement leur état & leur fituation , & de prendre enfuite des réfolutions violentes dont vous feriez la victime.

ARISTE. Il en eft donc parmi les Abeilles comme parmi nous. Si les pauvres font pour les riches des voifins incommodes & fouvent dangereux , ils ne trouvent quelquefois rien moins qu'un protecteur dans un voifin puiffant & accrédité. Vous ne m'ôtez cependant qu'une partie de mes inquiétudes. Les Abeilles étrangeres foibles par accident ou méchantes par inclination , viennent quelquefois attaquer vos Abeilles , dont les forces & l'opulence ne les épouvantent pas. Avez-vous quelque fecret pour empêcher les progrès du pillage quand le combat eft engagé ? tout ce que vous m'avez dit eft excellent pour prévenir le mal dans bien des cas , mais n'y remédie pas quand il eft commencé.

EUDOXE. Vous ne ferez expofé à cet accident qu'autant que vous aurez manqué dans les tems néceffaires , que j'aurai foin de vous indiquer , de tourner le cadran du côté des arcades , & de n'en laiffer qu'une ou deux pour toute ouverture. Si vous avez cette attention vous préviendrez infailliblement le pillage , parce que les Abeilles domiciliaires de la Ruche affiégée , fçauront bien fe défendre , fûffent-elles beaucoup moins nombreufes que les affaillantes. Ces dernieres ne pouvant fe préfenter qu'en détail trouveront infailliblement à qui parler. Cependant fi vous aviez lieu de craindre que votre Ruche ne fuccombât fous les efforts de ces Abeilles acharnées, vous n'avez qu'à tourner le cadran du côté des petites ouvertures, aucune Abeille n'y pourra plus pénétrer.

ARISTE. Je crains bien que vous n'enfermiez le loup dans la bergerie. L'ennemi qui fe trouvera au milieu de la place, furieux & défefpéré de n'en pouvoir fortir, y mettra tout à feu & à fang.

EUDOXE. Ne craignez point. L'ennemi ne fera plus l'aggreffeur, il aura affez d'embarras à fe défendre, il ne fera pas même une longue réfiftance, les Abeilles du dedans en feront bonne & prompte juftice. Dès que vous jugerez à propos de donner la liberté à vos prifonnieres, vous verrez les cadavres de ces téméraires affaillantes trainés à la voirie. Je vous ai déja fait remarquer la grande utilité de ce cadran, & la facilité qu'il donne d'éviter une des caufes la plus ordinaire & la plus générale de la perte ou du dépériffement de nos Ruchers. L'ancienne méthode n'avoit rien à oppofer au-pillage, & elle n'avoit aucun moyen de le prévenir.

ARISTE. Il me femble que vous me foulagez moi-même, lorfque je vous vois attentif à la confervation de ces infectes précieux. Puifque vous êtes en train de m'enfeigner la maniere de les garentir des accidens qui les font périr, apprenez-moi les moyens de les faire profpérer, & fur-tout en quel endroit je dois les placer pour en tirer plus de profit.

EUDOXE. J'entends ce que vous me demandez. Vous voulez connoître les bonnes pofitions & les expofitions favorables aux Ruches & aux Abeilles.

ARISTE. Y a-t'il quelque différence entre ces deux chofes?

EUDOXE. Il y en a une très-grande en effet. Les Abeilles peuvent être dans une bonne expofition, & cependant être placées dans une pofition qui leur feroit défavorable; de même elles peuvent être dans une pofition heureufe & bien choifie, & cependant fe trouver dans une expofition qui ne le feroit pas. Je vais vous parler de l'une & de l'autre. On entend par l'expofition d'une Ruche fon emplacement rélativement au foleil & aux vents. Il faut, autant qu'il eft poffible, éviter de placer vos Ruches au nord & au couchant. Votre Rucher fera toujours beaucoup mieux au midi. Si cependant le terrein ne vous permettoit pas de choifir, il faudra au moins avoir attention que toutes vos Ruches foient expofées au foleil de dix heures, de forte que dans ce moment il donne fur les entrées de vos Ruches.

ARISTE. Sauf meilleur avis j'aimerois mieux les expofer au foleil levant. Dans les tems froids elles profiteroient des douces influences & de la benigne chaleur des premiers rayons du foleil.

EUDOXE. Il leur feroit quelquefois très-défavantageux de recevoir les premiers rayons du foleil levant. En voici la raifon. A la fortie de l'hyver & au commencement du printems beaucoup d'Abeilles déterminées à fortir de leur Ruche par l'impreffion de cette premiere chaleur qui les auroit dégourdies, prendroient trop tôt leur effort, mourroient avant que de pouvoir rentrer dans leur Ruche ; chaque jour il y en auroit un bon nombre qui feroient faifies dehors par le froid, & qui n'auroient pas la force de regagner leur habitation, & ainfi votre Ruche la mieux fournie fe dépeupleroit en peu de tems. Il eft donc important de ne pas donner à vos Ruches cette expofition. Il eft beaucoup moins dangereux de les expofer au foleil de dix heures, parce que fi elles font alors dégourdies & invitées à fortir, l'air lui-même fera fuffifamment réchauffé pour ne pas les faire périr en campagne. Voilà pour l'expofition. La pofition d'un Rucher peut être confidérée ou relativement au lieu particulier dans lequel vous le placez, ou relativement au pays & au canton dans lequel vous vous trouvez. Ces deux objets très-différens en eux-mêmes de-

mandent des mesures différentes & des attentions particulieres. Votre Rucher doit, si cela
dépend de vous, être proche de votre maison, afin que vous puissiez le soigner & le
visiter plus aisément. Il doit être à l'abri des
grands vents & des ouragans qui empêchent
quelquefois les Abeilles de rentrer dans leur
Ruche. Il est bon que vos Abeilles soient
placées dans des jardins, afin qu'elles y trouvent au moins quelques fleurs à portée, &
qu'elles ne soient pas toujours obligées d'en
aller chercher au loin. On court moins de
risque de perdre les essaims, lorsque ce jardin est planté d'arbres peu élevés, tels que
sont ceux en buisson, que lorsqu'ils ne sont
remplis que de très-hauts arbres. Il y a toujours à craindre pour l'essaim quand les Mouches qui le composent s'élévent beaucoup en
l'air en sortant de la Ruche ; le haut vol
qu'elles ont pris les engage à un vol plus
long. D'ailleurs vous avez beaucoup moins
de peine à ramasser un essaim placé sur un
arbre peu élevé. Il faut cependant des arbres
aux Abeilles pour les divertir, pour faciliter
leur vol, & empêcher que les nouveaux essaims
ne prennent la fuite. Il doit y avoir aussi
près des Ruches quelque eau courante avec
quelques cailloux jettés dedans, ou quelques
branches d'arbres posées en travers & de côté,
afin que les Abeilles puissent y boire, se re-
poser, se garantir du chaud, se rassembler

ou se sauver de l'eau quand quelque coup de vent les y a dispersées ou précipitées.

A**riste**. Virgile a prévû depuis long-tems l'inutilité de cette précaution. Il nous apprend que les Abeilles sçavent se mettre en état de ne pas trop céder en l'air aux vents impétueux, & que pour n'en être pas le jouet, avant que de s'envoler, elles se lestent & se chargent d'une petite pierre qu'elles tiennent entre leurs jambes pour lutter contre le vent, & n'être pas si exposées à ses agitations & à ses mouvemens.

E**udoxe**. C'est encore ici une des fables qui ont étés mêlées avec la véritable histoire des Abeilles. Des observateurs non suspects ont examiné attentivement celles qui sont ramenées à la Ruche par les forts coups de vents, ils n'en ont vû aucune qui ait eu recours à un pareil expédient. Plusieurs centaines de petites pierres, transportées par autant de Mouches, seroient pourtant aisées à trouver auprès des portes ou dans l'intérieur même de la Ruche. Swammerdam, cet infatigable observateur, a très-bien deviné ce qui a donné lieu aux anciens d'attribuer une pareille industrie aux Abeilles. Il y a des Mouches qui leur ressemblent, qui bâtissent avec du gros gravier contre les murs; comme il arrive quelquefois à ces insectes maçons de laisser tomber les matériaux qu'ils portent, & que d'ailleurs ils ont quelque ressemblance avec les Abeilles, on les a confondu avec elles, & on a fait honneur aux Abeilles d'une précaution qu'elles n'ont jamais prise. Elles ne sçavent réellement d'autre reméde contre l'orage que de se sauver le mieux & le plûtôt qu'elles peuvent. Ainsi il faut leur procurer de l'eau, mais empêcher qu'elles ne puissent se noyer dedans. Au défaut d'eau courante on leur en fournit aux environs de leurs Ruches dans des assiettes sur lesquelles on met de petites branches afin qu'elles puissent boire sans danger. Enfin il leur est très-avantageux que le lieu dans lequel elles sont placées, & les environs abondent en herbes odoriférantes, telles que le thim, le romarin, la melisse, la sariette, la lavande, le serpolet, la sauge, les genêts, le lys, le jasmin, la rose & autres fleurs de bonne odeur. Tout cela les attire, les attache & les fixe dans leur domicile.

ARISTE. Voilà ce qui est profitable aux Abeilles. Y a-t'il quelque chose qui leur soit nuisible ?

EUDOXE. Le voisinage des étangs & des grandes rivieres leur est fort pernicieux, parce qu'il y en périt un très-grand nombre dans des tems de grands vents & de forts orages. Je crois qu'elles sont encore mieux, éloignées des grandes villes ; elles s'introduisent assez volontiers chez les confiseurs & chez tous ceux qui préparent les sucreries, & elles payent souvent fort cher leur gourmandise & leur

senfualité, parce qu'elles entrent dans toute
forte de pots & de vafes, & elles y font fouvent noyées par l'eau qu'on y jette.

ARISTE. Puifque vous leur défendez les
lieux où elles trouvent de la friandife, je crois
que je fuis pour le moins autant autorifé à
leur interdire les bourbiers, les fumiers & autres lieux infectes & puants.

EUDOXE. Je ne vous confeille pas de leur
choifir par préférence le voifinage de pareils
endroits, quand ce ne feroit que pour vous
épargner à vous-même de partager avec elles
les mauvaifes odeurs qu'on y refpire ; mais je
ne penfe pas, comme je vous l'ai déja dit,
que certains endroits, à raifon de l'averfion
que nous avons pour eux, foient pour cela
même défagréables aux Abeilles. Elles recherchent avec empreffement les eaux falées, les
lieux imbibés & infectés d'urine, l'eau dé-
trempée dans la fiente de bœuf, & les égouts
de fumier. Ce qu'on doit principalement éloigner des Abeilles, ce font les herbes & les
plantes qui peuvent leur nuire ou donner une
mauvaife qualité à leur miel. De ce nombre
font les oignons, l'ail, la ciboule, les poi-
reaux, la cigue, la rhue, la jufquiame, &c.
qui font un mauvais miel. Le fureau, l'orme,
le tilleul, le tithymale donnent la diffentrie
aux Abeilles. L'ellebore, le buis, l'arboufier,
l'if, le cornouillier, felon quelques auteurs,
les incommodent & nuifent à leurs provifions.

ARISTE.

ARISTE. Voilà bien de l'ouvrage. Je ne sçais pas trop s'il est possible d'épargner aux Abeilles tous ces désagrémens. Où est le canton dans lequel il n'y ait aucune de ces herbes, de ces fleurs ou de ces plantes ?

EUDOXE. Je n'ai pas prétendu vous dire qu'il faille scrupuleusement arracher ou détruire toutes ces différentes plantes. La chose seroit souvent impossible, soit parce qu'on en feroit inutilement une recherche exacte, soit parce qu'il ne vous est pas permis d'aller détruire sur le terrein d'autrui des arbres ou des herbes qui seroient nuisibles à vos Abeilles. J'ai seulement voulu vous avertir qu'il faut préférer pour placer vos Abeilles, les lieux qui abondent le moins en mauvaises plantes, qu'il faut les détruire dans les environs de votre Rucher lorsque vous le pouvez, & les empêcher de se multiplier autant qu'il dépend de vous. Voici maintenant en peu de mots ce qui regarde la position des Ruches relativement au canton & au pays que vous habitez. Je pense qu'on peut distinguer trois positions différentes qui vous donneront trois produits différens. Les plaines de bled, les prairies, les petits ruisseaux forment ce que j'appellerai la moyenne ou la médiocre position. L'abondance des bleds & des prés, la proximité des bois, des grands friches & des petits ruisseaux forment la bonne position. Le voisinage des avoines, des prairies, des sarrazins, des

Y

bois, des grands friches & des montagnes cou-
veertes d'herbes odoriférantes, l'éloignement
des étangs & des rivieres, forment l'excéllente
pofition. Celle-ci vous rapportera deux fois
plus que la premiere & elle doublera fur la
feconde.

ARISTE. Quoiqu'il y ait beaucoup de choix
à faire entre ces différentes pofitions, il eft
du moins confolant de tomber toujours affez
bien pour retirer un profit très-honnête de
fes Ruches quelque part qu'on foit placé.

EUDOXE. Ne penfez pas qu'on puiffe placer des Ruches dans tout canton & dans telle
quantité qu'on le voudra. Il faut foigneufe-
ment examiner la qualité du pays dans lequel
on fe trouve, voir s'il eft propre à faire des
entrétiens d'Abeilles, proportionner le nombre des habitans à la quantité de nourriture
que peut fournir ce canton, & ne pas placer
cent Ruches dans un lieu qui n'en peut nourrir que cinquante. Les vaftes & fécondes plaines de la Beauce, de l'ifle de France & du
Soiffonnois qui font des greniers de bled pour
la France, mais qui ont peu de prairies arro-
fées par des ruiffeaux, ceffent dans bien des
années de fournir aux Abeilles dequoi faire
des recoltes, long-tems avant que les faifons
qui les retiennent chez elles foient proches.
On arrache dans ces provinces tout le chau-
me des champs, & en même-tems les herbes qui s'y trouvent. Dans ces pays, lorfque

l'été est sec, après que les foins ont été coupés, & au moins dès que les bleds sont murs,
tout est aride dans les campagnes ; les Abeilles ont beau les parcourir, elles n'y trouvent
point ou y trouvent si peu de fleurs qu'à
peine celles qui sont les plus heureuses trouvent-elles quelques petites pelottes de cire,
qu'à peine recueillent-elles dequoi se nourrir
hors de leur Ruche ; mais elles ne trouvent
pas de miel à rapporter. Il faut donc se régler sur la connoissance qu'on a du canton
qu'on habite ; c'est le vrai moyen de ne pas
s'exposer à des meprises dispendieuses, & de
retirer de ses Abeilles tout le produit qu'elles
peuvent donner. Nous nous entretiendrons,
si vous le voulez, la premiere fois que nous
nous verrons, du profit que les Abeilles bien
conduites peuvent nous procurer, soit en cire,
soit en miel.

DOUZIE'ME ENTRETIEN.

Usage & consommation de la cire. Commerce de la cire augmenté par cette nouvelle construction de Ruches. Propriétés du miel. Choix du miel. Maniere d'empêcher la cire de se moisir.

ARISTE. Y A-t'il encore aujourd'hui quelque peuple aussi simple, ou plûtôt aussi peu policé que les Livoniens, dont on dit qu'ils ignoroient tellement la valeur de la cire qu'ils la prenoient pour un marc inutile, & rejettoient les gâteaux dont le miel avoit été exprimé ?

EUDOXE. Le commerce a éclairé les nations les plus barbares sur la valeur & sur le prix de la cire. On va la chercher dans toutes les contrées où on en peut faire des recoltes qui sont le produit du travail, soit des Abeilles qu'on tient en Ruche, soit de celles qui habitent des creux de troncs d'arbres dans les forêts. Il faut fournir à la consommation que tant d'arts, tant de métiers en font. Les usages de la cire sont aujourd'hui presque infinis, & les modernes les ont tellement multipliés qu'il seroit presque impossible de les détailler. Vous en connoissez déja un bon nombre, mais peut-être que vous n'avez jamais entendu parler du sieur Benoît & de l'invention ingénieuse de ces cercles composés de personnages de cire qui ont fait si long-tems l'admiration de la cour & de la ville. Cet homme peintre de profession trouva le secret de former sur le visage des personnes vivantes, même les plus délicates & sans aucun risque, ni pour la santé, ni pour la beauté, des moules dans lesquels il fondoit des masques de cire ausquels il donnoit une espéce de vie par les couleurs, & des yeux d'émail, imités d'après le naturel. Ces figures revêtues d'habits conformes à la qualité des personnes qu'elles représentoient, étoient si ressemblantes, que les yeux leur croyoient quelquefois de la vie ; mais les figures anatomiques faites en cire par le même Benoît, peuvent encore moins s'oublier que la beauté de ses portraits. Ces représentations que tant d'autres ont multiplié après lui, & qui sont aujourd'hui si communes & si répandues, plaisent par la grande ressemblance qu'elles ont avec la nature, & épargnent à ceux qui ne veulent avoir qu'une légere teinture d'anatomie, l'horreur & le dégout qu'inspire naturellement la dissection des cadavres. Outre ces usages de curiosité ou de commodité ausquels la cire est employée, le médecine & la chirurgie sçavent s'en servir pour nous donner des secours. L'huile qu'on tire de la cire mêlée avec du beurre est appliquée avec succès sur les engélures, les crévasses & les gersures des levres, des mains & autres parties, pour les dartres vives, & sur-tout pour les brûlures. Les usages que la pharmacie en fait sont encore très-étendus. Elle entre dans la plûpart des onguents & des emplâtres, dans quelques beaumes : c'est la cire qui fait la base des cérats, qui sont des préparations ausquelles elle donne son nom. Mais la quantité que nous en brûlons surpasse de beaucoup la quantité qui est employée à tous les autres usages ensemble. Elle n'est plus aujourd'hui uniquement réservée pour l'autel & pour le louvre. Presque tout le monde s'éclaire avec des bougies. Le luxe a porté dans tous les pays policés & sur-tout en France la consommation de la cire à une quantité prodigieuse ; & dans le vrai il seroit à souhaiter qu'elle pût seule suffire à nous éclairer, qu'on pût se passer pour cet usage de toutes les autres matieres qu'on employe. Le suif en nous éclairant empoisonne nos habitations d'une vapeur & d'une fumée aussi désagréables que nuisibles à nos meubles & à la santé de ceux qui sont obligés de s'en servir de suire pendant quelque tems.

Ariste. Il faut bien des Abeilles pour fournir à une si grande consommation.

Eudoxe. Il s'en faut de beaucoup que l'Europe puisse fournir assez de cire pour le besoin qu'elle en a. Nous en tirons de Barbarie, de Smyrne, de Constantinople, d'Alexandrie & de plusieurs isles de l'Archipel, particuliérement de Candie, de Chio & de Samos, & l'on peut évaluer dans ce seul royaume la consommation de cette cire étrangere à près de dix mille quintaux par année, c'est-à-dire, à près d'un million de livres pesant.

ARISTE. Ne pourroit-on pas chaque année épargner au royaume, au moins une bonne partie des sommes considérables que nous sommes obligés de porter dans les pays étrangers ? vous sçavez que je suis un homme à projets & vous sçavez de plus que je ne suis pas fort heureux à en former, & qu'il vous en coûte assez peu pour renverser tous ceux que je propose. Mais j'en ai un à vous présenter que vous ne désaprouverez peut-être pas. J'ai lû que quelques particuliers ont proposé d'employer pour les cierges & les bougies une cire toute différente de la nôtre, & qui épargneroit beaucoup celle des Abeilles, une cire végétale de Mississipi que le hazard a fait découvrir. Voici ce qu'on en trouve dans les Mémoires de l'Académie des Sciences, années 1722. & 1725. Dans tous les endroits tempérés de l'Amérique Septentrionale, comme dans la Floride, à la Caroline, à la Louisiane, &c. il y a un petit arbrisseau qui croît à la hauteur de nos cerisiers, qui a le port du myrthe, & dont les feuilles ont aussi à peu-près la même odeur. Ces arbres

portent des graines de la groſſeur d'un petit
grain de coriandre dans leur parfaite maturité, vertes au commencement, enſuite d'un
gris cendré ; ces graines renferment dans leur
milieu un petit noyau oſſeux, aſſez rond,
couvert d'une peau verte chagrinée, & qui
contient une ſemence. Ce noyau eſt enveloppé d'une ſubſtance viſqueuſe, qui remplit
tout le reſte de la graine ou du fruit ; c'eſt-
là la cire dont il s'agit. Cette cire eſt luiſante,
ſéche, friable, diſpoſée en écaille ſur la peau
du noyau. Il eſt très-aiſé d'avoir cette cire.
Il n'y a qu'à faire bouillir des graines dans
une quantité ſuffiſante d'eau, & les écraſer
groſſiérement contre les parois du vaiſſeau,
pendant qu'elles ſont ſur le feu ; la cire ſe
détache des graines qui la renferment, & vient
nager ſur la ſuperficie de l'eau. On la ramaſſe
avec une cuilliere, on la nettoye en la paſſant
par un linge, & on la fait fondre de nouveau pour la mettre en pain. La cire qui ſe
détache par les premieres ébullitions eſt jaune, comme celle qui vient de nos Abeilles,
mais les dernieres ébullitions la donnent verte,
parce qu'alors elle prend la teinture de la peau
dont le noyau eſt couvert. Toute cette cire
eſt plus ſéche & plus friable que la nôtre.
Elle a une odeur douce & aromatique aſſez
agréable. On a déja vû à Paris des bougies
vertes de cette cire que le Miniſtre avoit re-
çûes de Miſſiſſipi, & qui ont été trouvées

fort bonnes. Que dites-vous de ce projet ? ne peut-il pas seul nous mettre en état de nous passer des étrangers pour avoir de la cire d'Abeilles ? il faut encore remarquer qu'un de ces arbrisseaux bien chargé de fruits peut avoir six livres de graines, qui donneront une livre & demie de cire. Quoiqu'on ne puisse pas déterminer au juste combien un homme pourroit ramasser de graines en un jour, à cause que ces arbres croissent sans culture & sans art, & qu'ils sont répandus çà & là, tantôt plus, tantôt moins écartés, cependant on juge à peu-près qu'un homme ramasseroit seize livres de graines en un jour, ce qui donneroit quatre livres de cire.

EUDOXE. Il ne m'appartient point de prononcer sur la nature de ce projet. Le tems nous apprendra si l'on regarde la matiere de ces bougies comme un objet assez considérable de commerce pour nous dispenser de tirer des cires des pays étrangers autant que nous le faisons pour notre consommation de cierges & de bougies. Je souhaite de tout mon cœur que ce projet se puisse réaliser & se réunir à l'entretien des Abeilles pour nous fournir la cire nécessaire. Mais en attendant ce qui se présente de mieux, de plus avantageux aux particuliers & de plus favorable à l'Etat qui ne sera obligé à aucun frais, c'est de contribuer autant qu'il est en nous à la multiplication de ces ouvrieres qui ne vivent point à

nos dépens, & qui fans que nous foyons obligés de labourer, de planter, de femer & de
cultiver pour elles, font des recoltes qui nous
font extrémement utiles. Ici il n'y a point de
frais pour l'exploitation & pour le tranfport.
L'argent ne fort point du royaume, il ne
fait que circuler entre les mains des fujets de
l'Etat.

ARISTE. Ces fouhaits font dignes d'un
bon citoyen ; mais il y auroit de l'inhumanité
à multiplier les ouvrieres pour les faire enfuite mourir de faim. S'il y a dans le royaume beaucoup de provinces femblables à celles
dont vous m'avez parlé derniérement, qui ne
peuvent pas fournir à l'entretien & à la nourriture des Abeilles, il feroit plus qu'inutile
de tenter d'en élever beaucoup dans notre
climat.

EUDOXE. Il y a très-peu de provinces dans
le royaume qui ne puiffent fournir à l'entretien des Abeilles & à un entretien très-con-
fidérable ; il n'y en a même aucune qui n'ait
plufieurs cantons particuliers remplis de fleurs
& de plantes, & même de prairies arro-
fées d'eau qui y fait éclore continuellement
de nouvelles fleurs ; on trouve très-commu-
nément en France des pays où l'ombre des
bois entretient une humidité & une fraîcheur,
qui font végéter vigoureufement beaucoup de
plantes dans les étés les plus chauds. Combien chaque province du royaume n'a-t'elle

pas d'endroits aussi favorablement situés pour les Abeilles, qu'Yévre-la-Ville, dont je vous ai parlé? combien y en a-t'il qui comme Yévre-la-Ville pourroient entretenir plus de six cens Ruches? les trois Evêchés en particulier & la Lorraine sont très-propres à ce genre de commerce. On y trouve presque généralement parlant les positions les plus heureuses & les plus abondantes. Ce n'est donc pas la matiere à cire qui nous manque, ce ne sont que les ouvrieres nécessaires pour la mettre en œuvre. Quels regrets n'auroit-on pas, si, dans un pays rempli de côteaux les mieux exposés, couverts de vignes chargées de raisins à maturité & propres à donner le meilleur vin, on étoit obligé, faute de vendangeurs, de laisser pourrir ou sécher tant de raisins sur les ceps, si on n'avoit des ouvriers que pour faire la recolte de ceux de quelques petits clos voisins des maisons? nous n'y faisons point d'attention, nous ne nous avisons pas d'en avoir des regrets, quoique nous soyons tous les ans dans un cas semblable par rapport aux recoltes de cire & de miel. Le nombre des fleurs qui remplissent la campagne, est immense en comparaison de celui des fleurs des jardins, des champs & des prairies qui environnent chaque village; c'est-à-dire, que la quantité des fleurs qui ont de la cire & du miel qui y sont en pure perte, est immense, en comparaison de la quantité des

fleurs fur lefquelles les Abeilles en vont recueillir. En un mot, il eft évident qu'une
quantité de cire & de miel qui furpaffe pro-
digieufement celle que nous fournit le royaume chaque année, eft perdue, parce que
nous manquons d'Abeilles qui aillent la ramaffer.

Ariste. Puifque la moiffon eft fi abondante, il ne s'agit plus que de raffembler un
nombre fuffifant d'ouvriers pour la couper. Mais
le moyen de fe procurer ces ouvriers fi néceffaires ? il n'en eft pas des Abeilles comme des
vers à foye, qu'on eft maître de multiplier
autant que l'on veut quand on a dequoi les
nourrir & qu'on en prend foin. Si on étoit le
maître de faire éclore les Abeilles, elles feroient fans doute beaucoup plus communes
qu'elles ne le font, & on en verroit un auffi
grand nombre qu'il y en a peu dans une infinité de cantons où elles fe trouveroient très-
bien.

Eudoxe. Je ne vois pas qu'il y ait grande
différence entre les Abeilles & les vers à foye.
Quoiqu'il n'y ait pas tant de femelles parmi
les Abeilles que parmi les Papillons qui donnent les vers à foye, il eft prefque auffi facile
de les multiplier & de les rendre communes
dans le royaume, que de faire éclore & de
conferver une quantité prodigieufe de vers à
foye quand on a dequoi les entretenir. Les
Abeilles donnent tous les ans des effaims ; fi

on conserve les meres & les jettons, & qu'on
ne les fasse pas misérablement périr, on aura
en très-peu de tems un nombre infini de Ruches qu'on pourra dégraisser, & qu'on pourra
vendre à ceux qui voudront s'en fournir. Je conviens qu'avec tout cela il n'est pas possible de
faire exactement recueillir chaque année, toute
la cire & tout le miel que les plantes du royaume
fournissent, mais il est très-facile d'en faire
ramasser une grande partie, & d'augmenter
considérablement ces deux recoltes en multi-
pliant les Abeilles. Si jusqu'à présent on ne
voit que très-peu de Ruches dans des endroits
où les Abeilles seroient au mieux, il ne faut
s'en prendre qu'à la façon dont on a été obligé
de les gouverner jusqu'aujourd'hui. Le peu
de profit qu'on en retire, les accidens multipliés qui les font périr ou qui réduisent leur
produit à très-peu de chose, la difficulté de
les soigner & de les approcher ont dégoûté
la plûpart des particuliers. La coûtume barbare de les étouffer pour avoir leurs provisions en a empêché la multiplication. Comment voudriez-vous que les Abeilles devins-
sent communes, puisque d'un côté les particuliers en élévent très-peu, & que de l'autre
on en détruit presque autant qu'il en vient
de nouvelles chaque année ? voilà la véritable
cause de la rareté de ces insectes laborieux, &
ultérieurement la véritable cause de la rareté
de la cire & de la bougie dans le royaume.

ARISTE. Vous penſez donc ſérieuſement qu'il eſt poſſible de rendre l'entretien des Abeilles plus commun & plus univerſel dans le royaume, de les y multiplier & de faire de cette multiplication une branche utile du commerce ?

EUDOXE. Ce projet ne me paroît pas bien difficile à remplir en ſe ſervant de mes nouvelles Ruches. Vous allez en convenir vous même dans un moment. Rappellons en peu de mots ce que nous avons dit dans nos premieres converſations. Quels ſont les obſtacles qui ont empêché juſqu'aujourd'hui la multiplication des Abeilles dans le royaume ? c'eſt d'une part la difficulté de gouverner ces animaux redoutables dont bien des gens n'oſent preſque approcher ; c'eſt le peu de profit qu'on en a fait juſqu'à préſent, parce que des accidens preſque innombrables affoibliſſent les Ruches, gâtent les proviſions qu'elles renferment, & quelquefois font entiérement périr les Abeilles ; & de l'autre c'eſt l'uſage pernicieux, quoique preſque autoriſé par l'impoſſibilité de faire mieux, de les noyer ou de les étouffer pour s'emparer de leurs recoltes. Je vous ai démontré d'ailleurs que la pratique uſitée de les tailler ou de les tranſvaſer, ſoit pour avoir leurs proviſions, ſoit pour renouveller les Ruches en cas de vieilleſſe ou d'accident, étoit également pernicieuſe aux Abeilles & à ceux qui les élévent ; il eſt donc évi-

dent qu'en remédiant efficacement à tous ces
inconvéniens, en les évitant même absolument,
les Abeilles peuvent & doivent devenir universellement communes & répandues par tout
le royaume; or c'est ce que peut infailliblement opérer ma nouvelle construction de Ruches. Rien n'est plus aisé & plus facile que
de gouverner & de soigner les Abeilles dans
mes nouvelles Ruches. On n'est exposé à aucun danger en les visitant. Le tiroir qui est
par dessous la table & qu'on ôte par derriere
fournit toute l'aisance possible de les nettoyer,
de les nourrir, & de les soulager dans les tems
de maladie ou de famine, sans qu'on coure
risque de recevoir un seul coup d'aiguillon.
On peut également les dégraisser, placer &
transporter les hausses nécessaires sans les émouvoir, sans réveiller leur mauvaise humeur. Il
est encore très-facile de prévenir leurs pertes
& leurs affoiblissemens dans toutes les saisons
& sur-tout pendant l'hyver & au commencement du printems. La construction seule de
mes Ruches les garentit suffisamment des impressions du froid, & des insultes de cette multitude d'ennemis qui cherchent ou à les détruire elles-mêmes ou à ravager leurs provisions. Pour peu que l'on apporte de soins &
d'attentions le pillage sera désormais aussi rare,
aussi peu redoutable qu'il étoit commun &
funeste auparavant. Les voleurs même n'auront plus la facilité d'enlever les Ruches ou de

les dépouiller. Il seroit désormais ridicule, contraire même au bien du royaume & des particuliers de les détruire, ou même de les transvaser, soit pour renouveller les Ruches, soit pour avoir leurs provisions, puisqu'on peut sans peine & sans danger s'approprier leur superflu, & perpétuer une Ruche autant d'années qu'on le jugera à propos en la renouvellant toutes les fois que les circonstances l'exigeront. Il ne s'agit donc plus que d'un peu de bonne volonté, ou plûtôt il ne s'agit plus que d'ouvrir les yeux sur nos véritables intérêts pour établir dans toutes les provinces du royaume des manufactures de cire qui seront d'une ressource aussi avantageuse à l'Etat qu'intéressante pour les particuliers. Combien de citoyens riches & entendus peuvent former des entreprises même en grand de cette espéce, & supporter les frais des premieres avances sans se gêner & sans rien déranger dans leurs affaires & dans leurs occupations ? supposons encore que chaque particulier tant soit peu aisé d'un village, commence d'abord par se pourvoir de deux Ruches ; dans peu d'années, s'il ne les vend pas toutes à mesure qu'elles se multiplieront, il aura le Rucher le plus garni & le mieux peuplé sans qu'il lui en ait rien coûté, parce qu'il trouvera abondamment dans la dépouille de ses Ruches & dans la vente de quelques-unes, s'il est nécessaire, dequoi se payer des avances qu'il aura faites ou qu'il faudra faire.

les

Les Ruches ne pourront pas se multiplier ainsi dans chaque province sans que les particuliers n'en profitent beaucoup, sans que la cire n'en devienne beaucoup plus commune dans le royaume, sans que même par la suite elle ne diminue beaucoup de prix, & sans que par conséquent l'Etat ne se ressente avantageusement de ce commerce, qui non seulement concentrera dans son sein l'argent que l'étranger nous demandoit pour nous fournir de la cire, mais encore fera diminuer de prix le suif & les autres graisses des animaux qui jusqu'à présent ont éclairé le très-grand nombre. Ne pouvons-nous pas même espérer que sous un gouvernement aussi sage & aussi zélé, sous un ministere aussi vigilant & aussi attentif à procurer le bien public & à favoriser les nouveaux établissemens qui sont utiles à l'Etat, l'entretien des Abeilles trouvera une protection & des priviléges qui encourageront à faire de semblables entreprises, beaucoup de particuliers qui restent dans l'oisiveté & qui vivent dans l'indolence ? Je sçais qu'avant moi des citoyens aussi zélés qu'intelligens se sont efforcés d'attirer l'attention du ministere sur cette partie du commerce, je sçais qu'ils ont formé des vœux sinceres pour qu'on la facilitât par des graces & des exemptions, mais j'ose le dire, leur zéle quoique très-louable, quoique très-estimable, n'a pû fournir, en conservant l'ancienne construction, des moyens propres à

Z

encourager le public & à mériter les graces & les faveurs qu'ils sollicitoient. On doit certainement leur avoir obligation d'avoir tout éprouvé, de n'avoir rien épargné pour perfectionner la méthode ordinaire, pour rendre ses opérations plus sûres & plus commodes, mais tous leurs efforts n'ont pû que diminuer le mal sans le guérir : ils ont laissé, malgré eux, subsister les plus grands inconvéniens, ceux qui ont éloigné & dégoûté jusqu'aujourd'hui les particuliers d'un genre d'occupation où ils n'entrevoyoient que peu d'agrémens & presque aucun avantage sensible. Ces obstacles étant levés les particuliers pourront avec confiance donner leurs soins à l'entretien des Abeilles, & ces soins seront aussi propres à les enrichir qu'à leur concilier la protection du gouvernement.

ARISTE. Je ne vois qu'un inconvénient dans votre projet ; c'est qu'il est à craindre que la culture des terres, qui est l'objet principal & le plus important, ne soit abandonnée ou négligée si les gens de campagne trouvent leur avantage à élever un bon nombre de Ruches.

EUDOXE. La pauvreté & la misere sont bien plus capables de faire abandonner l'agriculture qu'une honnête médiocrité. Les terres seront toujours mieux cultivées à mesure que les paysans seront plus riches, du moins est-il sûr que celui qui est mal nourri, n'est pas

en état de soutenir le travail. On ne voit pas
chez nos voisins, où le paysan est riche, où
il jouit avec abondance de toutes les commodités de la vie, parce qu'il participe avec les
autres hommes de sa nation aux avantages du
commerce, qu'il néglige la campagne; il
n'y a peut-être même aucun pays où l'on tire
plus de parti du terrein & où on le force plus
heureusement à récompenser les soins qu'on
lui donne qu'en Angleterre. Ce ne seroit certainement pas former des vœux contraires au
bien public ni qui fussent désagréables au meilleur de tous les princes l'objet de l'amour de
ses sujets dont il est le pere & le protecteur,
que d'indiquer à ces mêmes sujets les moyens
de fournir aux besoins de l'Etat, & de faire
un commerce utile qui ne peut pas les empêcher de donner à l'agriculture tous les soins
& toutes les attentions qu'elle exige. D'ailleurs il n'est pas ici question précisément d'enrichir les gens de campagne & de les mettre
dans un état d'opulence. Ils seront trop heureux s'ils parviennent par là à pouvoir payer
les tailles & les autres impôts du royaume avec
une certaine facilité. Ils seront contens s'ils peuvent eux-mêmes contenter un collecteur pressant,
& éviter les cruelles démarches d'un impitoya-
ble porteur de contrainte. Si quelques-uns
suivent plus attentivement & beaucoup plus
loin, l'entretien des Abeilles, le royaume ne peut
qu'y gagner sans pouvoir jamais y perdre.

Z 2

Ariste. Mais vous ne me dites rien du miel que recueilleront ceux qui éleveront des Abeilles. Comptez - vous cette recolte pour rien ?

Eudoxe. La recolte du miel est toujours beaucoup plus abondante que celle de la cire. Telle Ruche qui ne donnera que deux livres de cire par an donnera au moins vingt & vingt-cinq livres de miel. Par conséquent ceux qui éleveront beaucoup d'Abeilles en ramasseront chaque année une grande quantité à proportion du nombre de leurs Ruches. Quoiqu'il ne soit pas aussi précieux que la cire , quoiqu'il ait perdu quelque peu de sa valeur depuis que le sucre est connu, il a cependant un mérite très-réel, & il est toujours d'un bon débit. Tous ceux qui éleveront des Abeilles, mais sur-tout les gens de campagne, y trouveront une ressource assurée pour avoir de l'argent dans leurs besoins, & tout au moins une grande douceur pour leurs ménages.

Ariste. Le miel seroit effectivement pour eux une ressource & une douceur s'il étoit un aliment bien sain, & s'ils pouvoient en user avec confiance; mais je ne vois pas qu'on en fasse un grand cas aujourd'hui.

Eudoxe. Je ne m'amuserai point à vous faire une longue dissertation sur les qualités & les propriétés du miel. Il faut être médecin plus profond, plus exercé & moins timide que moi pour vous donner une consultation en bonne forme. Je me contenterai de vous dire que d'habiles médecins trouvent dans le miel des qualités très-eftimables, très-précieufes pour la fanté. Il incife, vous dirontils, il amollit, il déterge, & conféquemment il eft très-efficace contre toute forte d'obftructions & d'embarras caufés par la vifcofité ou l'épaiffiffement des humeurs. Il n'y a point de reméde plus infaillible pour faciliter une prompte expectoration lorfque la poitrine eft embarraffée. Il opere avec le même fuccès lorfqu'on fe trouve le matin chargé de pituites épaiffes. Enfin il eft très-falutaire aux perfonnes d'un rempéramment froid, foit qu'on le mange le foir en tartines, foit qu'on le délaye dans quelques liqueurs chaudes. La chirurgie en fait avec fuccès des lotions pour laver & déterger les ulceres, & la pharmacie des prifannes & d'autres préparations. Les anciens en faifoient un grand ufage : ils regardoient le miel comme un reméde fouverain & univerfel. Il y a eu même parmi eux des fages & des philofophes, tels que Pitagore & Démocrite qui ne vivoient que de pain & de miel, perfuadés que c'étoit un fecret infaillible pour prolonger la vie, & pour entretenir les fens & l'efprit dans toute leur vigueur.

A R I S T E. Je voudrois bien fçavoir pourquoi cet aliment fi délicieux & fi fain pour nos ancêtres a perdu fon crédit & fon honneur parmi nous, & qu'on l'a abandonné aux

pauvres. Eſt-ce que le miel n'a plus les mêmes qualités, ou bien les Abeilles auroient-
elles oublié la bonne maniere de le travailler
& de le façonner ?

Eudoxe. Le miel eſt encore le même que
dans les premiers âges. Les Abeilles ſont encore auſſi ſçavantes, auſſi induſtrieuſes qu'elles
l'étoient il y a plus de ſix mille ans ; mais
quoique le miel ſoit encore le même, on
prétend que nous ne ſommes plus les mêmes
aujourd'hui, & qu'en changeant notre façon
de vivre nous avons changé & altéré nos
tempérammens. Nos ragouts trop aſſaiſonnés,
nos mets agréablement empoiſonnés, l'uſage
trop fréquent des liqueurs ſpiritueuſes ont mis
dans notre ſang une diſpoſition toujours prochaine à s'enflâmer ; de là on conclut que le
miel qui eſt lui-même plein de volatil, deſſé-
cheroit, échaufferoit facilement un ſang déja
trop vif & trop enclin à fermenter. On ne
voudroit donc plus le permettre qu'aux tempérammens pituiteux, aux vieillards, ou à
ceux qui abondent en humeurs groſſieres &
viſqueuſes. Quoiqu'il en ſoit de cette déciſion
de quelques Médecins modernes ſur laquelle
les perſonnes aiſées, qui aimeroient le miel,
peuvent conſulter pour ne courir aucun danger, il eſt certain que le grand nombre regarde le miel comme un aliment ſain & ſalutaire, il eſt encore certain que quand même
ceux qui vivent dans la bonne chere & dans

les plaifirs feroient obligés dans l'ufage du miel de s'accommoder à leur tempéramment & aux circonftances, le peuple & les gens de la campagne ne font point dans le même cas. Ils vivent affez ordinairement d'une maniere auffi fobre, auffi fimple, auffi frugale que les Patriarches & les anciens Philofophes qui ne fe fervoient prefque que de miel ; ainfi ils n'auront pas les mêmes inconvéniens à craindre que ceux dont le tempéramment a changé par une éducation trop molle & trop voluptueufe. Ils pourront donc fans danger recourir au miel, & s'en fervir non-feulement comme d'un reméde, mais encore comme d'une nourriture très-délicate & très-agréable. D'ailleurs, penfez-vous qu'ils y regarderont & que même ils doivent regarder de fi près ? que de pauvres familles manquent, je ne dis pas des douceurs de la vie, mais fouvent du néceffaire ? combien même qu'on regarde comme les plus aifées font réduites aujourd'hui à vivre du lait de leur vache ? ces mêmes hommes qui tous les jours du matin au foir gemiffent dans le travail le plus pénible, & font courbés fur la charue ou fur des ceps de vignes, ne tirent fouvent de la terre que du pain noir & de l'eau, & font obligés de céder à d'autres la fleur de leurs grains & tout le vin qu'ils ont preffuré ; c'eft par eux & ce n'eft pas pour eux que les moiffons font abondantes & que la vigne eft chargée de raifins.

Ces mêmes hommes qui élevent, qui multiplient le bêtail, qui le foignent & s'en occupent perpétuellement, n'ofent jouir du fruit
de leurs travaux ; la chair de ce bêtail eft une
nourriture dont ils font forcés de s'interdire
l'ufage, réduits par la néceffité de leur condition ou par la dureté des autres hommes, à
vivre fouvent comme les chevaux d'orge, d'a-
voine ou de légumes groffiers & de lait aigre.
Heureux quand ils peuvent ajoûter à tout cela
dans de bons jours quelques morceaux de
lard rance qu'ils ont grand foin de ménager &
d'économifer. Or, je vous le demande, de
pareils hommes iront-ils attentivement examiner, doivent-ils même examiner fi le miel
leur eft plus ou moins favorable, s'ils font
bilieux ou pituiteux, s'ils font d'un tempéramment froid ou d'un tempéramment fec ?
ils regarderont avec raifon le miel comme un
aliment délicieux, comme une douceur d'autant plus propre à tempérer la rigueur d'un
genre de vie ordinairement trop frugal, qu'ils
la trouveront chez eux fans qu'il leur en coûte
rien. Les ménageres de campagne renouvelle-
ront la maniere du bon vieux tems de faire
des confitures dans lefquelles on ne mettoit
que du miel, parce que le fucre étoit alors
inconnu. Le miel leur fera encore utile pour
faire de l'hydromel de toute efpéce, liqueur
dont la compofition n'eft point difficile, qui
eft très-agréable & fort eftimée dans le pays

meſſin, & généralement dans toutes les autres provinces; liqueur au reſte que les meilleurs Médecins n'interdiſent pas, qu'ils con-
ſeillent même par préférence au meilleur vin
dans bien des circonſtances à des perſonnes
malades ou convaleſcentes. Cette boiſſon ſera
ſans doute plus ſalutaire aux gens de campagne que le bon & plus ſouvent encore le
mauvais vin vieux ou nouveau auquel ils ont
d'abord recours dans toutes leurs maladies.

ARISTE. Il eſt digne de votre ſageſſe &
de votre amour pour l'humanité, de fournir
& d'indiquer des ſoulagemens & même des
agrémens à cette claſſe d'hommes ſi oubliée,
ſouvent ſi mépriſée, que l'on devroit cependant
en un ſens regarder comme la premiere, puiſque c'eſt celle qui fait vivre toutes les autres.
Mais dans l'uſage du miel n'y a-t'il point de
choix à faire? eſt-il toujours & par-tout également bon?

EUDOXE. Le choix eſt auſſi facile qu'important. On doit le choiſir épais, grenu, clair,
nouveau, lourd, tranſparent, d'une odeur
douce & agréable, un peu aromatique, d'un
goût doux & piquant. Pour vous dire quelque choſe de plus précis encore, préférez le
blanc ou le pâle au plus foncé, le nouveau
au vieux, celui du printems & de l'été à celui
de l'automne, celui qui écume peu en bouillant
à celui qui écume beaucoup, l'acre-doux à
celui qui n'a que de la douceur, enfin le miel

d'une médiocre odeur à celui qui en a une trop sensible, celui-ci étant pour l'ordinaire travaillé & falsifié par le moyen de quelques herbes fortes qu'on y a mêlées. En général les herbes contribuent beaucoup à lui donner des odeurs & des qualités plus ou moins estimables. Entre les blancs celui de Narbonne est regardé comme le plus délicieux à cause de la chaleur du climat & de la quantité de romarin & de melisse qu'il y a aux environs de cette ville, ou plûtôt de Corbiere, petit bourg à trois lieues de Narbonne. Parmi les miels communs, qui sont peut-être les plus sains, celui de Champagne passe pour le meilleur des jaunes, parce que assez généralement le terroir y est sec & les herbes fines & aromatiques. Celui des pays les plus gras n'est pas le plus estimé. De-là vous devez conclure que s'il y a un grand avantage à avoir beaucoup de miel, il y en a encore plus à en avoir beaucoup de bon, & que cela dépend de la situation dans laquelle on se trouve, & du soin qu'on a de procurer de bonnes herbes à ses Abeilles aux environs de leurs Ruches.

Ariste. Y a-t'il des différences entre les cires, comme il y en a entre les miels?

Eudoxe. Il y a quelquefois beaucoup de différence entre les cires faites par diverses Abeilles. Cette différence consiste principalement en ce que les unes sont plus difficiles à

blanchir que les autres. On ne peut parvenir
à donner un beau blanc à la cire d'un certain
pays, & dans le même pays la cire qu'on tire
de quelques Ruches ne peut jamais prendre
toute la blancheur qu'on parvient à donner
à celle des autres Ruches. A la blanchisserie
d'Yévre-la-Ville, on préfére les cires de Sologne à celles du Gatinois ; mais on y regarde
les cires de la forêt de Fontainebleau, comme bien inférieures mêmes à ces dernieres ;
on assure qu'elles ne deviennent jamais bien
blanches. Mais ce qui fait le plus de tort à
la cire c'est la moisissure dans les anciennes
Ruches, parce que l'humidité y pénétre facilement, sur-tout quand les vents & les orages fouettent violemment la pluye contre les
Ruches. Cette humidité s'imbibe dans la paille,
y séjourne & perce la Ruche en peu de tems ;
elle gâte & corrompt tout l'ouvrage des Abeilles, les dégoûte elles-mêmes, & les force
enfin à abandonner le terrein. Ce malheur
n'est que trop commun dans les anciennes Ruches, & quelques précautions qu'on prenne
on ne le prévient que rarement avec succès.
Il est plus difficile encore d'y remédier quand
il est arrivé. Il faut souvent pour cela couper
& rogner tout l'ouvrage de la Ruche jusqu'à
quatre pouces près du fond ; ce qui désole
& déconcerte les Abeilles, qui, quand elles
n'abandonnent pas tout à fait leur domicile,
font quelquefois une campagne entiere à ré-

parer cette perte. Dans ma méthode je n'ai point cet accident à craindre, parce que l'humidité ne peut pas s'insinuer dans mes Ruches; soit à cause de l'élevation sur laquelle elles sont placées, soit à cause du sur-tout qui les couvre & les environne exactement. Si cependant je veux le prévenir, voici ce que je fais. Je choisis un beau jour dans le mois d'Octobre, & je fais monter les Abeilles dans le haut de leur Ruche par le moyen de la fumée d'un linge. Il m'est alors facile de reconnoître s'il y a peu ou s'il y a beaucoup de Mouches. Si je n'en vois qu'un petit nombre, je retranche une hausse du bas de la Ruche.

ARISTE. Pourquoi n'en retranchez-vous pas une s'il y a beaucoup de Mouches?

EUDOXE. Il est inutile alors de détacher une hausse, parce que les Abeilles étant en grand nombre entretiendront & conserveront suffisamment la cire, & l'empêcheront de se moisir par la chaleur qu'elles procureront à la Ruche. Les teignes & beaucoup d'autres insectes font encore beaucoup de tort à l'ouvrage des Abeilles. Je vous en parlerai au premier jour en vous faisant connoître les différens ennemis qui en veulent à nos ouvrieres.

TREIZIE'ME ENTRETIEN.

Ennemis des Abeilles. Leurs maladies & les remédes.

ARISTE. SOuvenez-vous, Eudoxe, que vous me devez aujourd'hui le détail & l'énumération des ennemis des Abeilles, & en même tems la connoissance des armes & des moyens qu'on doit opposer à leur cruauté ou à leur effronterie. Je m'intéresse sincérement à la conservation & à la multiplication de ces insectes précieux, & je suis maintenant persuadé qu'on ne sçauroit prendre trop de précautions pour en avoir le plus qu'il sera possible, & pour leur assurer le repos & la tranquillité.

EUDOXE. Il me sera plus facile de vous faire connoître les ennemis des Abeilles que de vous apprendre le moyen de les en délivrer. Je vous ai déja parlé des hommes qui en ont été jusqu'aujourd'hui les plus grands destructeurs. Nous n'avons point de précautions à prendre contre cette classe d'ennemis. Nous devons tout attendre de leur raison & de leur zéle pour le bien public, & plus encore pour leurs propres intérêts. Ils seroient désormais inexcusables s'ils faisoient périr de gaieté de cœur ces insectes utiles à l'Etat,

puifqu'on peut s'emparer de leurs tréfors &
de leurs richeffes fans leur ôter la vie. Venons
à ceux qu'il nous eft permis d'écarter & de
punir. On peut regarder les moineaux comme
de grands dévoreurs d'Abeilles & comme leurs
plus furieux perfécuteurs. Vous les verrez quelquefois attroupés dans votre jardin & autour
de vos Ruches tomber fur vos Abeilles &
les avaler comme des grains de bled. Ils ne
fe contentent pas d'en faire leurs repas, ils
les portent encore dans leurs nids pour en
nourrir leurs petits. Il n'y a point de fecret,
point de reméde qui puiffe vous délivrer de
cette engeance carnaciere ; elle eft malheu-
reufement trop multipliée & trop étendue pour
que vous puiffiez raifonnablement efpérer d'en
diminuer fenfiblement le nombre. Il faudra
donc prendre votre mal en patience, & les
regarder tranquillement avaler vos Abeilles.

A R I S T E. Il faudra encore fans doute chercher dans la patience une reffource contre les
attaques des hyrondelles, car je m'imagine
qu'elles en font de terribles captures.

E U D O X E. On a beaucoup varié fur le compte
des hyrondelles. Les anciens les ont regardé
comme de grandes mangeufes d'Abeilles, &
bien des auteurs modernes les ont déchargé
de cette accufation. Je crois que fans leur
faire tort on ne doit pas trop fe fier à elles.
Comme elles ne vivent prefque que de petits
infectes, de mouches & de moucherons, il eft

affez probable qu'elles n'épargnent pas beaucoup les Abeilles. Il n'en eft pas de même des
lézards & des crapeaux que les anciens veulent qu'on écarte des Ruches ; ils ne font pas
tant de dégât dans les Ruches qu'on fe l'eft
imaginé.

ARISTE. Vos moineaux & vos hyrondelles
me défefperent. Nous fommes perdus fi les
autres ennemis des Abeilles font auffi gour-
mands, & nous auffi foibles contre eux.

EUDOXE. Je vous ai déja fait connoître
les guêpes & les frelons qui quelquefois fe
réuniffent pour piller une Ruche foible & qui
n'eft pas en état de leur faire réfiftance, &
qui ordinairement fe contentent d'attaquer les
Abeilles en détail & par trahifon, en les furprenant en campagne ou à l'entrée de leurs
Ruches. Contre ces lâches & perfides affaffins
point d'autre reméde encore que la patience,
à moins que vous ne vouliez effayer de détruire tous les guêpiers des environs de votre
Rucher. On prétend qu'il a été impoffible
d'établir des Abeilles dans quelques-unes de
nos ifles de l'Amérique, parce que les guêpes
qui y font en trop grand nombre, les détrui-
fent toutes. Mais ici elles ne font pas les plus
fortes à beaucoup près, & le mal qu'elles
font à nos Ruches n'eft pas affez grand pour
qu'on foit obligé de faire des perquifitions
exactes pour les faire toutes périr. On met
encore les arraignées au nombre des ennemis

des Abeilles, mais elles ne leur font ni bien
funeftes ni bien redoutables. Elles tendent
des filets aux environs des Ruches, comme
elles en tendent par-tout ailleurs pour prendre les autres infectes ; mais il eft facile de
troubler leur chaffe & de rendre leurs précautions inutiles, il ne s'agit que de diffiper &
de détruire les toiles qu'elles auront conftruites.
Les fourmis font encore de ces infectes qu'on
croit qu'il faut éloigner des Ruches. Il eft
vrai qu'elles aiment paffionnément le miel, &
qu'elles feroient très-capables de faire un mauvais coup pour l'avoir, fi elles le pouvoient
impunément ; mais elles ne font point tentées
de s'introduire dans une Ruche bien peuplée ;
elles paroiffent fçavoir qu'elles n'y feroient
pas les bien venues ; elles ne font hardies &
entreprenantes que lorfqu'il n'y a rien à craindre pour elles, c'eft-à-dire, que lorfqu'il
s'agit d'aller piller une Ruche prefque déferte
ou entiérement abandonnée. Les Abeilles ont
encore un autre ennemi pour le moins autant
à craindre que tous ceux-là, c'eft la fauffe
teigne.

ARISTE. Quel mal peut-elle faire aux
Abeilles ?

EUDOXE. La fauffe teigne n'en veut pas
aux Abeilles mêmes, mais elle en veut à leur
ouvrage, ce qui revient au même ; car elle
eft capable de faire périr une Ruche entiere,
& de faire déferter toutes les Mouches en fe

logeant

logeant au milieu d'elles. Je n'entreprendrai
pas de vous faire l'histoire suivie & complette
de ces insectes; il vous suffira de sçavoir que
ces papillons de nuit qui vont se brûler à la
chandelle, ne craignent point d'aller au travers de mille dangers déposer leurs œufs dans
le fond de la Ruche la plus peuplée. Ces
œufs se changent bien-tôt en chenille. Dans
ce nouvel état la chenille se pratique une demeure & une gallerie dans les gâteaux, &
elle vit aux dépens d'une longue suite de
cellules de cire qu'elle perce successivement pour
se nourrir. Elle se change par la suite en
chrysalide, & elle s'enveloppe dans une coque
qui lui sert de défense, & enfin la chrysalide
se métamorphose en un papillon qui laisse de
nouveaux œufs dans la Ruche. Cette vermine
se multiplie tellement au bout d'une année
que les Abeilles n'y peuvent plus tenir &
sont forcées d'abandonner leur Ruche pour
toujours.

ARISTE. Je vous avoue que je ne reconnois plus là les Abeilles. Quoi! actives, vigilantes, vindicatives même, armées de pied-
en-cap, elles souffrent que de si foibles & de
si méprisables ennemis se multiplient & se
cantonnent impunément sous leurs yeux dans
l'intérieur de leur république! à quoi leur
servent donc cette industrie, cette sagacité &
cet amour pour la patrie qu'on admire si fort
en elles dans d'autres circonstances? que sont

A a

devenus ces aiguillons redoutables qu'elles
employent souvent si mal à propos contre
moi & contre d'autres qu'il leur plaît de regarder comme des ennemis ?

EUDOXE. Toute leur prétendue prudence
échoue ici d'une maniere très-sensible. Elles
ne sont point instruites de ce qu'elles ont à
craindre de ces papillons qu'elles laissent courir dans leurs Ruches sans les poursuivre. Elles
n'employent ni contre eux ni contre les teignes qu'ils produisent aucuns de ces moyens
rigoureux ou ingénieux dont on leur fait honneur dans tant d'autres occasions. Ces répu-
blicaines, si fieres, si jalouses de leurs provisions, nourrissent dans leur sein un ennemi
domestique qui malgré sa foiblesse parvient à
se rendre maître de la place. Tant il est vrai
qu'il n'y a point d'ennemi méprisable. Le mal
que leur font ces fausses teignes est presque
toujours irrémédiable dans les anciennes Ruches, & on a le désagrément de voir des
colonies entieres d'Abeilles déserter & se perdre ne vous laissant que des provisions dont
vous ne pouvez tirer aucun parti. Comme ces
fausses teignes se logent presque toujours dans
le haut des Ruches, il m'est facile de les ex-
terminer en détachant la hausse supérieure
dans laquelle elles se placent ordinairement.
D'ailleurs, les vieilles Ruches sont plus exposées à ce malheur que les nouvelles, & comme
j'ai grand soin & une grande facilité de re-

nouveller mes Ruches, elles n'en font prefque jamais infectées. Ajoûtez à tout cela que
fi ces dangereux papillons fe préfentent pour
entrer dans le mois de Juillet & les fuivans,
il fera facile aux Abeilles de les remarquer &
de les arrêter au paffage, parce qu'alors le
cadran du furtout eft préfenté du côté des
arcades qui n'offrent pas une grande ouverture.
Les Abeilles ne font pas feulement perfécutées
pendant l'été, elles le font encore très-cruel-
lement pendant l'hyver. Les fouris, & fur-
tout les mulots, qui font une efpéce de fouris
de campagne, font fur-tout à craindre pendant
cette faifon. Ces ennemis ne feroient pas affez
hardis pour ofer entrer dans une Ruche dont
les Mouches auroient leur activité ordinaire. Ils
fe tireroient mal d'une pareille expédition, ils
fuccomberoient fous le nombre de piquûres
qu'ils auroient à effuyer. Ce n'eft donc que
pendant l'hyver, tems dans lequel les Abeilles
font engourdies par le froid, qu'ils cherchent
à s'introduire dans l'intérieur de leur domicile.
Dans une feule nuit un mulot peut détruire la
Ruche la mieux fournie. Il en veut fur-tout aux
Abeilles mêmes qu'il dévore, & dont il fait un
carnage d'autant plus grand qu'il ne les mange
pas en entier, & qu'il choifit les parties qui font
plus appétiffantes pour lui, c'eft-a-dire, la tête
& le corcelet. Les fouris, les mulots & les
mufaraignes, qui font encore de l'efpéce des
fouris, font dans de certaines années les plus

terribles ravages dans les Ruches ordinaires qui n'ont aucun rempart à leur opposer.

ARISTE. Il est bien facile de secourir les Abeilles contre tous ces ennemis. On n'a qu'à poser des souricieres autour des Ruches & des grillages sur les entrées, on pourra alors braver les efforts & les attaques de tous ces maraudeurs.

EUDOXE. Les souricieres & les quattres de chiffres sont la plus mince de toutes les ressources. Il y aura très-peu de ces fourageurs qui iront donner dans le piége ; les autres marcheront droit à la Ruche qui les attire. Combien d'ailleurs ne vous faudroit-il pas de souricieres pour garantir un Rucher bien fourni, des visites d'une légion de souris & de mulots ? les grillages ne sont presque d'aucune utilité appliqués sur des Ruches de paille. Les mulots & les souris ne se rebutent pas & ne se dégoûtent pas aisément ; quand ils trouvent l'entrée condamnée ils sçavent en assez peu de tems hacher & percer des Ruches de paille, qui ne sont pas pour eux des murs impénétrables. Remarquez enfin que ces grillages ne peuvent être posés que pendant le tems qu'on veut retenir les Abeilles tout à fait renfermées ; or les souris & les mulots n'attendent pas toujours cette saison. Dès la fin du mois d'Octobre, tems auquel les bouches de vos Ruches de paille sont encore toutes ouvertes, ils commencent leurs incursions &

leurs actes d'hostilité contre les Abeilles. Vous voyez, sans que je vous en avertisse, que je n'ai aucune précaution à prendre contre ces ravageurs de Ruches. Ils ne peuvent absolument rien contre les miennes, & ils ne réussiront jamais à y pénétrer. Je ne crains pas même les putoirs & les renards qui s'avisent quelquefois de venir culbuter & renverser des Ruches pour se régaler de leurs provisions. Toute la finesse & toute l'industrie qu'on leur attribue ne leur sont ici d'aucun secours ; ils sont obligés de s'en retourner avec la honte d'avoir fait une fausse démarche.

ARISTE. Finirez-vous bien-tôt ce triste & lugubre dénombrement des ennemis des Abeilles. Je crains qu'à la fin elles ne succombent sous le nombre & la multitude.

EUDOXE. Vos inquiétudes vont bien-tôt finir. Je ne connois plus d'ennemis des Abeilles qu'une espéce de poux qu'on ne trouve point sur les autres Mouches. Ordinairement on n'en peut découvrir qu'un sur chaque Abeille, & pour le voir il ne faut pas beaucoup le chercher. Il est rougeâtre, à peu-près de la grosseur d'un ciron ou de la tête d'une très-petite épingle. Il se tient presque toujours sur le corcelet, & dans le duvet dont les Abeilles ont le corps garni. Cette vermine leur est plus ordinaire dans les hyvers humides & pluvieux. On n'a point de reméde certain contre cette maladie pédiculaire, &

je n'en sçais point donner au hazard. Le bois de pin dont les hausses de mes Ruches sont composées, est seul capable d'en délivrer les Abeilles, aussi-bien que des punaises. Ces insectes détestent l'odeur de cette espéce de bois. Au reste ils ne paroissent pas beaucoup inquiéter les Abeilles ni leur causer une grande douleur ; car ils sont souvent placés sur telle partie du corps où la jambe de l'Abeille peut être portée & d'où elle pourroit les faire tomber, & où cependant il leur est permis de rester tranquilles. Quoiqu'il en soit, on ne fait pas grand cas des Ruches dont la plûpart des Abeilles en sont infectées, & peut-être n'a-t'on pas tort, parce qu'il est plus ordinaire de les trouver aux Mouches des vieilles que des nouvelles Ruches.

ARISTE. Cette derniere remarque pourroit servir à décider une question sur laquelle il me semble que vous n'avez point encore pris de parti, sçavoir combien de tems précisément vivent les Abeilles. Si on a bien observé depuis quel tems subsiste cette Ruche qu'on trouve attaquée des poux, on sçaura combien il faut d'années pour que les Abeilles soient regardées comme vieilles, & par conséquent combien d'années elles vivent.

EUDOXE. Le tems qu'une Ruche subsiste ne conclut rien pour la durée de la vie des Mouches qui l'habitent. Une Ruche pourroit durer dix ans, quoique les Abeilles ordinaires

y vécuſſent à peine une année ; & cela parce
que tout ſe renouvelle dans une Ruche comme
dans une grande ville. Les Mouches qui naiſ-
ſent remplacent celles qui périſſent. D'ailleurs,
nous avons remarqué que les Mouches qu'on
met dans une Ruche dans le tems des eſſaims,
ne ſont pas toutes de l'année courante ; pluſieurs anciennes ſe joignent aux nouvelles. La
durée d'une Ruche ſeroit donc une fort mauvaiſe régle pour juger de la durée de la vie
des Abeilles. On n'a pas pû fixer juſqu'à préſent le tems de la vie des Abeilles. Quelques-
uns prétendent qu'elles vivent ſept ans, d'autres étendent ce terme juſqu'à dix. On penſe
aſſez communément aujourd'hui qu'elles ne
vivent qu'un an. On a été conduit à penſer
ainſi, parce que tous les ans il meurt quantité de Mouches en automne à la chûte des
feuilles, & un pareil nombre au printems.
On penſe que le tout peut aller au deux
tiers, ou au moins à la bonne moitié de la
Ruche.

Ariste. La durée de la vie des Abeilles
eſt donc une de ces choſes que nous ignorons, & que nous ſommes probablement con-
damnés à toujours ignorer comme bien d'autres articles de l'hiſtoire naturelle.

Eudoxe. Il y a une voye plus ſimple que
vous ne penſez de ſçavoir au juſte ſi les Abeilles vivent une ou pluſieurs années. Après avoir
baigné les Abeilles d'une Ruche, & les avoir

bien essuyées, en gardant toutes les précautions que vous trouverez détaillées & expliquées dans le dixiéme mémoire du cinquiéme tome *des mémoires pour servir à l'histoire des insectes*, rien ne sera plus aisé que de leur faire à chacune une tache de quelle couleur vous voudrez avec un pinceau. Elles n'en seront point incommodées si on met la tache sur leur corcelet. Pour cette expérience, vous vous servirez d'un vernis qui puisse se sécher assez vîte. M. de Reaumur qui donne l'idée de cette expérience & qui l'a fait en partie, s'est servi du vernis à lacque fait avec l'esprit de vin. Tantôt il les a coloré de rouge, tantôt de jaune, & quelquefois de bleu lorsque les expériences exigeoient que ses Abeilles ne portâssent pas la même livrée. Il n'a pas verni toutes les Abeilles d'une Ruche, quoiqu'il avertisse que le tems qu'il eût fallu n'eût pas été bien long, mais il en a verni au moins cinq cens d'une même Ruche, qui, malgré leur nouvel habit, ne furent pas plus mal reçues de celles avec lesquelles elles étoient en société. Des cinq cens Abeilles marquées de rouge en Avril & qu'il reconnoissoit dans les mois suivans lorsqu'elles alloient en campagne, il n'en a pas vû une en vie dans le mois de Novembre. Si vous tentez cette expérience en entier sur toutes les Abeilles d'une nouvelle Ruche de l'année vous serez en état de décider l'année suivante de la durée de la vie des Abeilles.

ARISTE. Puisque nous n'avons encore rien de certain sur le tems de la vie des Abeilles, passons, si vous le voulez bien, à quelque chose de plus certain, & tout au moins d'aussi intéressant, c'est-à-dire, aux maladies des Abeilles & aux remédes qu'il y faut apporter.

EUDOXE. Leurs maladies, du moins celles qui nous sont bien connues ne sont pas en grand nombre. La plus dangereuse & la plus réelle de toutes c'est la dissenterie ou le dévoyement. Plusieurs auteurs célebres pensent que cette maladie provient de ce que les Abeilles ont été obligées de vivre de miel pur, & de ce qu'elles n'ont pû se nourrir en partie de cire brute. Ce sentiment est fondé sur des expériences qui le rendent assez probable, & sur-tout sur l'épreuve qu'on a fait de ne nourrir les Abeilles que de miel pendant quelque tems, ce qui leur a effectivement donné le flux de ventre. Aussi ces mêmes auteurs pensent qu'on remédie efficacement à cette maladie, en mettant dans la Ruche où sont les malades, un gâteau qu'on tire d'une autre Ruche, dont les alvéoles soient remplis de cire brute, parce que c'est l'aliment dont la disette a causé la maladie. Cette maladie est contagieuse & fait périr presque toutes les Abeilles d'une Ruche. Voici comment le mal se communique. Dans l'état naturel il n'arrive pas que les excrémens des Abeilles, qui sont toujours liquides, tombent sur d'autres Abeilles, ce qui leur feroit un très-grand mal. Dans le dévoyement ce mal arrive, parce que les Abeilles n'ayant pas assez de force pour se mettre dans une position convenable les unes par rapport aux autres, celles qui sont au-dessus laissent tomber sur celles qui sont au-dessous une matiere gluante qui gâte leurs aîles, qui bouche les organes de la respiration, & qui les fait périr.

ARISTE. Voilà une maladie bien sérieuse & bien dangereuse. Je ne doute pas qu'ami comme vous l'êtes des Abeilles, vous n'y ayez cherché quelque reméde particulier.

EUDOXE. Je n'ai garde de condamner ceux qui conseillent de détacher un gâteau rempli de cire brute pour le donner aux malades ; mais comme il n'est pas toujours facile de recourir à cet expédient, sur-tout à la fin de l'hyver, tems auquel régne principalement cette cruelle maladie, j'ai trouvé un autre reméde aussi sûr & dont on peut avoir provision dans toutes les saisons. Je prends quatre pots de vin vieux, deux pots de miel & deux livres & demi de sucre, je mets ensuite le tout dans un chaudron d'airain, je le fais bouillir à petit feu, je l'écume souvent & je le laisse réduire jusqu'à consistance de sirop. Je mets ensuite cette composition dans des bouteilles que je place dans ma cave. On peut faire autant & si peu qu'on veut de cette composition, en proportionnant les doses, selon que

l'on a peu ou beaucoup d'Abeilles à entretenir. Je leur en présente sur des assiettes au
commencement du printems, & je les garantis
par là, ou même je les guéris à coup sûr de
cette terrible maladie.

ARISTE. Il n'entre rien que de très-bon dans
cette composition, rien dont nous ne puissions
très-bien nous accommoder nous-mêmes.
Elles seroient bien délicates & bien dégoû-
tées si elles refusoient de s'en régaler. On ne
nous ménage pas tant dans nos maladies.

EUDOXE. Ce qui est salutaire pour notre
santé ou flatteur pour notre goût seroit souvent nuisible aux Abeilles ou très-désagréable
pour elles. Notre goût n'est pas la régle du
leur. Mais le reméde, dont je viens de vous
donner la recette, non-seulement soulage les
malades, il purge encore & fortifie celles qui
ne le font pas à qui vous en pouvez donner
avec confiance : elles s'en porteront beaucoup
mieux. Cette composition les guérira encore de
la paresse & de l'engourdissement dont elles font
ordinairement saisies à la fin de l'hyver, soit
parce qu'elles ont manqué pendant quelque
tems de nourriture, soit même parce qu'elles
ont trop mangé de miel.

ARISTE. Il me semble que les Abeilles
n'ont pas seulement le dévoyement de commun avec nous, j'ai encore entendu parler
de la rougeole qui est encore une maladie
de l'humanité.

Eudoxe. Ceux qui ont découvert cette derniere maladie des Abeilles, l'ont caractérisé & désigné en nous disant qu'on voit dans les Ruches infectées de rougeole, une espéce de miel sauvage, une matiere rouge, épaisse, plus amere que douce, qui n'emplit jamais que la moitié des rayons. Cette matiere devient ensuite jaunâtre & engendre des vers ou grillots qui font périr les Mouches. Ils disent encore qu'en coupant les rayons ou en sondant la Ruche avec une alêne, on connoît s'il y a de la rougeole; que s'il n'y en a qu'au bas de la Ruche, on doit avoir grand soin de tirer tout ce vilain miel, & que si elle est dans le haut, il faut que la Ruche soit percée pour l'en tirer, sinon qu'on doit changer les Mouches de pannier dans le mois de Juin. Sans ces précautions, ajoûtent-ils, la Ruche seroit innondée d'une légion de vers qui y porteroient l'infection & la mortalité.

Ariste. Qu'en pensez-vous ? n'y a-t'il pas dans cette explication tout ce qu'il faut pour faire revivre l'ancien & misérable préjugé qui attribuoit à la corruption la naissance & la génération des insectes ?

Eudoxe. Rassurez-vous. L'ancien préjugé étayé de cette preuve n'en seroit que plus ridicule & plus condamnable. Ce seroit établir une absurdité par une chimere. Cette matiere rouge ou de plusieurs différentes couleurs que

ces Médecins d'Abeilles ont regardé comme
une matiere propre à engendrer des vers &
à causer une grosse maladie, n'est autre chose
que de la cire brute qu'ils n'ont pas connu.
Accoûtumés à n'examiner les choses qu'à la
hâte, superficiellement, avec les yeux de
la prévention, ou ce qui revient au même, à
la fausse lueur des principes d'une très-mauvaise physique, ils n'ont jamais distingué que
deux matieres dans une Ruche, le miel &
la cire façonnée & employée. Mais il est aujourd'hui incontestable qu'on y trouve outre
cela une autre cire ou matiere à cire qui conserve les différentes couleurs des fleurs sur
lesquelles elle a été ramassée, & c'est cette
cire brute & colorée qu'on a pris pour la
rougeole. Ainsi vous pouvez vous tranquilli-
ser sur cette maladie comme sur bien d'autres
pour lesquelles on a cherché des remédes,
& qu'il étoit tout naturel de bien établir &
de bien vérifier avant que de prétendre les
guérir. Vous voyez même qu'en exécutant
l'ordonnance de ces prétendus Médecins de
rougeole, c'est-à-dire, en ôtant ce qu'ils
appellent du miel sauvage, on feroit un très-
grand tort aux Abeilles, parce qu'on leur
ôteroit une matiere très-nécessaire pour leur
nourriture & pour la construction de leurs
ouvrages. Nous voilà à la fin de notre cours
de médecine, & presque à la fin de tout
ce que j'avois à vous dire, soit sur les Abeil-

les, soit sur ma construction de Ruches; il
ne me reste plus qu'à vous apprendre la maniere de gouverner les Abeilles dans tous les
mois de l'année, & c'est ce qui fera la matiere de notre premiere conversation.

QUATORZIE'ME ENTRETIEN.

Maniere de gouverner les Abeilles dans tous les mois de l'année.

EUDOXE. CE que j'ai à vous dire aujourd'hui sur le gouvernement des Abeilles est d'un usage continuel & d'une pratique journaliere. Afin que vous puissiez le retenir plus aisément, j'en ai fait un petit mémoire qui pourra vous servir de calendrier & de régle de conduite pour gouverner vos Abeilles : je vais d'abord vous en faire la lecture ; vous pourrez ensuite faire vos remarques & vos réflexions sur tout ce qui pourra demander quelque éclaircissement.

Mémoire sur la maniere de gouverner les Abeilles pendant tous les mois de l'annee.

Novembre, Décembre, Janvier & Février. Je joins ces quatre mois ensemble parce qu'ils n'exigent qu'une seule & unique attention, qui est de tenir les Abeilles exactement renfermées pendant tout ce tems-là, & de tourner le cadran du côté des petits trous afin qu'elles ne puissent sortir dans aucune circonstance. Il y aura vraisemblablement dans l'espace de ces quatre mois plusieurs jours tempérés & sereins dans lesquels il paroîtroit qu'on pourroit donner de l'air aux Abeilles,

& leur laisser la liberté de sortir de leur Ruche ; mais on doit absolument leur refuser cette permission. On exposeroit les Abeilles à deux inconvéniens qui leur seroient également funestes. En leur permettant de prendre l'air, elles s'agiteroient nécessairement, elles gagneroient de l'appétit, & consommeroient ensuite en très-peu de tems toutes leurs provisions ; elles se trouveroient ensuite réduites à mourir de faim, ou vous seriez obligé, pour leur sauver la vie, de leur fournir vous-même de la nourriture de très-bonne heure & pendant très-long-tems. Mais ce qui seroit au moins autant à craindre, c'est que vous les exposeriez à périr de froid hors de leur Ruche. Quand même le moment dans lequel elles sortiroient, seroit doux & favorable, elles ne seroient pas capables de soutenir le dégré de froid qui régneroit dans la campagne. Des neiges répandues refroidissent l'air dans un instant : un coup de vent, des nuages qui obscurciroient le soleil, suffiroient pour les saisir toutes & les empêcher de regagner leur Ruche. Il est donc essentiel de ne jamais succomber à la tentation de les laisser sortir pendant ces quatre mois.

Mars. Ce mois est un de ceux dans lesquels les opérations sont plus multipliées & les attentions plus nécessaires. Dès les premiers jours, si le tems n'est pas absolument trop rigoureux, on fait la visite de ses Ruches

pour

pour les nettoyer en ôtant le tiroir de la table qu'on balaye avec des plumes d'oye. On
tourne après cela le cadran du côté des arcades, & on en préfente deux ou trois felon la
difpofition du tems. On réchauffe enfuite les
Abeilles pour les tirer d'un engourdiffement
qui feroit auffi long fans cette précaution qu'il
leur feroit pernicieux. La maniere de les réchauffer eft toute fimple. Après avoir ôté le
tiroir, on met à fa place & fur la même couliffe un autre tiroir garni de toile de canevas.
planch. 3. *fig.* 6. On éleve une chaufferette
dans laquelle on a mis des cendres chaudes
jufques fous le tiroir de canevas. Il ne faut
pas employer indifféremment pour cette opération le tiroir de fer-blanc ou celui de canevas. Le fer-blanc retiendroit la chaleur,
s'échaufferoit en peu de tems, & rôtiroit toutes
les Abeilles qui tomberoient deffus, comme
cela arrive quand on les réchauffe. Si elles
tombent fur la toile de canevas, elles ne
courent aucun danger, elles ne rifquent que
de fe dégourdir un peu plûtôt, & d'être plûtôt en état de regagner le haut de leur Ruche. Il ne fuffit pas de les nettoyer & de les
réchauffer, il faut immédiatement après, leur
donner de cette compofition que je vous ai
enfeigné. Elle les purge, les fortifie & les
préferve du dévoyement qui eft fur-tout à
craindre au commencement du printems. Après
qu'on les a purgé, il faut exactement les vifi-

ter pour reconnoître celles qui manquent de provisions & de nourriture, & leur en fournir fans délai. Mais en les nourriſſant on doit mettre une grande différence entre les Ruches bien peuplées & celles qui ne le font pas. Ces dernieres feroient infailliblement pillées par les plus fortes, ſi on leur donnoit la même quantité de nourriture, & fur-tout ſi on n'avoit pas foin de tourner le cadran du côté des arcades, & de ne leur en préfenter même qu'une ou deux à proportion de leur foibleſſe, pour les mettre mieux en état de diſputer le paſſage en cas de fiége & d'attaque. La meilleure maniere de les nourrir eſt de leur fournir des gâteaux remplis de miel. Elles ne font pas tant expofées à s'empâter & à s'embarraſſer dans le miel, que ſi on leur en préfentoit fur des aſſiettes. D'ailleurs, cette façon de les nourrir eſt plus naturelle par rapport à elles, parce qu'elle imite plus parfaitement celle dont elles fe nourriſſent dans leur Ruche. Si cependant on avoit oublié de fe pourvoir dès l'automne de gâteaux & de rayons, il faudra bien alors fe contenter de leur donner du miel fur des aſſiettes, en prenant la précaution de jetter deſſus de petites branches de bois ou des pailles pour foutenir un morceau de papier qui fera criblé de petits trous au travers defquels elles prendront le miel avec moins de danger. Il n'y a qu'une économie très-mal entendue qui puiſſe leur épar-

gner le miel & la nourriture dans des tems
de difette. Elles rendent au centuple ce qu'on
leur a donné ; au lieu qu'en chicannant, &
en difputant fur la dépenfe on eft prefque
affuré de les voir miférablement périr de faim
& d'inanition. C'eft encore dans ce mois
qu'on dégraiffe les Ruches qui font trop fournies & qui ont des provifions furabondantes
qu'elles n'ont pas confommé pendant l'hyver.
Cette opération fe fait comme dans les autres
tems ; mais en les dégraiffant je vous confeille
de conferver les têtes de miel que vous déta-
cherez. Elles vous feront d'une grande reffource en cas que l'année foit extrêmement
mauvaife & entiérement fâcheufe pour les
Abeilles ; vous fauverez par-là toutes vos Ruches, tandis que les autres perdront toutes
celles qui n'auront point de miel de l'année
précédente. Si par inattention vous aviez mis
des Ruches foibles en hyver, ou fi quelques
accidens imprévus les avoit affoiblis, vous pourrez avant la fin de ce mois les marier & les
réunir enfemble ; elles fe mettront en état
par cette réunion de vous donner des effaims
dans l'année, ou du moins elles deviendront
affez fortes & affez vigoureufes pour faire
de bonnes provifions, & mériter d'être dégraif-
fées dans le mois de Juin.

Avril. Il pourroit encore arriver que vos
Abeilles auroient befoin de nourriture au commencement & même pendant tout le cours

de ce mois ; c'est pourquoi il faudra encore les visiter & pourvoir à leurs nécessités ; mais il faudra principalement être attentif au pillage qui n'est que trop commun dans cette saison, parce que les foibles qui ne trouvent pas encore en campagne tout ce qu'elles désireroient, cherchent à vivre de rapine & de brigandage. Il faut donc tenir jusques vers la fin d'Avril, le cadran tourné du côté des petites arcades, afin que les entrées des Ruches ne soient pas si libres & si spacieuses. Vous pourrez encore dans ce mois, si vous ne l'avez pas fait dans le précédent, retrancher & détâcher la hausse du haut aux Ruches qui sont trop grasses, & en cas que le tems soit favorable pour la recolte, leur en mettre une vuide par le bas qu'elles rempliront en très-peu de tems de cire neuve. Si en visitant vos Ruches, vous en aviez apperçu quelqu'une qui fût tachée de moisissure, vous pourrez en toute sûreté détacher la hausse du bas en prenant les précautions que je vous ai enseigné. Dès la fin de ce mois vous devez tenir un certain nombre de Ruches toutes préparées pour recevoir les essaims qui se présenteront dans le mois suivant. Vous proportionnerez votre provision au nombre & à la force des Ruches que vous avez, de façon cependant que vous en ayez plûtôt plus qu'il ne vous en faut, que d'être exposé à en manquer dans le tems nécessaire.

Mai. Vous ferez peut-être furpris que je vous confeille encore de veiller ce mois-ci fur les befoins de vos Abeilles, & de fournir des alimens à celles qui font les plus foibles. Je n'ignore pas que ce mois, qui eft un tems d'efpérance pour nous, eft communément celui de la recolte & de la plus abondante moiffon pour les Abeilles ; je n'ignore pas encore que dans ce mois les plus foibles trouvent à la campagne, à moins que la faifon ne fût entiérement dérangée, tout ce qu'il leur faut pour vivre & pour fournir à leur dépenfe journaliere ; mais je fçais encore que malgré tout cela les Ruches foibles ont quelquefois un vrai befoin d'être nourries pendant le mois de Mai. En voici la raifon. C'eft dans ce mois principalement que la reine fait une ponte prefqu'incroyable, & qu'elle donne en peu de tems une très-nombreufe famille qui demande des foins, des attentions, de la nourriture, & qui fait une grande confommation d'alimens ; ainfi, quoique les anciennes Abeilles puiffent trouver leur propre fubfiftance à la campagne, il leur feroit quelquefois très-difficile, pour ne pas dire impoffible, à moins que le tems ne foit très-favorable, de préparer des logemens fuffifans à cette multitude de nouveaux citoyens qui viennent tous les jours, & de ramaffer en même-tems toute la nourriture qui leur eft néceffaire jufqu'à ce qu'ils puiffent par eux-mêmes aller gagner leur vie. Remarquez qu'il s'agit ici d'une Ruche foible qui peut avoir une reine très-féconde qui donnera trop d'occupation à un petit nombre d'ouvrieres, surtout si les jours ne sont pas toujours également beaux, & ne leur permettent toujours également de sortir pour aller à la provision. La précaution de leur donner à manger n'est donc rien moins que superflue : vous mettrez par là en état d'essaimer, ou de se bien fortifier, une Ruche qui auroit langui & dépéri, parce que les Abeilles auroient succombé sous le poids du travail & de la fatigue. Dès le commencement de ce mois on tourne le cadran du côté des grandes ouvertures, parce que le pillage n'est plus à craindre, & que les allées & fréquentes venues des Abeilles exigent un plus grand passage pour les laisser sortir & entrer plus librement & en plus grand nombre. Vous êtes déja averti que dès le quinze de ce mois, & quelquefois plûtôt, il faut veiller plus attentivement que jamais sur vos Ruches, pour ramasser les essaims qu'elles vous donneront. La négligence & l'inattention des personnes à qui vous en confieriez la garde, peuvent vous faire essuyer des pertes très-considérables. Il faut, autant que vous pourrez, faire votre amusement du soin de les veiller, ou ne vous en décharger que sur quelqu'un, dont la vigilance & l'adresse vous soient bien connues. Vous sçavez encore que c'est vers le quinze ou le vingt de ce mois que vous devez commencer l'importante opération de renouveller les Ruches qui seroient trop vieilles ; je vous ai appris la maniere de la faire avec succès. Je ne les renouvelle ordinairement qu'au bout de quatre ans. Ce n'est communément ni la moisissure ni les fausses teignes ni aucun accident particulier qui me forcent à prendre cette précaution, c'est uniquement parce qu'au bout de ce tems, la cire devient trop brune & trop noire par les vapeurs que la chaleur a excité dans la Ruche, & parce que les alvéoles & les cellules se remplissent trop des dépouilles & des enveloppes des vermisseaux ou des nymphes qui chaque année se sont changés en Abeilles, & ne peuvent plus par la suite servir à loger les œufs de la reine ou les provisions que font les Abeilles. Vous n'ignorez encore aucune des précautions qu'il faut prendre pour ramasser les essaims, pour réunir les foibles, & ceux qui ne pourroient pas subsister séparément. Enfin vous vous souviendrez de visiter exactement la Ruche qui vient d'essaimer, pour voir s'il convient de lui donner une hausse ou de la réunir elle-même à l'essaim qu'elle vient de renvoyer. Vous devez une semblable visite à tous vos nouveaux essaims quelques jours après leur nouvel établissement, soit pour les nourrir s'ils sont dans la disette à raison du mauvais tems, soit pour les obliger à travailler en leur donnant une hausse en cas que l'ouvrage de leur Ruche soit bien avancé.

Juin. Jusqu'au quinze de ce mois, & même quelquefois plus tard, vous devez avoir les mêmes attentions pour vos essaims, la même vigilance pour les garder, la même tendresse pour les soigner, & vous avez le même intérêt à les bien faire travailler. Si vous avez renouvellé quelque Ruche dans le mois dernier, ce sera dans ce mois-ci, c'est-à-dire, environ au bout de trois semaines, à compter du premier jour de l'opération, que vous séparerez vos deux Ruches avec toutes les précautions que je vous ai détaillé. Mais outre ces soins communs aux mois de Mai & de Juin, celui-ci en exige encore d'autres qui lui sont propres & particuliers. C'est principalement dans ce mois que vous faites travailler vos Abeilles en cire neuve. Pour cela vous les visitez soigneusement, & vous mettez des hausses par le bas à toutes celles qui en ont besoin, c'est-à-dire, à toutes celles qui ont travaillé avec ardeur, & qui sont avancées dans leur ouvrage. Par cette attention importante vous tenez toujours vos Abeilles en haleine, & vous les forcez à ne pas perdre un moment de tems, à faire toute la recolte qu'elles peuvent faire, vous les empêchez même de vous donner des essaims tardifs qui les épuiseroient, & qui ne vous feroient qu'un médiocre profit. Vous pouvez déja dès ce mois dégraisser celles qui seroient trop fournies ; il n'y a pas un grand avantage à laisser multiplier & entasser les hausses d'une Ruche les unes sur les autres. C'est un spectacle qui est plus pour la curiosité que pour l'utilité.

Juillet. Dès le commencement de ce mois vous devez craindre le pillage & vous précautionner contre ses ravages. Les guêpes & les frelons sont alors dans toute leur force, dans toute leur vigueur & dans toute leur liberté, parce que tout est éclos dans leur guêpier. Comme ces insectes ne font point de provisions pour l'avenir & qu'ils vivent du jour à la journée, ils cherchent par-tout & aux dépens de qui il appartiendra, à concilier les intérêts de leur paresse & de leur fainéantise avec ceux de leur gourmandise & de leur insatiable avidité. De même les Abeilles de vos voisins qui n'auront peut-être pas été également bien soignées, dont les foibles essaims n'auront pas été à tems réunis ensemble, viendront chercher fortune chez vous, & vous causeront de grands dommages si vous n'y veillez avec attention. C'est encore dans ce mois & pour vous précautionner de plus en plus contre le pillage, que vous devez vous-même marier tous les foibles essaims que quelques circonstances ou quelques considérations vous auroient empêché de réunir immédia-

tement après leur sortie de leurs Ruches na-
tales. Si vous aviez même quelque mere Ruche qui fût affoiblie par un trop grand nombre d'essaims ou par un essaim trop tardif,
vous devez dans ce mois, sans différer à un
autre tems, la réunir elle-même à l'essaim
qu'elle vous a donné. Enfin, comme c'est dans
ce mois & dans le suivant que les chaleurs
sont plus excessives & plus insupportables pour
les Abeilles, que ces chaleurs même font quelquefois fondre la cire dans les Ruches de
paille, & échauffent tellement le miel qu'elles
l'altèrent & le corrompent entiérement, vous
préviendrez tous ces malheurs en ôtant jusqu'au mois de Septembre la petite coulisse
de fer-blanc qui bouche le petit grillage de
quatre pouces quarrés qui est au milieu de la
coulisse de bois. Par ce moyen la coulisse de
fer-blanc troué restera ouverte, & procurera
continuellement à la Ruche une fraîcheur bien-
faisante qui sera aussi agréable aux Abeilles
qu'utile à leurs provisions.

Août. Le pillage est encore plus à craindre
que jamais pendant tout ce mois; c'est pourquoi vous devez être plus attentif que jamais
à tenir exactement le cadran de vos Ruches
tourné du côté des petites arcades. Si vous
jugez que vos Abeilles puissent encore remplir une hausse, il faut de bonne heure l'ajoûter par le bas. Vous ne devez rien négliger
pour les obliger à tirer parti du tems & de

la saison. Elles travailleront d'autant plus que vous les mettrez dans la nécessité de travailler. Dans les pays où le sarrazin ou bled noir est plus commun, ce mois peut être pour les Abeilles celui d'une bonne moisson, parce qu'elles aiment passionnément la fleur de cette espéce de bled; c'est pourquoi l'on doit faire une attention particuliere à la situation & aux productions du canton dans lequel on se trouve pour diriger ses soins & ses opérations sur les connoissances locales que l'on a. Si vos occupations vous le permettent, & que vous ayez pour cela assez de patience & d'adresse, vous pourrez utilement pendant tout ce mois vous amuser à tuer avec des pinces, tous les faux-bourdons qui vous tomberont sous la main. Ils sont quelquefois en si grand nombre dans une Ruche que les Abeilles ne peuvent pas les détruire ou ne parviennent à les détruire que très-tard, & après que ces paresseux ont consommé une grande quantité de miel qui est leur unique nourriture.

Septembre. Vous devez encore craindre le pillage dans le mois de Septembre & ne rien négliger pour l'éviter & pour le prévenir. Vous aurez encore soin, si le tems étoit trop froid, de remettre la petite coulisse de fer-blanc uni que vous avez ôté dans le mois de Juillet; au moins faut-il avoir cette attention pour les Ruches qui sont plus foibles, parce que les

Abeilles y étant peu nombreuses ne peuvent pas aisément réchauffer leur Ruche pendant des nuits qui sont déja longues & quelquefois assez froides.

Octobre. Le mois d'Octobre sera pour vous celui de votre vendange & de votre recolte. Vous pouvez & vous devez dans ce mois tailler & dégraisser vos Ruches. Vous aurez cependant égard à leur force & à leur foiblesse. Il y en a telle à qui vous pourrez ôter deux hausses, tandis que vous ne pourrez rien retrancher à une autre. En les dégraissant prudemment & à propos vous faites votre profit particulier, & vous travaillez à la conservation de vos Abeilles & de leurs provisions. Vous les rapprochez les unes des autres, ce qui rend leur habitation moins vaste & moins spacieuse, & dès-lors moins froide & moins dangereuse pour l'hyver. Vous prévenez encore par cette opération la moisissure de la cire & du miel qui se gâtent quand les Abeilles ne peuvent pas les entretenir dans le dégré de chaleur nécessaire pour les conserver. Pour les dégraisser vous leur ôterez une hausse par le haut sans leur en donner une autre à la place, ce qui produit le même effet que si vous l'ôtiez par le bas. En détachant la hausse supérieure vous vous appropriez le meilleur miel, & peut-être celui qu'elles ont ramassé pendant l'été ou pendant le printems. Si quelques raisons vous avoient déterminé

à retarder jusqu'à ce mois la réunion de quelques foibles essaims, par exemple, parce que
vous avez espéré qu'ils pourroient tout seuls,
eu égard à la belle saison, se pourvoir de
provisions suffisantes pour franchir les rigueurs
de l'hyver, vous devez, si vous avez été
trompé dans votre attente, les marier & les
réunir sans délai, pour ne mettre en hyver
que des Ruches fortes & de bonne espérance.
Je dois même vous avertir qu'il n'y a presque
jamais aucun avantage à différer si tard la
réunion des essaims qui méritent de l'être. Ils
vous feront beaucoup plus de profit si vous
les réunissez de bonne heure que si vous at-
tendez au mois d'Octobre à le faire. Par cette
précaution essentielle vous éviterez les pertes
que cause presque toujours la rigoureuse saison, & vous vous préparerez de bons essaims
pour l'année suivante. Ce sera vers la fin de
ce mois que vous mettrez vos Ruches en hyver, c'est-à-dire, que vous tournerez le cadran du côté des petits trous pour empêcher
vos Abeilles de sortir. Vous ferez cependant
attention de laisser à découvert aux Ruches
fortes, le petit grillage de fer-blanc percé qui
est par-dessous la table, jusqu'à ce que le
froid devienne plus picquant. Le grand nombre d'Abeilles exciteroit une chaleur violente
dans la Ruche qui les étoufferoit, si on les
renfermoit de trop bonne heure.

ARISTE. Je vous ai une vraye obligation

d'avoir raſſemblé & mis de ſuite cette multitude de préceptes importans & de pratiques eſſentielles qui concernent notre nouvelle
méthode. Tout cela étoit confus & ſans ordre
dans ma tête. Je vous promets que je conſul-
terai fidélement le mémoire que vous venez
de me lire, & que j'en ferai mon calendrier
favori & mon almanach journalier.

EUDOXE. Avant que nous nous ſéparions,
voyez ſi vous n'auriez pas quelques doutes à
propoſer, quelques éclairciſſemens à demander ?

ARISTE. Je ſuis un peu embarraſſé de
votre méthode de dégraiſſer les Abeilles dans
différentes ſaiſons, & de la liberté que vous
laiſſez de le faire pluſieurs fois dans l'année.
Ne vaudroit-il pas mieux reſtraindre cette permiſſion & attacher cette opération à une ſeule
ſaiſon, par exemple au printems? ſi on attend
juſques-là on n'ôtera réellement aux Abeilles
que leur ſuperflu, & on ne riſquera pas de
leur arracher le néceſſaire & de les faire périr
de faim pendant l'hyver.

EUDOXE. Ce que vous regardez comme
un défaut de ma méthode en fait réellement
l'éloge & le mérite. Il n'y avoit preſque aucun tems dans l'ancienne pratique dans lequel
on pût tenter avec ſûreté de tailler les Ruches. On ne le faiſoit qu'avec crainte & qu'en
s'expoſant à mille inconvéniens ; au lieu qu'on
peut dans tous les tems & ſans courir le moin-

dre rifque dégraiffer mes Ruches & leur ôter
leur fuperflu. Telle Ruche qui aura été dé-
graiffée au mois de Juin méritera peut-être
de l'être encore deux autres fois avant l'hyver,
fi la faifon eft favorable & la Ruche bien
peuplée. Telle autre Ruche qu'on n'a pas dû
dégraiffer pendant tout l'été , parce qu'elle
n'étoit pas trop fournie , aura fait des provifions fuffifantes pendant l'automne pour vous
autorifer à la dégraiffer avant l'hyver. En un
mot, cette facilité qu'on a de tailler mes Ruches, & de le faire toutes les fois qu'on le
juge néceffaire, eft un des grands avantages
de ma nouvelle conftruction. J'ai de très-
bonnes raifons pour ne pas différer cette opération jufqu'à la fin de l'hyver. En dégraiffant
mes Ruches pendant l'année , & fur-tout au
mois d'Octobre , je confulte autant mes propres intérêts que ceux de mes ouvrieres. Je
rends, comme je viens de vous le dire, leur
habitation moins grande , & dès-lors plus
chaude & moins expofée à les faire périr de
froid pendant l'hyver. Je trouve également
mon avantage dans cette pratique, parce que
la cire & le miel qui paffent l'hyver dans une
Ruche, n'y contractent aucune bonne qualité
par l'humidité & les vapeurs que la chaleur
de la Ruche y répand. Ces vapeurs tout au
moins noirciffent les rayons, & rendent la cire
plus difficile à blanchir. Je conviens qu'il faut
leur laiffer une provifion fuffifante de miel

pour paſſer l'hyver, mais il n'eſt pas néceſſaire de leur laiſſer le tout, quand elles ſont bien pourvues. Il ne leur en faut pas une ſi grande quantité que vous pourriez le penſer. Une expérience aſſez générale a fait obſerver qu'il ne faut qu'une livre & un quart péſant de miel à la Ruche la mieux peuplée ; je vous conſeille cependant de leur en laiſſer toujours un peu plus qu'elles n'en conſomment ordinairement.

ARISTE. Eſt-ce par économie qu'elles ſont ſi ſobres en hyver, & qu'elles font une ſi petite dépenſe, ou par principe de ſanté, pour ſe guérir par la diette des excès de l'été ?

EUDOXE. Elles ſont incapables d'excès, de débauches & d'intempérance. Plus ſages que nous, diſons mieux, néceſſairement fidéles & ſoumiſes aux loix que le créateur a établi pour leur conſervation, elles ne convertiſſent jamais en poiſon ce qui leur a été accordé pour leur entretien & pour leur nourriture ; elles n'éprouvent d'autres dérangemens que ceux que peuvent leur cauſer des accidens imprévus & inévitables. Ce n'eſt donc pas par principe de ſanté qu'elles font ſi peu de dépenſe en hyver ; ce n'eſt pas non plus par économie, c'eſt par impuiſſance de manger. Il a été établi avec une ſageſſe que nous ne pouvons nous empêcher d'admirer, c'eſt-à-dire, avec cette ſageſſe avec laquelle tout a été fait & compaſſé dans la nature, que dans la

la plûpart du tems où la campagne ne peut
rien fournir aux Abeilles, comme à bien
d'autres insectes, elles n'ont plus besoin de
manger. Le froid qui arrête la végétation des
plantes, qui fait perdre à nos champs leurs
fleurs & à nos prairies leurs ornemens, met
les Abeilles dans un état où la nourriture
cesse de leur être nécessaire, il les tient dans
une espéce d'engourdissement qui les dispense
de prendre aucun aliment. Ne se donnant
point de mouvement, ne prenant point d'e-
xercice, elles ne transpirent presque pas, ou la
quantité de ce qu'elles transpirent est si petite
qu'elle ne doit pas être réparée par la nourriture.
Le besoin d'alimens en nous comme dans les
animaux ne vient que de la perte que nous
faisons par la transpiration ; aussi l'appétit est-
il plus ou moins vif en nous à proportion
du plus ou du moins d'exercice que nous
prenons, & si nous pouvions arrêter en nous
toute transpiration, il est certain que nous
pourrions subsister dans cet état sans prendre
aucun aliment. La plûpart des insectes sont
dans cette situation d'engourdissement pendant
l'hyver, mais avec cette différence que les
uns supportent les froids les plus rigoureux
sans aucun danger pour leur vie, & que les
autres, & sur-tout les Abeilles périssent de
froid dans un air dont la température paroîtroit assez douce à tous les insectes de notre
climat. Elles sont peut-être de tous les insec-

res, le plus délicat, le plus sensible, & celui à qui la chaleur est plus nécessaire. C'est pourquoi nous ne devons rien négliger pour les garantir des impressions du froid qui font périr presque toutes les Ruches dans de certaines années. C'est principalement sur cela qu'est fondée cette pratique importante que je vous ai inculqué tant de fois, de réunir exactement les foibles Ruches, & de les marier toutes avant l'hyver, parce que plus les Abeilles seront en grand nombre, plus elles échaufferont l'intérieur de leur Ruche, & plus elles seront en sûreté contre les rigueurs de la saison. Il faut cependant prendre garde, en cherchant à les préserver du froid, de ne pas leur interdire toute communication avec l'air extérieur. On ne réussiroit par un excès de précaution, qu'à les étouffer. D'ailleurs, quand même elles pourroient encore respirer dans la Ruche, l'air trop renfermé s'y corromproit en peu de tems : il seroit infecté de l'odeur des Abeilles qui périssent & pourrissent dans la Ruche même. Il deviendroit enfin excessivement humide, il se chargeroit de tout ce qui transpire du corps des Abeilles, & les gâteaux seroient tout couverts de moisissures. Si nous respirions un air aussi mal sain nous n'y résisterions pas; les Abeilles sont encore moins en état que nous de le soutenir. C'est pourquoi il est essentiel de leur laisser ces petites ouvertures qui sont dans

une partie du cadran : elles servent à renouveller l'air de la Ruche sans refroidir les Abeilles & sans les incommoder, à moins que le froid
ne soit excessivement rigoureux. Mais il ne suffit
pas de les garantir du froid & de la corruption de l'air, il faut encore les mettre à l'abri
de la faim & de la disette. Elles ne sont engourdies dans leurs Ruches & entassées les
unes contre les autres que pendant les plus
grands froids ; s'il survient un dégêle, un tems
doux, un soleil brillant qui les réchauffe,
elles se dégourdissent, elles s'agitent, elles se
mettent en mouvement, elles gagnent de
l'appétit. On a recours alors aux provisions
& aux magasins. Malheur à elles si on ne
leur a pas laissé des munitions assez abondantes dans des hyvers trop doux qui multiplient
leurs besoins, & qui les excitent souvent à
manger. De-là naissent ces deux maximes essentielles. La premiere, de leur laisser toujours
généreusement & abondamment ce qu'on
présume leur être nécessaire pour passer l'hyver. La seconde, de les visiter de bonne heure,
& de leur fournir de la nourriture à proportion que l'hyver a été moins rude & moins
rigoureux, parce qu'elles auront infailliblement fait plus de dépense, & beaucoup plûtôt
épuisé leurs magasins.

A R I S T E. Les deux grands fleaux des Abeilles dans ces tems fâcheux sont donc le froid
& la faim. Il n'en faut qu'un seul pour dé-

truire un bon nombre de ces insectes délicats ; quels ravages ne doivent-ils pas faire
quand ils sont réunis ensemble ?

EUDOXE. Ce qui rend ces deux fleaux plus
terribles & plus redoutables n'est pas précisément leur réunion ; car quand les Abeilles
ont faim elles n'ont pas froid, parce qu'elles
sont alors dégourdies, & quand elles ont
froid, du moins jusqu'à un certain dégré,
elles ne sont point pressées par la faim,
parce qu'elles sont alors dans une sorte d'a-
néantissement ; mais ce qui est plus embarras-
sant pour nous & plus dangereux pour elles,
c'est qu'en cherchant à les mettre à l'abri de
l'un, on les livre à la merci de l'autre, c'est-
à-dire, que les précautions prises contre le
froid, peuvent elles-mêmes faire mourir les
Abeilles de faim. Tant qu'elles ne sont qu'engourdies de froid, elles peuvent vivre sans
avoir besoin de manger, mais un plus grand
dégré de froid leur ôte la vie. Si d'un autre
côté on les tient dans un endroit trop doux,
leurs provisions seront trop tôt consumées, &
elles se trouveront réduites à mourir de faim.

ARISTE. Je ne suis plus surpris si M. de
Reaumur a pris tant de précautions & fait un
si grand nombre d'expériences pour nous apprendre à garantir nos Ruches de ces deux
funestes accidens. Après plusieurs tentatives
il a trouvé un expédient bien simple qui lui
a parfaitement réussi, éprouvé sur les plus

fortes comme fur les plus foibles Ruches. On
prend des futailles ou de vieux tonneaux dé-
foncés, dans le fond defquels on met une
couche épaiffe de terre bien defféchée. Sur
cette couche on met un fecond fond de bois.
Les piéces de bois qui ont fermé auparavant
le tonneau par le fond où il étoit ouvert,
peuvent fervir à faire ce fecond fond fur lequel on place la Ruche qu'on veut conferver.
Au défaut de tonneaux, dont tout le monde
n'a pas provifion, on peut arranger toutes
fes Ruches les unes auprès des autres fur des
planches qui formeront une efpéce de table
très-longue & étroite, ou une très-longue tablette. D'autres planches mifes de chaque côté,
& tout le long de cette tablette, foutenues
par des piquets, foutiendront elles-mêmes les
Ruches, & tout ce qu'on voudra mettre entre les planches & les Ruches, c'eft-à-dire,
que les Ruches fe trouveront renfermées entre deux cloifons de planches qui s'éléveront
plus haut qu'elles. De grands panniers d'ozier
ou des clayes dont les mailles feront étroites,
telles qu'on en fait beaucoup à la campagne,
pourront fervir au même ufage. Les Ruches
étant placées dans ces tonneaux ou entre ces
cloifons, foit de planches, foit de clayes,
on remplit de terre féche & bien preffée tout
le vuide qui fe trouve entre le tonneau & la
Ruche jufqu'à ce qu'il foit comble. Mais,
pour donner aux Abeilles la liberté de fortir

dans les beaux jours de l'hyver , & pour empêcher les Ruches mal fournies de périr par
la famine , on prend deux précautions essentielles. La premiere consiste à introduire par
un trou fait au tonneau ou aux cloisons , un
canal de bois qui réponde à la bouche ordinaire de la Ruche , & dont un bout saillisse
en dehors pour donner de l'air & en même-
tems un passage aux Abeilles. La seconde consiste à mettre au-dessous de chaque Ruche
une térine qui contienne une quantité de miel,
proportionnée à la foiblesse de la Ruche ,
& qui soit couverte par-dessus d'un papier
piqué d'une infinité de petits trous. Au moyen
de ces attentions peu coûteuses, les Ruches
les plus foibles peuvent impunément braver
le froid dans les hyvers les plus rigoureux,
& la famine dans les hyvers les plus tempérés. Rien n'empêche que, pour plus grande
sûreté , on ne se serve de cet expédient pour
conserver vos Ruches pendant l'hyver : elles
n'en seront que plus inaccessibles aux impressions du froid, & aux cruelles suites de la
faim & de la disette.

EUDOXE. J'ai lû comme vous , & j'ai lû
avec un extrême plaisir le détail des expériences & des moyens qu'a mis en œuvre ,
pour conserver les Abeilles , M. de Reaumur
ce naturaliste vrayement citoyen qui ne pert
presque jamais un moment de vûe les intérêts de la société, & qui ramene presque tou-

res ses observations à nos besoins. Mais sans examiner ici, si cette pratique, qui est tout ce qu'on peut imaginer de plus favorable aux Abeilles rélativement à l'ancienne méthode, sera jamais adoptée par des paysans qui demandent des moyens plus simples encore, ou plûtôt qui n'en prennent point dès-lors qu'ils supposent quelques attentions & quelques préparatifs, & qui enfin poussent souvent la négligence jusqu'à refuser à leurs Ruches une simple couverture de paille ; sans examiner si la terre ou toute autre matiere dont on remplira le vuide qui se trouve entre les cloisons & la surface extérieure de la Ruche ne sera pas nécessairement imbibée d'eau & pénétrée par les pluyes abondantes que les vents chasseront violemment & presque sans interruption contre les cloisons pendant des hyvers fort longs & fort pluvieux ; sans examiner enfin s'il est facile ou même possible de renouveller la provision de miel en cas qu'elle ne soit pas suffisante, comme cela arrivera presque toujours lorsque les hyvers seront trop doux & trop tempérés ; je me contenterai de vous dire que cette précaution est entiérement superflue & totalement inutile avec mes Ruches, & que c'est encore ici un des plus grands avantages de ma nouvelle construction. Sans jamais déplacer mes Ruches, je suis assuré que les moins fortes se défendront contre les plus grands froids, & que toutes franchiront impunément les hyvers les plus rigoureux. Elles ont deux enveloppes ou deux couvertures bien étoffées, c'est-à-dire, la Ruche & le surtout qui les garantissent parfaitement des impressions du froid. J'ai eu jusqu'à présent cet avantage unique & inestimable de ne pas perdre une seule de mes Ruches par cet accident. La faim n'est pas plus à craindre pour elles que le froid. Quoique j'aye l'attention de ne leur ôter que le superflu de leurs provisions avant l'hyver, cependant si le tems a été trop souvent doux & tempéré, j'ai soin de les visiter de bonne heure, & de leur fournir la nourriture dont elles peuvent manquer, ce qui m'est très-aisé & très-facile, comme je vous l'ai déja fait remarquer.

ARISTE. Je n'ai plus qu'une question à vous faire. Y a-t'il un tems fixe, un jour déterminé pour ainsi dire à la fin de l'hyver, dans lequel on puisse & on doive donner aux Abeilles la liberté de sortir & de se répandre dans la campagne ? je serois bien aise de ne rien donner au hazard, & de sçavoir exactement ce que je dois faire pour ne pas exposer mes fermieres à des sorties qui leur seroient funestes.

EUDOXE. Il n'est pas possible d'établir une régle générale qui ne varie dans aucune année. Quoique je vous aye dit qu'il falloit tourner le cadran du côté des petites arcades au commencement de Mars, cette maxime a cependant ſes exceptions, & ceux qui gouvernent les Abeilles doivent être attentifs à faire ces exceptions & à les appliquer. Les commencemens du printems ſont quelquefois fort dangereux pour les Abeilles. Une aurore brillante, un ſoleil d'abord bienfaiſant, quelques inſtans d'une chaleur paſſagere détermineront vos Mouches à prendre leur eſſort, à s'écarter dans la campagne. Des nuages épais, des vents glaçans, des tems froids & rigoureux ſuccéderont preſque immédiatement à ces intervalles trompeurs. Toutes celles qui ſe feront éloignées de leur Ruche, & quelquefois ce ſera le plus grand nombre, ſeront ſurpriſes par le froid, & ne pourront regagner leur habitation. Il eſt donc très-important de ne pas les expoſer à des ſorties prématurées. Il nous eſt facile à nous, qui ſommes dans le dehors, de juger du dégré du froid & de la température de l'air. Le thermométre peut être d'un grand ſecours à ceux qui ont de grandes ménageries d'Abeilles. Si on ne peut recourir au thermométre, avec un peu d'attention il eſt facile de les retenir à propos & de leur refuſer la liberté de ſortir quand elle peut leur être funeſte. Je crois, Ariſte, n'avoir rien oublié de tout ce que l'hiſtoire des Abeilles a de plus intéreſſant, & de tout ce que mon expérience & mes réflexions ont pû m'apprendre d'utile ſur la maniere de les gouverner. Je vous ai amplement détaillé toutes les manœuvres rélatives à ma nouvelle cons-truction de Ruches. Vous êtes maintenant en état d'établir & de conduire par vous-même la plus belle manufacture de cire. Vous pour-rez donner le ton & l'exemple à vos voisins. Je souhaite qu'il gagne de proche en proche, & qu'il se répande dans toute votre province & dans tout le royaume. Je n'ai plus qu'un conseil à vous donner. Si vous voulez élever des Abeilles avec succès, suivez-les avec atten-tion, ne vous contentez pas de leur donner des soins partagés, des momens rapides dans les tems nécessaires. Plus vous vous attache-rez à elles, plus elles vous intéresseront du côté du profit, du plaisir & de la curiosité, plus elles vous seront cheres & précieuses, & plus vous serez porté à ne rien négliger pour les faire prospérer.

Fin du quatorziéme & dernier entretien.

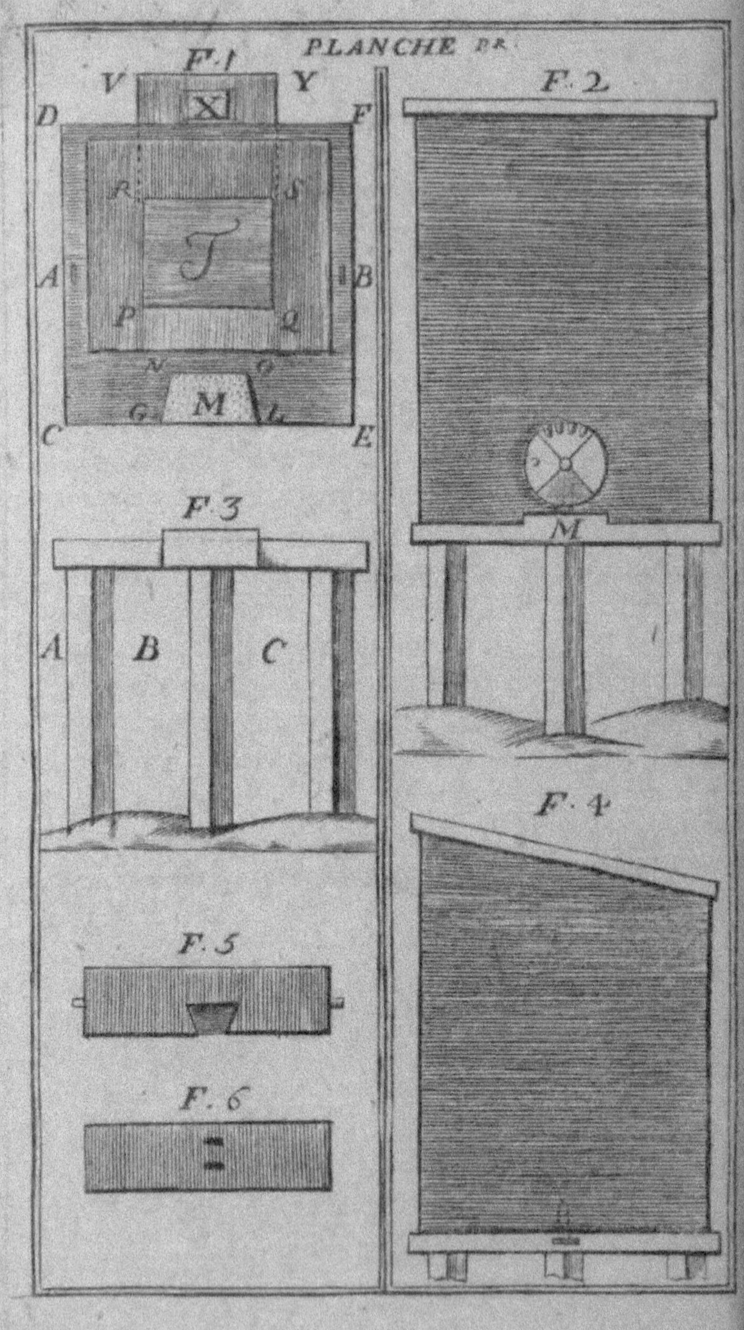
F. 1
V Y
D X F
R S
T
A B
P Q
N O
G M L
C E
F. 2
M
F. 3
A B C
F. 5
F. 6
F. 4

EXPLICATION
des Planches & des Figures.

PLANCHE PREMIERE.

Figure 1.

CETTE figure repréfente une table pour pofer les Ruches de la nouvelle conftruction.
Cette table doit avoir un pouce & demi d'épaiffeur, quinze pouces quatre lignes de largeur *A B*,
mais de longueur, c'eft-à-dire, pardevant &
derriere *C D E F*, elle doit avoir dix-neuf pouces quatre lignes, à caufe du menton *M* qui occupe quatre pouces vis-à-vis la bouche du furtout.
On peut encore remarquer fenfiblement la pofition
du menton dans la figure 2. de cette même planche. Ce menton qui facilite aux Abeilles l'entrée
de leur Ruche doit avoir fix lignes de hauteur au-
deffus de la table, fix pouces de largeur fur le
bord de devant *G L*, & trois pouces contre le fur-
tout *N O*. On voit au milieu de la table une élévation de treize pouces huit lignes en quarré, fur
fix lignes de hauteur *P Q R S*. Cette élévation
met les Mouches à l'abri de l'humidité & de la
pluye qui innondent quelquefois les bords de la
Ruche, parce que la Ruche eft immédiatement
pofée fur cette élévation, & que le furtout couvre la Ruche & defcend jufques fur la table. Le trou
T qui eft au milieu de cette élévation n'auroit pas
dû être repréfenté plein, & en bois : il doit être
regardé comme étant vuide. Il doit avoir huit pouces
en quarré. Cette grande ouverture fert à deux fins

également intéreffantes. Premiérement à donner la facilité de réchauffer les Abeilles par le moyen d'une chaufferette pleine de cendres chaudes qu'on place fous la table, & qu'on approche affez près de l'ouverure pour que les Abeilles puiffent être dégourdies. Secondement ce trou fert à donner à manger aux Abeilles quand elles font dans la difette fans qu'on foit obligé de lever leur Ruche. Cette ouverture eft ordinairement condamnée par un tiroir de bois ou plûtôt par une couliffe qui fe gliffe fur des liteaux & qu'on tire par derriere la table. Cette couliffe eft repréfentée à moitié tirée dans cette figure *V Y*. Il y a au milieu une ouverture de quatre pouces en quarré, garnie d'une plaque de fer-blanc percée pour donner de l'air aux Abeilles dans les tems de grande chaleur, comme aux mois de Juillet & d'Août. En hyver à la place du fer-blanc ajouré on met une autre plaque de fer-blanc uni pour ne point refroidir les Abeilles, & pour recevoir les ordures & les immondices qui tombent de la Ruche. Toute la table doit être de bois de chêne.

Figure 2.

Cette figure repréfente une Ruche fur fa table couverte de fon furtout vû pardevant. On donnera l'explication du furtout à la figure 4. de cette même planche.

Figure 3.

Cette figure repréfente une table vûe pardevant. Elle eft pofée fur trois pieds placés en triangle *A B C*. Deux font par derriere & le troifiéme pardevant. Ces trois piquets ont deux pieds deux ou trois pouces de hauteur. Ils font enfoncés d'un pied en terre, & par conféquent la table n'eft élevée que de quatorze ou quinze pouces au-deffus de la terre. Ces piquets auffi-bien que la table doivent être de chêne.

Figure 4.

Cette figure repréfente un furtout vû de côté &

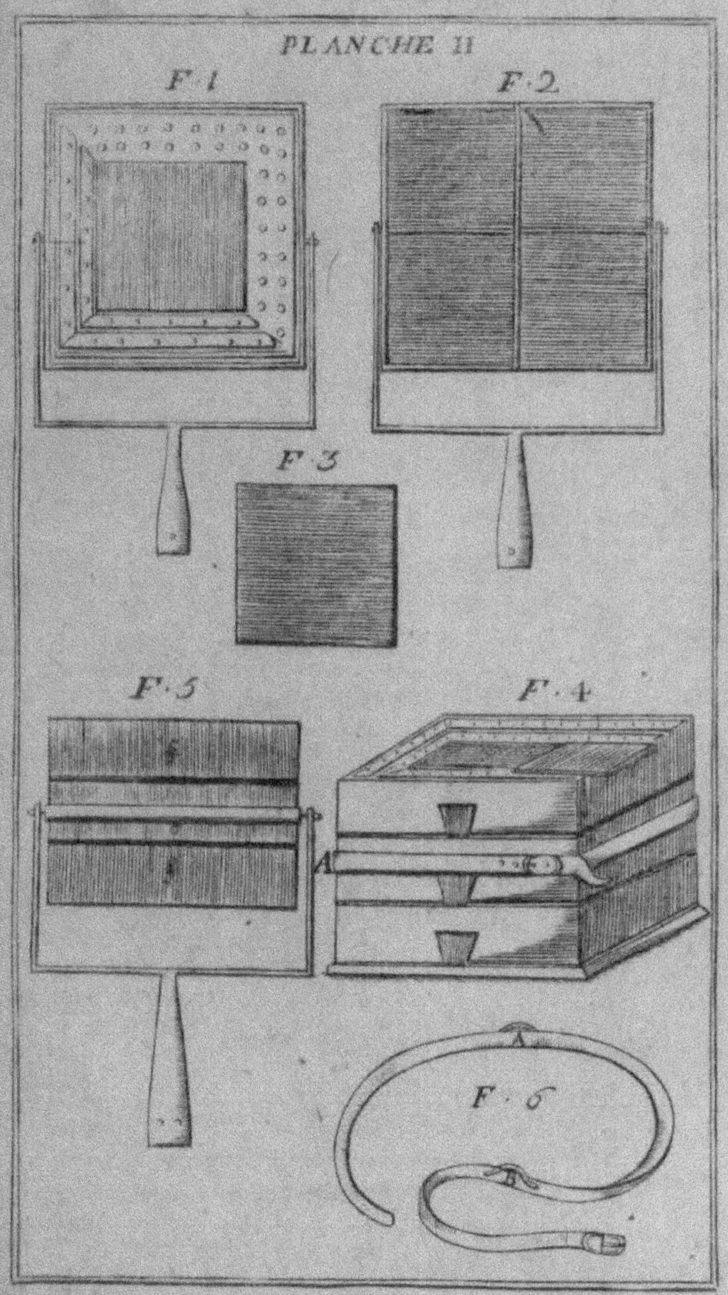

PLANCHE II
F. 1
F. 2
F. 3
F. 5
F. 4
A
F. 6

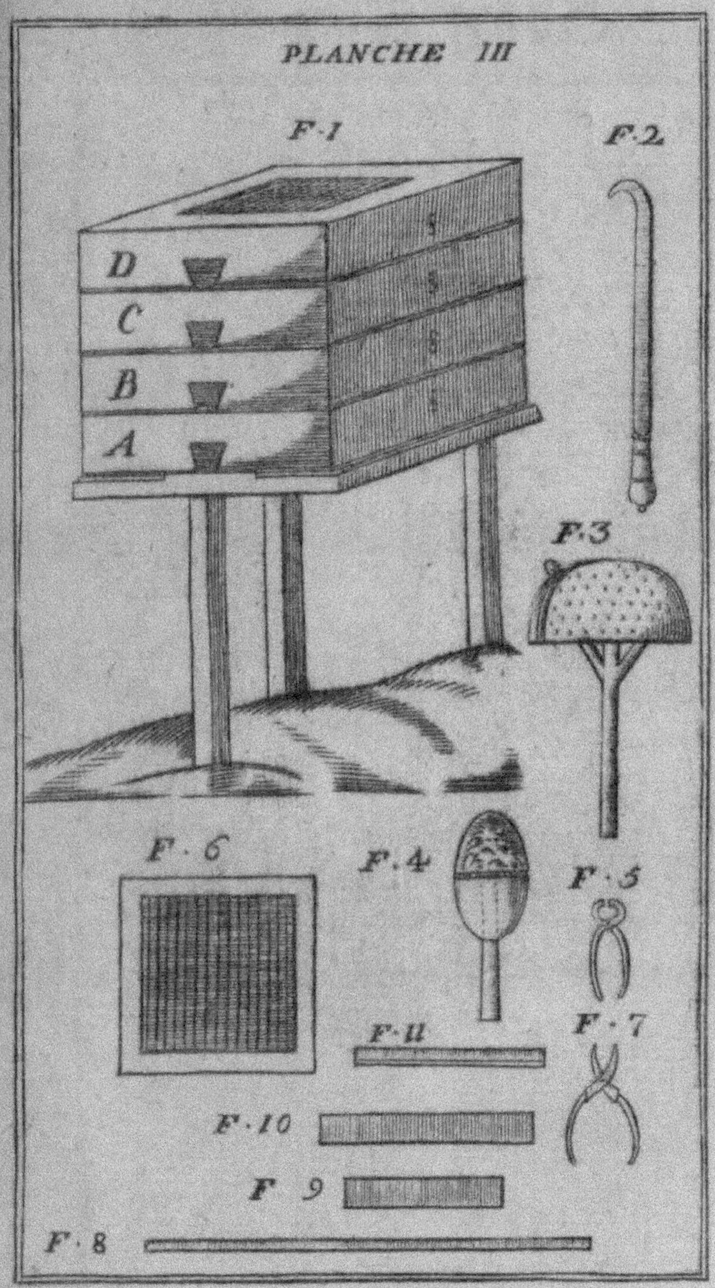

PLANCHE III
F·1
F·2
D
C
B
A
F·3
F·6
F·4
F·5
F·11
F·7
F·10
F·9
F·8

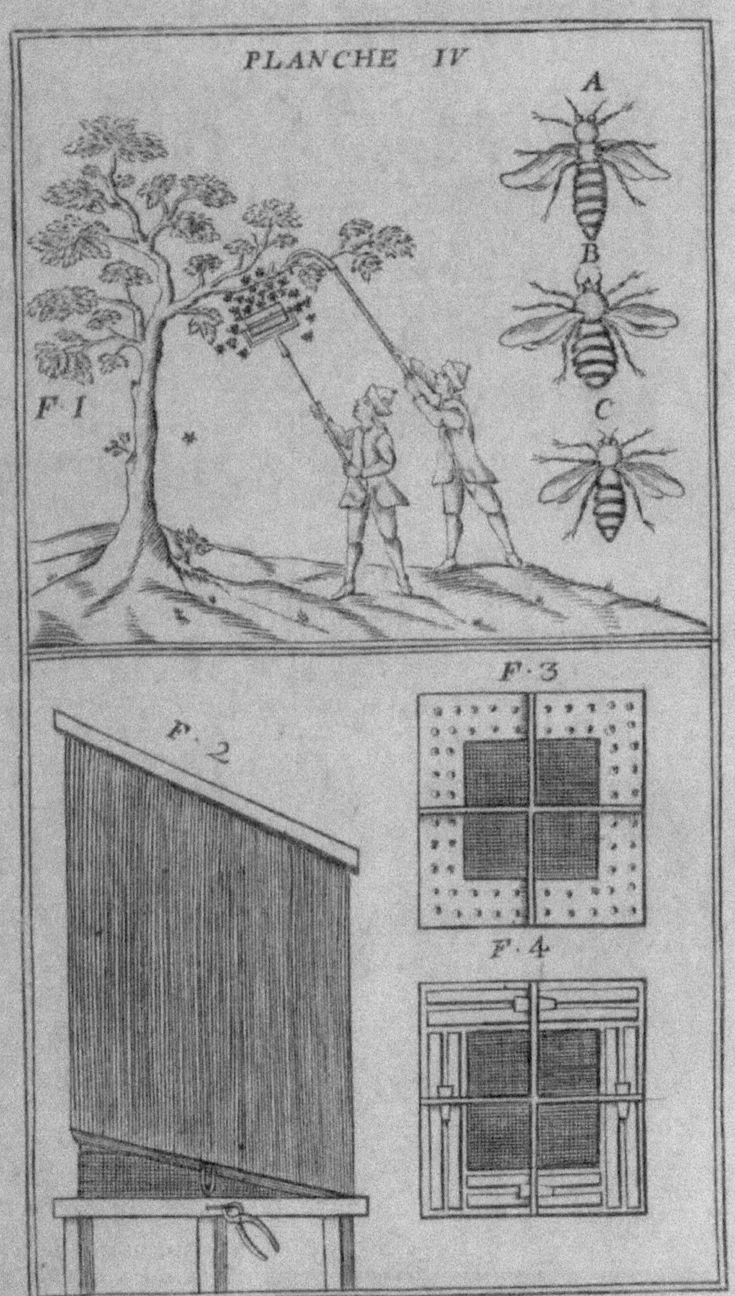

PLANCHE IV
A
B
C
F I
F. 2
F. 3
F. 4

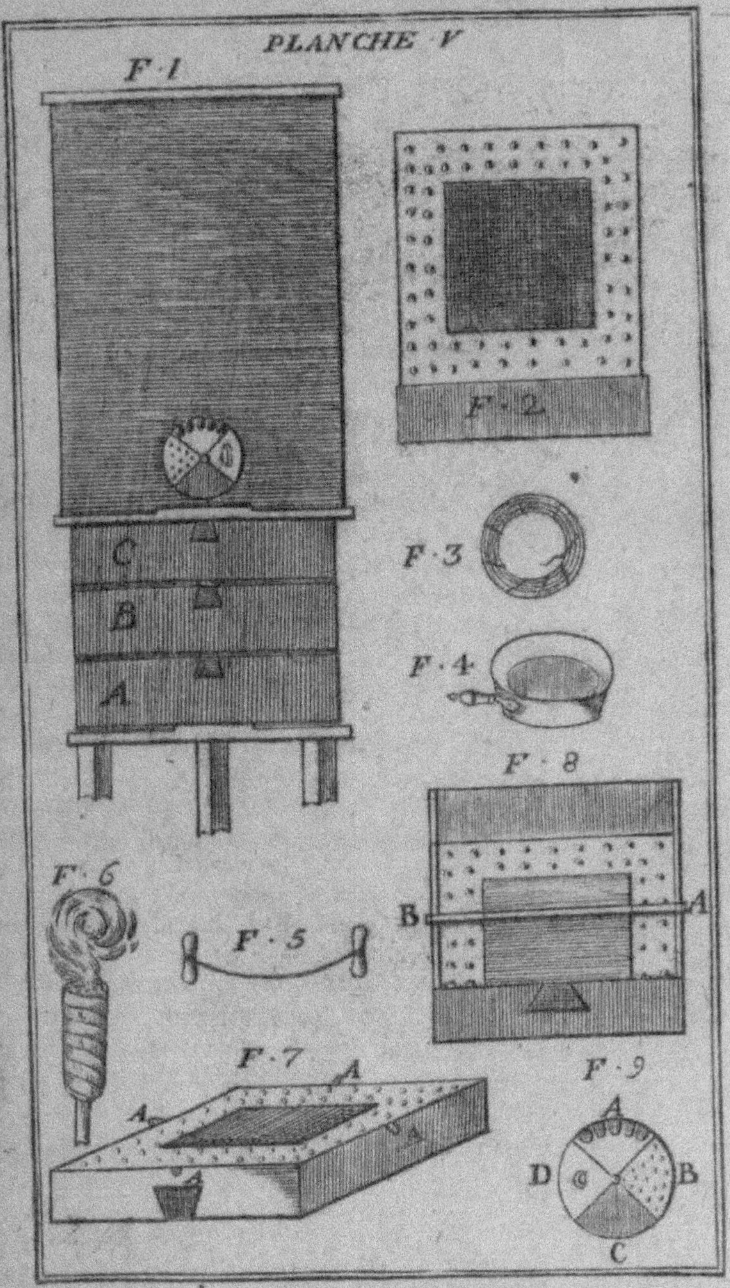

412 (45)

poſé ſur ſa table garnie de ſes pieds. Le ſurtout eſt une boëte oblongue qui a vingt-quatre pouces de hauteur pardevant & vingt pouces par derriere, ce qui forme une pente de quatre pouces qui eſt ſuffiſante pour l'écoulement des eaux. Sa largeur qui eſt de treize pouces huit lignes en quarré, enveloppe & circonſcrit exactement l'élévation qui eſt au milieu de la table dont on a parlé figure 1. Ce ſurtout couvre auſſi la Ruche de façon qu'il ſe trouve dix lignes de diſtance entre lui & la Ruche. Cette piéce importante ſert à couvrir la Ruche, à la garantir de l'intempérie de l'air, de l'inclémence des ſaiſons, des ſecouſſes des vents & des orages. Il la ſouſtrait aux inſultes & aux ravages des rats & des ſouris, des mulots & de tout autre animal qui en voudroit aux Abeilles ou à leurs proviſions. Pour le rendre plus ferme & plus inébranlable, pour le mettre même en état de réſiſter aux attaques des voleurs nocturnes, on met deux crampons dans le bas de chaque côté du ſurtout. Ces crampons entrent dans la moitié de l'épaiſſeur de la table, & ſont traverſés par deux fortes goupilles qu'on introduit par les côtés de la table. Le ſurtout pour être plus léger & plus aiſé à manier doit être de ſapin. On peut lui donner auſſi bien qu'à la table un vernis en huile de couleur de paille. Cette précaution peu coûteuſe l'empêche de pourrir, & le rend moins ſuſceptible des impreſſions de la pluye & de l'humidité.

Figure 5.

Cette figure repréſente une hauſſe vûe pardevant avec deux crampons à ſes deux côtés oppoſés. Pour mieux entendre ce que nous allons en dire, il faut recourir à la planche 4. figures 3. & 4. où la hauſſe eſt repréſentée d'une maniere plus claire & plus ſenſible. Une hauſſe eſt une boëte qui a un pied en quarré ſur trois pouces de hauteur, le fond y compris qui doit avoir trois lignes d'épaiſſeur. Par-deſſous & du côté oppoſé au fond,

il y a une petite barre de six lignes en quarré à
fleur de bois pour soutenir l'ouvrage ; cette barre
porte sur les deux côtés opposés à la bouche de
la hausse , voyez planche 5. figure 8. *A B.*
Dans le milieu du fond il y a une ouverture de
sept pouces & demi en quarré ; le reste du fond
est percé de petits trous, planche 4. figure 3. C'est
au travers de cette ouverture que les Abeilles passent & prolongent leurs rayons ou leurs gâteaux
qu'elles ont attachés au haut & contre le fond de
la derniere hausse. Les petits trous servent principalement à épargner aux Abeilles les circuits inutiles qu'elles seroient obligées de faire pour parcourir tous les endroits de leur Ruche. Chaque
hausse a une bouche particuliere ; on peut la remarquer planche 1. figure 5. ou bien planche 5.
fig. 1. *A B C* , ou figure 7. & 8. de la même
planche. Cette bouche a douze lignes de hauteur,
quinze lignes de largeur par le haut & onze lignes
par le bas , pour servir d'entrée aux Abeilles.
Quand on réunit plusieurs hausses ensemble pour
former une Ruche , on ne laisse que la bouche de
la hausse du bas ouverte : on condamne les bouches de toutes les autres hausses avec des morceaux de liége faits exprès. Une Ruche de la nouvelle construction n'est donc que l'assemblage &
la réunion de plusieurs hausses qu'on place les unes
sur les autres le fond toujours en haut. On condamne alors l'ouverture qui est dans le fond de
la hausse supérieure avec une planche proportionnée , & on condamne également avec de petites
planchettes les petits trous de cette même hausse.
On contient & on assujettit le tout avec du fil de
fer en croix qu'on serre à volonté par le moyen
de quelques petits coins de bois, planche 4. figure
4. Pour réunir exactement & solidement les hausses ensemble , on prend deux précautions ; la premiere de mettre un peu d'un pourjet fin entre chaque hausse pour qu'il n'y ait aucun jour , aucune

interstice, aucun intervalle, & c'est à recevoir ce pourjet qu'est destinée la moulure qu'on voit au bas de chaque hausse, planche 5. figure 1. La seconde consiste à attacher les hausses les unes aux autres avec du fil de fer qu'on fait passer dans les deux crampons qui sont de chaque côté de toute hausse. On tord ce fil de fer avec une tenaille, & on le serre assez pour rendre la réunion solide & assurée Les hausses doivent être de bois de pin, ou tout au moins de sapin. Voyez ce que nous avons dit sur les figures de cette planche dans le premier, deuxiéme, & troisiéme entretiens de cet ouvrage.

PLANCHE DEUXIÉME.

Figure 1.

CEtte figure représente une Ruche composée de trois hausses. Elle est posée dans la bascule prête à recevoir un essaim. Nous allons parler dans la figure suivante de la bascule & de ses usages.

Figure 2.

Cette figure représente une bascule dont on se sert pour ramasser les essaims. On doit regarder le fond de cette figure comme vuide & en blanc quoiqu'il paroisse rempli. La bascule est composée par le haut d'un quarré de fer assez grand pour contenir & emboëter une Ruche de la nouvelle construction. La Ruche posée dans ce quarré est soutenue par deux fils de fer en croix qui sont par-dessous la Ruche, & qui sont attachés au milieu des quatre barres qui forment le premier quarré. Ce quarré est reçû dans un autre quarré également de fer qui est ouvert par un bout, c'est-à-dire, qui n'est point terminé dans le haut par une barre. Les deux bouts des deux branches collatérales du second quarré doivent exactement répondre au milieu des deux barres collatérales du premier quarré & les emboëter, de sorte que les deux bar-

tes des deux quarrés foient traverfées par des goupilles ou des chevilles de fer qui les uniffent, fans
ôter au premier quarré fa liberté, fa mobilité, fon
équilibre, en un mot, qui ne l'empêchent pas de
faire la bafcule. Le fecond quarré imparfait a au
milieu de la barre du bas un manche de fer ou une
douille pour emboëter un bâton. Pour avoir une
idée plus diftincte encore de cette bafcule, on n'a
qu'à fe repréfenter un falot qu'on porte élevé &
emmanché dans un bâton. Cette machine eft effentielle & cependant très-commode pour ramaffer
les effaims avec des Ruches de la nouvelle conftruction. On place dans la bafcule une Ruche ren-
verfée, c'eft-à-dire, la grande ouverture en haut.
Par le moyen d'un bâton proportionné à la hauteur de l'arbre fur lequel l'effaim s'eft placé, on
éleve la Ruche jufques fous le peloton qui forme
l'effaim, de façon même qu'on peut faire entrer
l'effaim auffi avant qu'on veut dans la Ruche,
parce qu'elle fe préfente toujours la grande ouverture en haut ; alors une feconde perfonne qui aide,
donne, avec un crochet de fer, deux ou trois fe-
couffes vives & fortes à la branche qui foutient
les Abeilles pour les en détacher & les faire tomber dans la Ruche, voyez planche 4. figure 1.
Voyez auffi ce que nous avons dit de la bafcule
& de fes ufages page 214. & fuivantes de cet ouvrage.

Figure 3.

Cette figure repréfente la planche qui fert à condamner l'ouverture de fept pouces & demi en
quarré qui eft dans le fond de chaque hauffe. Nous
avons déja averti qu'on ne condamne que l'ouverture du fond de la derniere hauffe de chaque Ruche,

Figure 4.

Cette figure repréfente une Ruche compofée de
trois hauffes, ceinte d'une courroye. Cette Ruche
eft repréfentée vûe de profil ou de côté. On y
apperçoit les petits trous qui font dans la planche
                                                qui

qui fait partie du fond de chaque hausse. On y remarque encore le trou quarré qui est au fond de chaque hausse ; on doit regarder ce fond comme vuide & ouvert, quoiqu'il soit représenté plein & en bois.

Figure 5.

Cette figure représente une Ruche composée de trois hausses. Elle est posée dans la bascule vûe de côté. On distingue dans cette Ruche les crampons qui servent à joindre les hausses les unes aux autres.

Figure 6.

Cette figure représente la courroye qui sert à ceindre les Ruches lorsqu'on veut les transporter ou ramasser des essaims. Cette courroye a deux poignées *A B* pour porter les Ruches pleines ou vuides dans toutes les circonstances qui exigent ce transport.

PLANCHE TROISIÉME.

Figure 1.

CETTE figure représente une Ruche composée de quatre hausses vûe du profil. Elle est posée sur sa table garnie de ses trois pieds. Le fond de la derniere hausse est condamné par la planche & par les planchettes.

Figure 2.

Cette figure représente un couteau fait exprès pour rogner la cire, & pour vuider les hausses qu'on a détaché des Ruches qu'on a jugé à propos de dégraisser.

Figure 3.

Cette figure représente un arrosoir de fer-blanc percé, dans lequel il y a une éponge qu'on y introduit par un de ses bouts qui s'ouvre & se ferme avec un crampon. L'arrosoir doit avoir huit pouces de longueur sur six ou sept pouces de circonférence. On se sert de cet arrosoir pour jetter de l'eau fur les effaims qui voltigent en l'air. On les oblige par-là à fe rabbaiffer & à fe fixer fur un arbre voifin du Rucher.

Figure 4.

Cette figure repréfente le même arrofoir vû par le bout.

Figure 5.

Cette figure repréfente les tenailles avec lefquelles on coupe le fil de fer qui fervoit à joindre les hauffes, lorfqu'on juge à propos de les féparer.

Figure 6.

Cette figure repréfente un chaffis de toile de canevas qu'on fubftitue à la place de la couliffe de bois, lorfqu'on veut réchauffer les Abeilles que le froid a furpris & engourdi.

Figure 7.

Cette figure repréfente les tenailles qui fervent à tirer les goupilles qui entrent dans les deux crampons que chaque furtout doit avoir. Voyez l'explication de la premiere planche figure 4.

Figure 8.

Cette figure repréfente l'épaiffeur de fix lignes que doit avoir le bois dont on fe fert pour former les hauffes.

Figure 9.

Cette figure repréfente une petite planchette qui fert à boucher les petits trous de la derniere hauffe de chaque Ruche. Il en faut deux de cette grandeur.

Figure 10.

Cette figure repréfente une planchette qui fert au même ufage, mais qui eft un peu plus longue que la premiere. Il en faut également deux, parce qu'il y a quatre côtés à condamner dans le fond de toute derniere hauffe.

On nous demandera peut-être pourquoi nous ne nous fervons pas d'une planche toute d'une piéce, affez grande pour condamner la grande ouverture

& les petits trous de la derniere hausse de la Ruche?
Nous répondons que c'est parce qu'une planche de
cette grandeur seroit exposée à se gonfler & à se
fendre par la chaleur humide que les Abeilles procurent à leur Ruche. L'expérience a plusieurs fois
confirmé cette observation. Nous conseillons même
pour plus grande sûreté, de donner un coup de
hache à la planche qui bouche la grande ouverture
du fond, pour la séparer en deux. Par là elle sera
moins exposée à se gonfler & à se briser, par l'excès de chaleur qui régne dans la Ruche.

Figure 11.

Cette figure représente le bas d'une hausse dans
lequel il y a une petite moulure pour mettre un
fin pourjet entre chaque hausse, afin que la Ruche ne puisse recevoir aucun jour.

PLANCHE QUATRIÉME.

Figure 1.

CETTE figure représente deux hommes qui ramassent un essaim. L'un tient & éleve une
Ruche dans la bascule, & l'autre secoue la branche de l'arbre avec un crochet de fer. Derriere
ces deux hommes on a représenté les trois espéces d'Abeilles qui composent une Ruche. La lettre
A représente la mere-Abeille qu'on appelle reine,
B le bourdon, *C* l'Abeille commune.

Figure 2.

Cette figure représente une Ruche garnie de son
surtout un peu soulevé pour faire voir les crampons dont une tenaille tient les goupilles qu'elle
vient de tirer dans la moitié de l'épaisseur du bois
de la table.

Figure 3.

Cette figure représente la derniere hausse d'une
Ruche; cette hausse est renversée & bouchée de

son fond seulement. Les planchettes n'y sont pas afin qu'on puisse voir les petits trous qui sont dans le fond de chaque hausse & les fils de fer qui se croisent.

Figure 4.

Cette figure représente la derniere hausse d'une Ruche garnie de ses planchettes, de son fond & de ses fils de fer en croix, avec des coins de bois par-dessous les fils de fer, pour assujettir & serrer à volonté le fond & les planchettes.

PLANCHE CINQUIÉME.

Figure 1.

CETTE figure représente une Ruche compo-sée de trois hausses, renversée, c'est-à-dire la grande ouverture en haut. La Ruche du bas est supposée pleine d'Abeilles qu'on veut transva-ser. Sur cette Ruche il y a une planche percée, telle qu'on la voit figure 2. & sur cette planche une autre Ruche vuide, composée de trois hausses, dans laquelle on veut faire passer les Abeilles. Pour concevoir ce que désigne cette figure, voyez ce que nous avons dit page 316. & suivantes de cet ouvrage, où nous avons expliqué la maniere de renouveller les vieilles Ruches.

Figure 2.

Cette figure représente la planche dont nous ve-nons de parler. Elle a au milieu un trou de huit pouces en quarré, qu'on doit regarder comme vuide. Les bords de cette planche sont percés de petits trous, pour donner aux Abeilles la liberté d'aller de la Ruche du bas dans celle du haut. Cette planche déborde de trois pouces sur le devant, pour faci-liter aux Abeilles l'entrée de leur Ruche.

Figure 3.

Cette figure représente une botte de fil de fer,

pour réunir les hausses les unes aux autres.

Figure 4.

Cette figure représente une chaufferette dans laquelle on met des cendres chaudes, pour réchauffer les Abeilles engourdies au mois de Mars, au moins celles qui sont foibles en peuple.

Figure 5.

Cette figure représente le fil de léton dont on se sert pour séparer les hausses, lorsqu'on veut dégraisser une Ruche.

Figure 6.

Cette figure représente un morceau de vieux linge entortillé & fumant. On écarte efficacement & sans danger les Abeilles avec cette fumée, lorsqu'on veut regarder ou opérer dans leur Ruche. Quelques auteurs qui ont traité du gouvernement des Abeilles, appellent ce chiffon de linge *Cinse.*

Figure 7.

Cette figure représente une hausse vûe de profil ou de côté. Cette hausse doit être regardée comme étant sans fond & sans planchettes. Les quatre lettres *A, A, A, A,* indiquent les quatre côtés de cette hausse, aussi-bien que les crampons qu'elle doit avoir.

Figure 8.

Cette figure représente une hausse renversée, vûe par-dedans avec ses deux crampons, & la barre qui traverse la hausse par le bas pour soutenir l'ouvrage *A B.*

Figure 9.

Cette figure représente le cadran qui est posé sur la bouche de chaque surtout. Il est attaché avec un clou au milieu, de façon qu'on puisse le tourner avec facilité. Il a quatre pouces de diamètre, & est divisé en quatre parties. La premiere *A* contient cinq petites arcades dans le bord, de la hauteur de cinq lignes sur quatre de largeur. On tourne le cadran du côté des arcades, dans le tems que le pillage est à craindre, ou dans le tems qu'on ne veut pas

permettre des sorties libres à ses Abeilles. La seconde *B* est percée de plusieurs petits trous propres à donner de l'air aux Abeilles, & à les empêcher cependant de sortir, comme au commencement & à la fin de l'hyver. La troisiéme *C* est
la grande ouverture pour donner un libre passage
aux Abeilles dans les tems de leurs grands travaux,
& dans la saison des essaims. On doit la regarder
comme vuide, quoique la figure la représente comme
pleine. La quatriéme *D* est pleine, quoiqu'elle soit
représentée comme vuide. Elle sert à empêcher
que l'air ne puisse pénétrer dans la Ruche, dans
quelques circonstances assez rares, c'est-à-dire, quand
les froids sont excessifs. Cette partie a au milieu
un petit anneau, pour tourner le cadran du côté
qu'on désire.

Fin de l'Explication des Planches.

APPROBATION.

J'Ai lû par ordre de Monseigneur le Chancelier, un Manuscrit qui a pour titre : *Nouvelle Construction de Ruches de Bois, avec la maniere d'y gouverner les Abeilles.* C'est un Ouvrage utile & agreable dans lequel je n'ai rien trouvé qui puisse empêcher la permission de l'imprimer. A Paris ce 8. Juillet 1756.

Signé, LOUIS, *Censeur Royal.*

PRIVILÉGE DU ROI.

LOUIS, PAR LA GRACE DE DIEU, ROI DE FRANCE ET DE NAVARRE : à nos amés & féaux Conseillers, les Gens tenans nos Cours de Parlement, Maîtres des Requétes ordinaires de notre Hôtel, Grand-Conseil, Prévôt de Paris, Baillifs, Sénéchaux, leurs Lieutenans-Civils, & autres nos Justiciers qu'il appartiendra; SALUT. Notre amé JOSEPH COLLIGNON, Imprimeur du Roi, Libraire à Metz, nous a fait exposer qu'il désireroit faire imprimer & donner au Public un Ouvrage qui a pour titre : *Nouvelle Construction de Ruches de Bois, avec la maniere d'y gouverner les Abeilles* : s'il Nous plaisoit lui accorder nos Lettres de Permission pour ce nécessaires. A CES CAUSES voulant favorablement traiter l'exposant, Nous lui avons permis & permettons par ces présentes de faire imprimer ledit Ouvrage autant de fois que bon lui semblera, & de le vendre, faire vendre & débiter par tout notre Royaume, pendant le tems de trois années consécutives, à compter du jour de la datte des Présentes. Faisons défenses à tous Imprimeurs, Libraires, & autres personnes de quelque qualité & condition qu'elles soient, d'en introduire d'impression étrangere dans aucun lieu de notre obéissance ; à la charge que ces Présentes seront enrégistrées tout-au-long sur le Régistre de la Communauté des Imprimeurs & Libraires de Paris, dans trois mois

de la datte d'icelles, que l'impreſſion dudit Ouvrage
ſera faite dans notre Royaume & non ailleurs, en bon
papier & beau carractere, conformément à la feuille
imprimée attachée pour modéle ſous le contre-ſcel des
Préſentes ; que l'Impétrant ſe conformera en tout, aux
Réglemens de la Librairie, & notamment à celui du 10.
Avril 1725. qu'avant de l'expoſer en vente, le Manuſ-
crit qui aura ſervi de copie à l'impreſſion dudit Ouvrage, ſera remis dans le même état où l'Approbation y
aura été donnée ès mains de notre très-cher & féal
Chevalier Chancelier de France le Sieur DELAMOIGNON, &
qu'il en ſera enſuite remis deux exemplaires dans notre
Bibliothéque publique, un dans celle de notre Châ-
teau du Louvre, un dans celle de notre très-cher &
féal Chevalier Chancelier de France le Sieur DELAMOI-
GNON, & un dans celle de notre très-cher & féal Chevalier Garde des Sçeaux de France le Sieur DE
MACHAULT, Commandeur de nos Ordres ; le tout
à peine de nullité des Préſentes. Du contenu deſquel-
les vous mandons & enjoignons de faire joüir ledit
Expoſant, & ſes ayant cauſes, pleinement & paiſible-
ment, ſans ſouffrir qu'il leur ſoit fait aucun trouble
ou empêchement. Voulons qu'à la copie des Préſentes
qui ſera imprimée tout-au-long au commencement ou
à la fin dudit Ouvrage, foi ſoit ajoûtée comme à l'O-
riginal. Commandons au premier notre Huiſſier ou
Sergent ſur ce requis, de faire pour l'exécution d'icelles, tous actes requis & néceſſaires, ſans demander
autre permiſſion, & nonobſtant clameur de Haro, Charte
Normande, & Lettres à ce contraires. CAR tel eſt
notre plaiſir : DONNE' à Verſailles le vingtiéme jour du
mois de Décembre l'an de grace mil ſept cent cinquante-
ſix, & de notre Régne le quarante-deuxiéme. Par le Roi
en ſon Conſeil.   Signé, LE BEGUE.

*Régiſtré ſur le Régiſtre XIV. de la Chambre-Royale
des Libraires & Imprimeurs de Paris, N°. 126. fol.
122. conformément aux anciens Réglemens confirmés
par celui du 28. Février 1723. A Paris le 24. Décembre 1756.*   Signé, *P. G. LE MERCIER.*